工业和信息化部"十四五"规划教材

高等学校数字素养与技能型人才培养精品系列

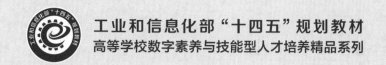

大数据与
人工智能导论

|微课版|

韩博 ◉ 主编

马晓悦 刘婵君 牛清娜 ◉ 副主编

INTRODUCTION TO
BIG DATA AND
ARTIFICIAL
INTELLIGENCE

人民邮电出版社

北京

图书在版编目（CIP）数据

大数据与人工智能导论：微课版 / 韩博主编. --
北京：人民邮电出版社，2024.6
（高等学校数字素养与技能型人才培养精品系列）
ISBN 978-7-115-64229-5

Ⅰ．①大… Ⅱ．①韩… Ⅲ．①数据处理－高等学校－
教材②人工智能－高等学校－教材 Ⅳ．①TP274②TP18

中国国家版本馆CIP数据核字(2024)第080981号

内 容 提 要

本书主要介绍大数据与人工智能相关知识。全书共 10 章，包括大数据与人工智能概述，大数据与人工智能产业概况，大数据技术，人工智能技术，机器学习，强化学习、深度学习与集成学习，其他新兴技术，人工智能与大数据人才概述，人工智能伦理，数据安全等内容。本书通过在章前设定学习目标的方式，帮助读者掌握各章的核心内容，并以简明扼要的图文方式对概念和技术进行全面论述。本书编者编写了相关的扩展案例，以在线文档的方式供读者扩展阅读；此外，本书每章最后还提供一定数量的习题，以供读者巩固所学知识。

本书可作为高等院校计算机科学与技术、人工智能、软件工程、物联网工程、网络空间安全等专业的教材，也可供大数据和人工智能领域的技术人员学习使用，还可作为非计算机相关专业的研究人员学习大数据与人工智能的参考用书。

◆ 主　　编　韩　博

副 主 编　马晓悦　刘婵君　牛清娜

责任编辑　王　宣

责任印制　陈　犇

◆ 人民邮电出版社出版发行　　北京市丰台区成寿寺路 11 号

邮编　100164　电子邮件　315@ptpress.com.cn

网址　https://www.ptpress.com.cn

三河市祥达印刷包装有限公司印刷

◆ 开本：787×1092　1/16

印张：13.75　　　　　　　　2024 年 6 月第 1 版

字数：356 千字　　　　　　　2025 年 3 月河北第 3 次印刷

定价：59.80 元

读者服务热线：(010)81055256　印装质量热线：(010)81055316
反盗版热线：(010)81055315

编委会

推荐序一

在数字化浪潮中，大数据、人工智能、云计算等新兴技术正在引领全球科技创新。数字世界与现实世界深度融合，成为影响人类社会的政治、经济、民生等领域的关键因素。

大数据与人工智能互为理论与技术基础，且结合紧密，它们在工业、农业、医疗、交通、金融等行业领域的应用，为经济社会发展提供了新的动能，推动了新质生产力的发展。如何将这些先进技术与社会需求相结合，使之服务于国家治理、企业决策和个人生活，是我们面临的挑战与机遇。如今，数据安全与隐私泄露问题日益突出，确保国家数据安全及个人隐私信息不被滥用面临巨大挑战。人工智能在替代人类劳动力的过程中，势必引发就业结构变革与社会资源的分配问题，其道德伦理问题也引起了人们的广泛关注。如何在保障技术进步的同时，防止技术对人类社会带来不良后果，是全社会关注的焦点。

本书全面展示了大数据与人工智能的发展前景，介绍了这一领域的最新研究成果与发展趋势，揭示了这一领域的无穷魅力与挑战。本书从概念、特点和发展历程出发，全面探讨了大数据与人工智能在产业发展、技术应用、人才培养、数据安全和数字伦理等方面的重要议题，力图从宏观且深入的视角为读者提供一种全新的阅读体验。

值得一提的是，本书既关注大数据与人工智能的技术发展，也强调技术的实际应用，详细剖析了技术在各领域的成功应用案例并总结了实践经验。编者根据技术发展所带来的伦理、社会与法律问题，对可能出现的其他问题进行了深入分析，并提出了切实可行的解决方案。相信本书一定能为大数据与人工智能领域的科技工作者、技术应用者和企业管理者提供重要启示。

管晓宏 教授

中国科学院院士

2024 年 4 月

推荐序二

21 世纪是信息技术快速发展的时代,大数据与人工智能技术在这一时代迎来了重要发展机遇。数据是新时代重要的生产要素与战略资源,大数据则是数据的集合,以容量大、类型多、速度快、精度高、价值高为主要特征。互联网的发展使得用户在享受便利的同时也在贡献着海量的数据。海量的数据则催生了数据挖掘技术,以及各种机器学习技术,其目的是通过学习(分析数据)让机器掌握某种自动化能力,这就是人工智能的基础。可以说互联网催生了大数据,而大数据催生了人工智能。因此,大数据与人工智能的学习不可分割,应将两者结合。

我国政府高度重视大数据与人工智能领域的发展。2015 年国务院颁布《促进大数据发展行动纲要》后,大数据正式上升为国家发展战略,而 2016 年由工业和信息化部发布的《大数据产业发展规划(2016—2020 年)》则掀起了建设大数据产业的浪潮。本书在这样的信息技术发展背景下,抓准问题,以人才培养为目标,从大数据与人工智能的基本概念入手,涵盖大数据处理的流程与基本方法,人工智能方法、实现逻辑、操作技术,以及延伸出来的机器学习相关概念、方法、技术等知识,服务于对大数据、人工智能进行初步探寻的学生及相关从业人员,具有较强的理论与实践价值。

特别地,本书瞄准人才培养的根本需求。技术发展催生了人才需求,但我国大数据与人工智能产业人才供给与需求严重不平衡,人才供给与需求的缺口不断扩大。当前我国人才主要包括院校人才以及行业人才存量积累。我国拥有世界上规模最大的工程教育,有一部分院校开设了大数据与人工智能专业,行业内部自发的人才培养体系还在发展完善,现阶段我国院校端和产业端高质量人才供给水平仍需提高。而要加强高质量的大数据、人工智能人才队伍建设,高校要以更大的决心、更有力的措施,构建多种形式的高层次人才培养模式,加大后备人才培养力度,为科技和产业发展提供更有力的人才支撑。要实现这个目标,编撰出体系完整、内容科学、适合入门的教材便成了重中之重。这也是本书落脚于大数据与人工智能人才培养需求的重要原因。

最后,本书依托新一代信息技术但不止步于技术,将技术放眼于社会发展与社会安全这个大的背景层面,拓展学生及相关从业人员对人工智能伦理及数据安全的理论、方法、实现技术的掌握。这也是本书的精华与人才培养的意义所在。

技术夯实行业,行业服务科技,科技造福社会。本书的出版将为大数据和人工智能产业与教育领域的发展和繁荣、新时代专业人才的培养做出应有的贡献。

徐宗本 教授
中国科学院院士
2024 年 5 月

前　言

技术背景

大数据和人工智能之间存在密切的关系。首先，人工智能是一种技术，旨在使计算机系统能够模仿人类的智能行为。在人工智能的发展过程中，大数据是重要的基础。大数据提供了大量的数据样本和实例，可用于训练和改进人工智能系统。同时，人工智能也为大数据的分析和应用提供了有力的支持，例如机器学习和深度学习可应用于大数据的处理和分析，以挖掘数据中隐藏的信息。人工智能能自动发现数据中的模式和关联，从而加快和改进大数据分析的过程。此外，人工智能还能利用大数据进行预测和决策，帮助企业和组织做出更准确的决策和战略规划。如果读者已经对大数据和人工智能有一定了解，本书可以帮助读者更深入地理解两者之间的内在关系；如果读者是大数据和人工智能的初学者，本书以深入浅出的方式分享相关研究的发展历史、理论基础、经典算法和前沿应用，可帮助读者夯实大数据和人工智能基础。

写作思路

本书的内容写作基于以下考虑。①逻辑性和连贯性：内容按照一种逻辑顺序进行组织，帮助读者系统地理解大数据和人工智能的相关概念、技术和应用。②全面性：内容涵盖大数据和人工智能的多个方面，介绍大数据的基础知识，包括数据采集、存储、处理和可视化技术；介绍人工智能的基础知识，包括机器学习、深度学习、自然语言处理和机器视觉。此外，本书还讨论了融合大数据和人工智能的新兴技术，如物联网、云计算、图计算、边缘计算、区块链，使读者能够了解行业的最新动态和前景。本书不仅从技术角度介绍相关概念和算法，还从道德、伦理、社会影响等角度进行讨论。此外，本书的最后一章讲解了大数据和人工智能对数据安全的影响。

本书内容

本书各章内容如下。

第 1 章主要介绍大数据、人工智能的概念和发展历程，数字时代的思维变革与技术支持，大数据与人工智能的关系。

第 2 章举例说明大数据与人工智能在政务、通信和医疗等行业的应用现状和发展趋势，介绍我国大数据和人工智能产业的相关布局、发展机遇与面临的挑战。

第 3 章详细介绍大数据技术，主要包括大数据采集、大数据预处理、大数据存储与管理、大数据可视化以及典型大数据计算平台等。在大数据采集部分，本书从来源、采集设备、采集方法等方面详细介绍大数据采集技术；在大数据预处理部分，本书主要讲解数据预处理技术基本概念和流程两个方面的内容；在大数据存储与管理部分，本书主要讲解大数据存储的概念和技术两个方面的内容；在大数据可视化部分，本书主要从可视化概念、方法、工具等方面介绍大数据可视化技术；在典型大数据计算平台部分，本书介绍了几个常用的大数据计算平台，包括 Hadoop、Apache Spark、Apache Storm。

第 4 章对人工智能技术进行概述，内容包括人工智能技术的概念、自然语言处理、机器视觉和语音识别。每个部分（除 4.1 节）都分别介绍技术的定义、原理、发展历史以及前景。通过对本章的学习，读者可以初步了解人工智能技术的相关概念、主要技术和发展历程，以及目前该领域的研究热点和未来发展趋势。

第 5 章主要介绍机器学习相关知识，详细介绍机器学习的模型评估与性能度量，并且介绍 8 种常用的机器学习算法，包括决策树、朴素贝叶斯、支持向量机、神经网络等，以便读者了解每种算法，更好地选择合适的算法来解决机器学习问题。

第 6 章介绍强化学习、深度学习、集成学习这 3 种技术的发展及相应的基础模型。通过对这些知识的学习，读者可以了解这 3 种技术的本源，以便通过这 3 种技术解决相关问题。

第 7 章详细介绍几种新兴技术，如物联网、云计算、图计算、边缘计算、区块链等。对于每种新兴技术，本书分别从概念及背景、应用方面进行介绍。通过对本章的学习，读者可以了解几种新兴技术的具体概念、发展历史以及技术的应用范围和典型应用实例，从而形成对这几种新兴技术的整体认知。

第 8 章介绍人工智能与大数据人才现状与人才能力要求。通过对人才现状的分析，读者可以明白现阶段我国与其他国家在这个行业的发展状况，从而对该行业有大致的了解；通过对人才能力要求的介绍，想要进入该行业的读者可以了解进入该行业所需要的基础知识，以期指导读者学习、了解相关的知识。

第 9 章分别从人工智能伦理概念、人工智能伦理具体内容、构建友好人机交互关系等方面介绍人工智能伦理的相关知识，帮助读者了解人工智能伦理的起源、人工智能技术所带来的伦理问题，以及如何去思考相关的伦理问题。

第 10 章先介绍数据安全内涵与重要性，再介绍数据安全需求与挑战，最后从管理（建立法规）和技术方面给出数据安全应对策略。

本书特色

本书的特色如下。

（1）强调大数据和人工智能之间的密切关系：本书强调大数据与人工智能的相互依赖和互补关系。大数据为人工智能系统提供了训练和改进的基础，人工智能则为大数据的分析和应用提供了支持。

（2）提供全面的内容覆盖：本书涵盖大数据和人工智能的核心概念、技术及应用。从基础知识到前沿技术，从技术角度到道德、伦理和数据安全等角度，内容全面而详细。

（3）构建极具逻辑性和连贯性的知识体系：本书的内容按照逻辑顺序进行组织，从第2章开始，每章都建立在前一章的基础上，形成了连贯的知识体系，这样读者能够系统地理解大数据和人工智能的相关概念、技术及应用。

（4）讲解深入浅出：本书以深入浅出的方式分享相关研究的发展历史、理论基础、经典算法和前沿应用。无论是已经初步了解大数据和人工智能的读者还是从未接触过的读者，通过学习本书都能扩展已有的大数据和人工智能的数据科学认知。

学习建议

本书第3~6章对大数据和人工智能技术进行了详细介绍，为大数据和人工智能的学习提供了系统的知识框架。如果读者想更深入地了解大数据和人工智能的工作原理，编者有以下几点建议。

（1）建议学习数学、统计学和计算机科学等的基础知识，包括线性代数、概率论、数据结构和算法等。这些基础知识对于理解大数据和人工智能的原理及方法非常重要。

（2）有许多在线平台提供了关于大数据和人工智能的免费或付费课程，例如Coursera、edX、Udacity等平台，读者可以学习机器学习、深度学习、数据分析等知识。此外，还有一些在线教材和教程，如吴恩达的"机器学习课程"和"深度学习专项课程"等，可以作为学习的参考资料。

（3）除理论学习之外，实践项目也对学习大数据和人工智能非常重要。读者可以尝试使用实际数据集进行分析和建模，利用常用的工具和编程语言（如Python、R语言等）来实现算法和模型，这样可以加深对理论概念的理解，并提高实际应用的能力。

（4）积极参与数据科学竞赛和开源项目，这是一个很好的学习机会。竞赛平台（如Kaggle）提供了大量的数据挖掘和机器学习竞赛，参与其中可以学习到实际问题的解决方法，并可以与其他人交流和分享经验。此外，参与开源项目可以了解相关领域的新技术和发展趋势，并与专业人士进行合作和交流。

（5）本书的第1、2、7章对大数据和人工智能领域的发展历史、发展现状和新兴技术进行了介绍，同时建议读者保持持续学习的态度，关注领域内的最新研究和趋势，阅读相关的研究论文、博客和新闻，以了解大数据和人工智能对行业、伦理、数据安全的影响。

编者团队

本书编者团队成员及分工如下。

西安交通大学韩博研究员任本书主编，王威力、李金洪与美林数据技术股份有限公司专家组牛清娜、陈哲、肖西伟等参与本书章节架构及内容方向的确定，张窈、马晓悦、刘婵君、苏洲、刘怡良、宋云鹏、裴宏炳、孙艳婷等老师，以及丁二威、任波、张士扬、李卓、全力、任伯雄、柏文慧、崔蓉、张梦远、孙哲等研究生进行内容编写和审查，美林数据技术股份有限公司王锟在具体技术细节方面予以把关。

由于编者水平有限，书中难免存在表述欠妥之处，因此，编者由衷希望广大读者朋友能够拨冗提出宝贵的修改建议，修改建议可直接反馈至编者的电子邮箱：bohan@xjtu.edu.cn。

编　者

2024 年春于西安

目
录

大数据与人工智能导论（微课版）

4

第1章
大数据与人工智能概述

本章学习目标：
（1）了解大数据的基础知识；
（2）了解人工智能的基础知识；
（3）了解"数字时代"的思维变革；
（4）了解大数据与人工智能的关系。

1.1 大数据的概念、特征与发展历程

在当今数字时代，越来越多的企业和机构使用数字化技术，并产生了大量的数据，以至于这些数据已经超过了传统数据处理技术的能力极限，人们需要借助更高效、更先进的大数据技术来处理和分析这些数据。大数据技术的出现不仅推动了技术的进步，还为企业和机构创造了更多的商业价值和社会价值。大数据技术成为了未来经济竞争的重要力量之一。

1.1.1 大数据的概念与特征

2021年3月11日，第十三届全国人大四次会议表决通过了关于《中华人民共和国国民经济和社会发展第十四个五年规划和2035年远景目标纲要》（简称"'十四五'规划纲要"）的决议。"数据"和"大数据"仍是"十四五"规划纲要的高频词。其中，"数据"一词在"十四五"规划纲要中出现了53次，多于在《中华人民共和国国民经济和社会发展第十三个五年规划纲要》（简称"'十三五'规划纲要"）中出现的次数。"十三五"规划纲要中，"实施国家大数据战略"被作为独立的章，"十三五"期间国家和社会更多关注大数据技术创新和应用。"十四五"规划纲要对未来大数据的发展进行了总体部署，整体来看，"十四五"期间国家强调数据治理和数据要素潜能释放。

1. 大数据概念

大数据（Big Data）也称巨量数据、海量数据，是由数量巨大、结构复杂、类型众多的数据构成的数据集合。

大数据泛指无法在可容忍的时间内用传统信息技术和软硬件工具进行感知、获取、管理、处理和服务的巨量数据集合，具有数据规模大、来源丰富、类型复杂、变化迅速等诸多特征。大数据技术的本质是提供一种人类认识复杂系统的新思维和新手段。"大数据时代"的到来，

标志着信息化跨越以单机应用为特征的数字化阶段、以互联网应用为特征的网络化阶段，正式进入以数据深度挖掘与融合应用为特征的智慧化阶段。

随着移动互联网和物联网（Internet of Things，IoT）的发展，数据的重要性逐步凸显，大数据也在逐渐进入人类生活的方方面面，对政治、经济、文化、社会、生态等各个方面产生着前所未有的影响，同时，人们也越来越能感受到大数据技术所带来的便捷。大数据的出现源于一系列技术能力的提升，但不可否认，技术进步的同时也会带来一些问题。例如，在利用大数据技术处理、分析和存储数据时会涉及大量的个人信息和敏感数据，这样就可能会导致数据泄露或滥用。

2. 大数据特征

大数据特征通常可以用 5V 来概括：容量（Volume）、速率（Velocity）、多样性（Variety）、真实性（Veracity）、价值（Value）。

国际数据中心（Internet Data Center，IDC）研究机构定义了大数据的四大特征——海量的数据规模、快速的数据流转和动态的数据体系、多样的数据类型、巨大的数据价值。大数据至少拥有一个或多个在设计解决方案和分析环境架构时需要考虑的特征。这些特征大多数是在道格·兰尼（Doug Laney）于 2001 年发布的一篇讨论电子商务数据的容量、速率和多样性对企业数据仓库的影响的文章中最先提出的。考虑到非结构化数据的较低信噪比需求，数据真实性随后也被添加到这个特征列表中。最终，IDC 的目的还是及时向企业传递高价值、高质量数据的分析。下面将探究大数据的 5 个特征，这些特征可以用来将大数据的"大"与其他形式的数据进行区分。

（1）容量

最初考虑数据的容量，这是因为被大数据解决方案所处理的数据量大，并且在持续增长。数据容量大会影响数据的独立存储和处理需求，同时还会对数据准备、数据恢复、数据管理的操作产生影响。据统计，现在全球每两天产生的数据等同于从人类文明初期至 2003 年间产生的数据量总和。"大"是相对而言的概念，例如，对于搜索引擎，EB 量级属于比较大的规模，但是对于各类数据库或数据分析软件而言，它们的规模量级相比于搜索引擎会有比较大的差别。

（2）速率

在大数据环境中，从两个方面来解释速率：一方面是数据的增长速度较快，在很短时间内就能产生大量的数据；另一方面是要求数据访问、处理、交付等的速度快，耗费的时间短。据统计，数据储量每 3 年就会翻 1 倍。人类存储信息的速度比世界经济的增长速度快 4 倍，因此需要有弹性的数据处理方案和强大的数据存储能力。

2018 年 11 月 19 日，微信官方公布《"一分钟"数据报告》。报告显示，在早高峰期间，平均每一分钟有 2.5 万人同时"刷微信"进入地铁或踏上公交；早高峰的两个半小时内，这个数据可达 375 万人。一分钟内，超 8 亿用户可用微信支付即扫即收，超 2000 万个公众号发出多样化的"声音"，150 万名开发者带来超过 100 万个小程序。随着移动互联网的发展，这些数据的增长速度还在不断加快。

（3）多样性

数据多样性指的是大数据解决方案需要支持多种格式、不同类型的数据。数据多样性给企业带来的挑战存在于数据聚合、数据交换、数据处理和数据存储等方面。根据数据关系，我们可将数据分为结构化数据、半结构化数据、非结构化数据。例如，经济贸易的结构化数据、电子邮件的半结构化数据以及图像等非结构化数据。此外，数据形态具有多样性，数据根据数据所有者分为公司数据、政府数据、社会数据等；根据生成类型分为交易数据、交互数据、传感数据；根据数据来源分为系统数据、社交媒体数据、传感器数据；根据数据格式分为文本数据、图片数据、音频数据、视频数据、光谱数据等。

（4）真实性

在大数据环境中，需要确保数据的真实性。一方面，在虚拟网络环境中，大量的数据需要采取措施确保其真实性、客观性，数据在数据集中可能是信号，也可能是噪声。噪声是没有价值的，无法被转换为信息与知识；信号能够被转换成有用的信息，所以信号是具有价值的。信噪比越高的数据，真实性越高。获取高信噪比的数据是大数据技术与业务发展的迫切需求。另一方面，通过大数据分析，真实地还原和预测事物的本来面目也是大数据未来发展的趋势。

（5）价值

数据的价值是指数据的有用程度，这也是大数据的核心特征。尽管我们拥有大量数据，但是发挥价值的仅是其中非常小的部分。大数据背后隐藏的价值巨大。截至 2021 年 6 月底，据微博公布的财报，微博拥有月活跃用户 5.13 亿。网站对这些用户的信息进行分析后，广告商可根据结果精准投放广告。价值特征直观地与真实性特征相关联，真实性越高，价值越高。同时，价值也与数据处理的时间密切相关，因为分析结果具有时效性。从数据的产生到数据被转换为有意义数据的时间越长，数据的价值越小，所以说价值是与时间紧密相关的。对数据进行处理与分析，使之变成有价值的数据，可以辅助决策，但过时的结果会抑制决策的效率和质量，所以要注意数据处理的时间。

>>> 1.1.2　大数据的发展历程

1. 萌芽期

20 世纪末是大数据发展的萌芽期，处于数据挖掘阶段。数据挖掘是从数据中提取知识、信息和模式的过程。它不仅在学术界已有相当长的历史，而且在商业领域中越来越受欢迎。数据挖掘技术使用计算机软件和算法来查找、分析大规模数据集中的隐藏模式和关联性。随着数据挖掘理论和数据库技术的成熟，一些商业智能工具和知识管理技术开始被应用。

2. 突破期

2003—2005 年是大数据发展的突破期，社交网络的流行促使大量非结构化数据出现，传统处理方法已难以应对，数据处理系统、数据库架构需要被重新构思。在这个时期，计算能力、存储能力和网络带宽的不断提高，使得处理大规模数据集变得可行，同时互联网的快速发展使得海量数据开始出现。在这种情况下，需要各种新的技术来管理、存储和处理大数据。此时，出现了许多大数据相关的技术，例如 Hadoop、MapReduce 等。2003—2005 年，云计算和网络虚拟化技术快速发展，这些技术为处理大规模数据提供了更好的平台和基础设施。同时，随着企业对数据管理和分析的需求不断增加，大数据技术开始在商业市场中得到广泛应用。

3. 成熟期

2006—2009 年，大数据形成并行计算和分布式系统。从 2006 年起，大数据进入成熟期，其逐渐上升为世界各个国家的国家战略。

2010 年以来，随着智能手机、平板计算机、电子阅读器等移动电子设备的广泛应用，数据碎片化、分布式、流媒体特征更加明显，移动数据量急剧增长。

2011 年麦肯锡全球研究院发布《大数据：创新、竞争和生产力的下一个前沿》，2012 年维克托·迈尔-舍恩伯格（Viktor Mayer-Schönberger）的《大数据时代：生活、工作与思维的大变革》宣传推广后，大数据概念开始在全球蔓延。

2013 年 5 月，麦肯锡全球研究院发布了一份名为《颠覆性技术：技术改进生活、商业和全球经济》的研究报告，报告确认了未来 12 种潜在的颠覆性技术，而大数据是这些技术的基石。

2014 年 5 月，美国总统行政办公室发布了《大数据：抓住机遇、保留价值》报告，该报告鼓励使用数据推动社会进步。同年，"大数据"首次被写入我国《政府工作报告》，该报告指出，要设立新兴产业创业创新平台，在大数据等方面赶超先进，引领未来产业发展。此后国家相关部门出台了一系列政策，鼓励大数据产业发展，"大数据"成为了国内热议词。

2015 年，中华人民共和国国务院（后简称"国务院"）正式印发的《促进大数据发展行动纲要》明确指出，推动大数据发展和应用，在未来 5～10 年打造精准治理、多方协作的社会治理新模式，建立运行平稳、安全高效的经济运行新机制，构建以人为本、惠及全民的民生服务新体系，开启大众创业、万众创新的创新驱动新格局，培育高端智能、新兴繁荣的产业发展新生态。2016 年，《大数据产业"十三五"发展规划》征求了专家意见，并进行了集中讨论和修改；该规划作为引领数据处理技术时代的指导性文件，涉及内容包括推动大数据在工业研发、制造、产业链的全流程、各环节的应用，支持服务业利用大数据建立品牌、精准营销和定制服务等。2016 年 12 月 18 日，为推动我国大数据产业持续健康发展，实施国家大数据战略，落实国务院《促进大数据发展行动纲要》，按照"十三五"规划纲要总体部署，中华人民共和国工业和信息化部（后简称"工信部"）正式发布了《大数据产业发展规划（2016—2020 年）》。"十四五"时期是我国工业经济迈向数字经济的关键时期，对大数据产业发展提出了新的要求，产业将步入集成创新、快速发展、深度应用、结构优化的新阶段。2021 年 11 月 30 日，为推动我国大数据产业高质量发展，工信部发布了《"十四五"大数据产业发展规划》。

1.2 人工智能的概念与发展历程

随着现代计算机技术的迅速发展，人工智能（Artificial Intelligence，AI）技术也日益成熟，且因其强大的数据处理和分析能力而深受各个领域的青睐。

1.2.1 人工智能的概念

1956 年的达特茅斯会议上，美国麻省理工学院的约翰·麦卡锡（John McCarthy）提出：人工智能就是要让机器的行为看起来就像人所表现出的智能行为一样。这是人工智能的一个比较流行的定义，也是该领域较早的定义，即目前所说的"强人工智能"，其目标是"制造机器模仿学习的各个方面或智能的各个特性，使机器能够读懂语言，形成抽象思维，解决人们目前面对的各种问题，并能自我完善"。这可以理解为：人工智能在思考问题方面可以和人做得一样出色。目前所说的"弱人工智能"是指只处理特定问题的人工智能，如计算机视觉、语音识别（Speech Recognition）、自然语言处理（Natural Language Processing，NLP）等，不需要具有人类完整的认知能力，只要看起来像有智慧就可以了。

下文是部分国内外著名机构和企业对于人工智能的定义。总结起来，可以把已有的一些人工智能定义分为 4 类：像人一样思考的系统、像人一样行动的系统、理性地思考的系统、理性地行动的系统。

清华大学人工智能研究院认为：人工智能是研究人类智能行为规律（如学习、计算、推理、思考、规划等），构造具有一定智慧能力的人工系统，用以完成往常需要人的智慧才能胜任的工作。赛迪研究院认为：人工智能是计算机科学的一个分支领域，致力于让机器模拟人类思维，从而进行学习、推理等工作，存在强人工智能和弱人工智能之分。德勤人工智能研究院认为：人工智能是对人的意识和思维过程的模拟，利用机器学习和数据分析方法赋予机器类人的能力。百度百科中提到：人工智能是研究、开发用于模拟、延伸和扩展人的智能的理论、方法、技术及应用系统的一门新的技术科学，是计算机科学的一个分支；它企图了解智能的实质，并生产出一种新的能以人类智能相似的方式做出反应的智能机器；该领域的研究包括机器人、语言识别、图像识别、自然语言处理和专家系统等。维基百科中提到：人工智能是指由人制造出来的机器所表现出来的智能，通常人工智能是指通过普通计算机程序来呈现人类智能的技术。科大讯飞提出：人工智能是指能够像人一样进行感知、认知、决策和执行的人工程序或系统。人工智能主要分为计算智能、感知智能、认知智能。计算智能，即机器"能存会算"的能力；感知智能，即机器具有"能听会说、能看会认"的能力；认知智能，即机器具有"能理解、会思考"的能力。《中国青年报》中提到：人工智能是研究、开发用于模拟、延伸和扩展人的智能的理论、方法、技术及应用系统的一门新的技术科学。

▶▶▶ 1.2.2 人工智能的发展历程

自 1956 年人工智能概念被提出，至今已有 60 多年。人工智能从诞生至今经历了 3 个发展浪潮、两个瓶颈期。在前两个浪潮中，人工智能的发展由于算法的阶段性突破而达到高潮，之后又由于理论方法缺陷、产业基础不足、场景应用受限等原因而没有达到人们的预期，并出现了政策支持和社会资本投入的大幅缩减，从而两次发展从高潮陷入低谷并进入瓶颈期。近年来，在移动互联网、大数据、超级计算、传感网络、脑科学等新理论、新技术以及经济社会发展强烈需求的共同驱动下，以深度学习（Deep Learning）、跨界融合、人机协同、群智开放、自主操控为特征的新一代人工智能技术不断取得新突破，迎来了人工智能的第三个发展浪潮。

1. 第一个发展浪潮

1956 年，达特茅斯会议上"人工智能"的概念首次被提出；1957 年，弗兰克·罗森布拉特（Frank Rosenblatt）提出了感知机（Perceptron），其可以被视为一种形式最简单的前馈神经网络，是日后许多神经网络模型的"始祖"，也是最古老的分类方法之一；1964 年，丹尼尔·鲍勃罗（Daniel Bobrow）开发了自然语言理解（Natural Language Understanding，NLU）程序 STUDENT；1965 年，约瑟夫·维森鲍姆（Joseph Weizenbaum）开发了互动程序 ELIZA，这是一个理解早期语言的计算机程序，被称为史上第一个聊天机器人。这一系列相关的理论与技术主要注重逻辑推理。这是人工智能的第一个发展浪潮，该阶段的核心是让计算机具备逻辑推理能力。

2. 第一个瓶颈期

1974—1980 年，人工智能发展遇到了瓶颈，这是人工智能发展遭遇的第一个瓶颈期。一方面，受限于计算机运算能力与存储能力，复杂的人工智能问题无法得到解决；另一方面，早期人工智能大多是通过固定指令来执行特定问题，并不具备真正的学习能力，伴随着计算复杂程度的指数级增加，计算机就变得不堪重负。这也是导致人工智能领域没有更多资金支持的主要原因。

3. 第二个发展浪潮

1980 年，美国卡内基梅隆大学（Carnegie Mellon University，CMU）为 DEC 公司研发了"专家系统"，专家系统弥补了"早期人工智能大多是通过固定指令来执行特定问题"的不足，使得人工智能再次被关注，受此鼓舞很多国家再次投入巨资进行开发，后来衍生出了 Symbolics、Lisp Machines 和 IntelliCrop、Aion 等硬件和软件公司；1986 年，用于人工神经网络（Artificial Neural Network，ANN）的误差逆传播算法的提出，给机器学习带来了希望，掀起了基于统计模型的机器学习热潮；1989 年，杨立昆（Yann LeCun）成功地将误差逆传播算法应用于多层神经网络，使其可以识别邮编。在这一段时间内，以专家系统为核心。一个专家系统必须具备 3 个要素：领域专家级知识、模拟专家思维、达到专家级的水平。该阶段的核心是总结知识，并"教授"给计算机。

4. 第二个瓶颈期

1987—1993 年，随着专家系统的推广，问题也逐渐暴露出来，例如专家系统的应用有限，后期维护成本较高，人工智能研究遭遇经费危机，这是人工智能发展遭遇的第二个瓶颈期。这一时期，Lisp Machines 逐渐取得进展，但同时 20 世纪 80 年代也正是个人计算机（Personal Computer，PC）崛起的时间，IBM PC 和苹果计算机快速占领整个计算机市场，它们的中央处理器（Central Processing Unit，CPU）频率和运算速度稳步提升，甚至变得比昂贵的 Lisp Machines 更强大。直到 1987 年，专用 Lisp Machines 的硬件市场严重崩溃，人工智能领域再一次进入瓶颈期。20 世纪 80 年代末，包括日本第五代计算机计划在内的很多超前概念都注定会失败，原本科幻、美好的人工智能产品承诺都无法真正兑现。这些情况让人们对专家系统和人工智能失望，硬件市场的崩溃和理论研究的迷茫，加上各国政府和机构纷纷停止向人工智能研究领域投入资金，导致人工智能研究进入了数年的低谷期。

5. 第三个发展浪潮

1993 年至今，这段时间人工智能平稳发展。从 2010 年开始，人工智能发展浪潮席卷全球，这一阶段主要得益于深度学习算法的正式提出。

人工智能治理与公平性

1997 年，IBM 公司研发的超级计算机 Deep Blue 击败人类象棋冠军；2006 年，杰弗里·辛顿（Geoffrey Hinton）提出利用预训练方法解决局部最优解问题，将网络层数增加到了 7 层，由此掀起了深度学习的热潮；2007 年，旨在帮助视觉对象识别软件进行研究的大型注释图像数据库 ImageNet 建立；2009 年，谷歌公司开始研发无人驾驶汽车，并于 2014 年在美国内华达州通过了自动驾驶测试；2011 年，IBM 公司研发的 Waston 系统在美国电视问答节目 Jeopardy 上击败了两名人类冠军选手；2012 年 6 月，谷歌公司研究人员杰夫·迪恩（Jeff Dean）和吴恩达从 YouTube 视频中提取了 1000 万张未标记的图像，用以训练一个由 16000 个计算机处理器组成的庞大神经网络，并且在没有给出任何识别信息的情况下，该人工智能准确地通过深度学习算法识别出了猫的照片。同年，深度神经网络在图像识别领域取得惊人的成绩，在 ImageNet 评测上将错误率从 26%降低到 15%；2015 年，微软公司提出的 ResNet 获得了 ImageNet 比赛的冠军，错误率仅为 3.57%；2016 年，AlphaGo 战胜围棋世界冠军李世石，并于 2017 年化身为 Master，再次出战横扫棋坛；2017 年是全球人工智能应用元年，我国把人工智能发展提高到战略高度，发布《新一代人工智能发展规划》《促进新一代人工智能产业发展三年行动计划（2018—2020 年）》，美国提出《人工智能未来法案》，日本发布《人工智能技术战略 2022》；2018 年，我国发布《高等学校人工智能创新行动计划》《新一代人工智能产业创新重点任务揭榜工作方案》，美国发布《人工智能与国家安全——人工智能生态系统的重要性》，欧盟发布《欧盟人工智能》，英国发布《人工智能行业新政》，韩国发布《实现 I-Korea 4.0 的人工智能研发战略》，印度发布《人工智能国家战略（讨论稿）》；2019 年，我国发布《关于促进人工智能和实体经济深度融合的指导意见》《新一代人工智能治理原则——发展负责任的人工智能》《国家新一代人工智能创新发展试验区建设工作指引》，美国启动"人工智能计划"，丹麦发布《人工智能国家战略》，西班牙发布《西班牙人工智能研究、发展与创新战略》；智能教育、智能零售、无人驾驶、智能医疗等领域迎来可期的发展机遇。

前两个发展浪潮解决了人工智能的一些基础理论问题，本发展浪潮受互联网、云计算、5G

通信、大数据等新兴技术不断崛起的影响,凭借"核心算法的突破""计算能力的提高"以及"海量数据的支撑",人工智能迎来飞速发展,人工智能技术从理论研究走向实际应用,例如图像识别、语音识别等,其识别率、准确率不断提高,实现了从"不能用、不好用"到"可以用"的技术突破。以 2016 年 AlphaGo 事件为引爆点,人工智能获得空前关注,全球各国纷纷加入事关未来大国科技实力的竞争当中。经历 60 多年的起起伏伏,受"算力、算法、数据"3 个方面并行推动,具有海量并行计算能力、能够加速人工智能计算的人工智能芯片应运而生,让人工智能得以商业化并快速发展,推动着全球人工智能进入第三个发展浪潮的爆发期。

1.3 数字时代的思维变革与技术支持

在数字时代,技术创新为思维变革提供了支持。例如,云计算、人工智能、区块链等新技术为数据收集、管理、分析和应用提供了更好的平台和工具,平台和工具的进步也使我们能够更加高效地进行创新、开发和部署。同时,智能化、自动化的技术越来越成熟,这也为我们释放出时间和精力,从而集中精力进行研究和创新。

▶▶▶ 1.3.1 数字时代的挑战与数据思维模式的转变

人们对于海量数据的挖掘和运用,正深刻改变着传统的工作思维模式。大数据正以前所未有的速度,颠覆人们探索世界的方法,并以此开启了一次重大的时代转型。

1. 不是随机样本,而是全体数据

大数据处理技术发生了翻天覆地的变化,我们现在能够处理更多、更复杂的数据,不再像以前那样只取部分样本进行分析。如果我们需要所有的数据,就要把基础数据的各种维度保存起来,不能只选取部分重要维度的数据。很长一段时间,准确分析大量数据对我们而言都是一种挑战。过去,因为记录、存储和分析数据的工具不够好,我们只能收集少量数据进行分析。为了让分析变得简单,我们会把数据量缩减到最少。这是一种无意识的自省:我们把与数据交流的困难看成是自然的,而没有意识到这只是当时技术条件下的一种人为的限制。如今,技术条件已经有了大幅度提升,虽然人类可以处理的数据依然有限,也永远是有限的,但我们可以处理的数据量已经大大增加,而且未来会越来越多。

在信息处理能力受限的时代,人们需要分析数据,却缺少分析数据的工具,因此随机采样应运而生。采样的目的就是用最少的数据得到最多的信息。当我们可以获得海量数据的时候,随机采样就没有太大意义了。数据处理技术已经发生了翻天覆地的改变,但我们的方法和思维却没有跟上。采样一直有一个被我们广泛承认却又有意避开的缺陷——细节考察。虽然我们别无选择,只能利用采样分析法来进行考察,但在很多领域,从收集部分数据到收集尽可能多的数据的转变已经发生了。如果可能的话,我们会收集所有的数据,即"样本=总体"。

正如我们所看到的,"样本=总体"是指我们能对数据进行深度分析,而采样几乎无法达到这样的效果。对于某些事物来说,3%的错误率是可以接受的。生活中真正有意义的事情往往经常藏匿在细节之中,而采样分析法却无法捕捉到这些细节。但是无法得到一些细节信息,甚至还会失去对某些特定子类别进行进一步研究的能力,这一点是我们无法接受的。

我们现在经常选择收集全面而完整的数据。这样不仅需要足够的数据处理和存储能力,还需要先进的分析技术。过去,这些问题中的任何一个都很棘手。在一个资源有限的时代,要解决这些问题需要付出很高的代价。但是现在,解决这些难题已经变得简单很多,计算和存储不

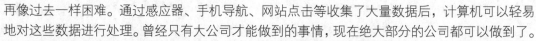

再像过去一样困难。通过感应器、手机导航、网站点击等收集了大量数据后，计算机可以轻易地对这些数据进行处理。曾经只有大公司才能做到的事情，现在绝大部分的公司都可以做到了。

通过使用所有的数据，我们可以发现，迷失在海量数据中的情况时有发生。例如，信用卡诈骗检测是通过观察异常情况来识别的，只有掌握了所有的数据才能做到这一点。在这种情况下，异常值是最有用的信息，我们可以把它与正常交易情况进行对比。这是一个大数据问题。而且，因为交易是即时的，所以数据分析也应该是即时的。

2. 不是精确性，而是混杂性

大数据时代，数据量的大幅增加会造成数据分析结果的不准确。与此同时，一些错误的数据也会混进数据库，并且数据源自各种系统也加大了混杂度。另外，数据格式也是多样的。可见，大数据时代是无法避免数据的混杂性的。因此，面对这种情况，重点是我们要能够努力避免这些问题。我们认为这些问题是可以解决的，而且也正在学着接受它们。我们是无法保证大量增加的数据是准确的，但可以保证在大量数据产生时，少部分错误的数据对整体的影响是很小的。在不断涌现的新情况里，允许不精确的出现已经成为一个新的亮点，而非缺点。因为放宽了容错的标准，人们掌握的数据也多了起来，利用这些数据还可以做更多新的事情。这样就不是大量数据优于少量数据那么简单了，而是大量数据创造了更好的结果。对于不同格式的数据，非关系数据库的出现解决了这一问题。非关系数据库不需要预先设定记录结构，允许处理超大量的不同格式的数据，但因为包容了结构多样性，这些数据库设计就要求可以更多地处理和存储资源。

同时，我们需要与各种各样的"混乱"做斗争。混乱，简单来说就是随着数据的增加，错误也会相应增加。在整合来源不同的各类信息的时候，因为它们通常不完全一致，所以也会加大混乱程度。混乱还可以指格式的不一致性，因为要达到格式一致，就需要在进行数据处理之前仔细地清洗数据，而这一点在大数据背景下很难做到。当然，在获取或处理数据的时候，混乱也会发生。因为在进行数据转换的时候，我们是在把它变成另外的事物。

3. 不是因果关系，而是相关关系

在大数据的背景下，相关关系大放异彩。通过应用相关关系，我们可以比以前更容易、更快捷、更清楚地分析事物。相关关系的核心是量化两个数据值之间的数理关系。相关关系强是指当一个数据值增加时，另一个数据值很有可能也会随之增加或减少。相反，相关关系弱就意味着当一个数据值增加时，另一个数据值几乎不会发生变化。相关关系通过识别有用的关联物来帮助我们分析现象，而不是通过揭示其内部的运作机制来分析。通过找到有用的关联物，相关关系可以帮助我们捕捉现在和预测可能发生的事情。所以我们不再竭力渴求因果关系，转而挖掘相关关系的价值，即关注"是什么"而不追究"为什么"。

在大数据时代，数据不再匮乏。但不可否认的是，社会活动也变得更加复杂，甚至难以捉摸。在很多领域，知道"为什么"可能是有用的，但可能没有那么有用；反而知道"是什么"，不仅可以高效地解决当下问题，还可以对未来进行一定的预测。重视相关关系，并不是要抛弃因果关系，也不是要宣扬理论无用论。在大多数情况下，一旦完成了对大数据相关关系的分析，而又不再满足仅知道"是什么"时，我们就会向更深层次研究因果关系，找出背后的"为什么"。

▶▶▶ 1.3.2 发展基石：算子、算力

1. 算子

算子是函数空间到函数空间的映射，即 $O: X \to X$。广义上的算子可以推广到任何空间，如内积空间等。

广义地讲，对任何函数进行某一项操作都可以认为是一个算子，甚至包括求幂次、求开方都可以认为是算子，只是有的算子用一个符号来代替。又比如取概率 $P\{X<x\}$，概率是集合 $\{X<x\}$（它是属于实数集的子集）对[0,1]的一个映射，我们知道实数域和[0,1]是可以一一映射的，所以取概率符号 P，我们认为它也是一个算子。总而言之，算子就是映射，就是关系，就是变换。

常见的算子有微分算子、梯度算子、散度算子、拉普拉斯算子、哈密顿算子等。狭义的算子实际上是指从一个函数空间到另一个函数空间（或它自身）的映射。广义上算子的定义只需要把上面所说的空间推广到一般空间，该空间可以是向量空间、赋范向量空间、内积空间，或更进一步，Banach 空间、Hilbert 空间等都可以。算子还可分为有界的与无界的，线性的与非线性的等类别。

深度学习算法由一个个计算单元组成，我们也称这些计算单元为算子。在网络模型中，算子对应层中的计算逻辑，例如，卷积层（Convolution Layer）是一个算子；全连接层（Fully-connected Layer）中的权值求和过程是一个算子。

下面介绍华为昇腾 AI 软件栈。由于昇腾 AI 软件栈支持绝大多数算子，因此开发者不需要进行自定义算子的开发，只需提供深度学习模型文件，通过离线模型生成器（OMG）转换就能够得到离线模型文件，从而进一步利用流程编排器（Matrix）生成具体的应用程序。但在模型转换过程中容易出现算子不支持的情况，例如昇腾 AI 软件栈不支持模型中的算子，如果开发者想修改现有算子中的计算逻辑，或者开发者想自己开发算子来提高计算性能，这时就需要进行自定义算子的开发。昇腾 AI 软件栈提供了 TBE（Tensor Boost Engine，张量加速引擎）算子开发框架，开发者可以基于此框架使用 Python 开发自定义算子。首先，我们来了解一下什么是 TBE。TBE 是一款华为自研的算子开发工具，用于开发能够运行在神经网络处理器（Neural-Network Processing Unit，NPU）上的 TBE 算子，该工具是在业界著名的开源项目 TVM（Tensor Virtual Machine）的基础上扩展的，提供了一套 Python API（Application Programming Interface，应用程序接口）来实施开发活动。

2. 算力

算力指数据的处理能力。通俗来说，算力就是计算能力。

从狭义上看，算力是设备通过处理数据，实现特定结果输出的计算能力。2018 年诺贝尔经济学奖获得者威廉·诺德豪斯（William Nordhaus）在《计算过程》一文中提出："算力是指设备根据内部状态的改变，每秒可处理的信息数据量"。算力实现的核心是 CPU 等各类计算芯片，并由计算机、服务器、高性能计算集群和各类智能终端等承载，海量数据处理和各种数字化应用都离不开算力的加工和计算。算力数值越大代表综合计算能力越强，常用的计量单位是每秒执行的浮点数运算次数（FLOPS，1 E FLOPS=10^{18} FLOPS）。据测算，1 E FLOPS 约为 5 台天河 2A 超级计算机，或者 25 万台主流双路服务器，或者 200 万台主流笔记本计算机的算力输出。

从广义上看，算力是数字经济时代的新生产力，是支撑数字经济发展的坚实基础。数字经济时代的关键资源是数据、算力和算法，其中数据是新生产资料，算力是新生产力，算法是新生产关系，它们共同构成数字经济时代最基本的生产基石。现阶段，5G、云计算、大数据、物联网、人工智能等技术的高速发展，推动数据的爆炸式增长和算法的复杂程度不断提高，带来了对算力规模、算力能力等需求的快速提升，算力的提升又反向支撑了应用的创新，从而实现了技术的升级换代、应用的创新发展、产业规模的不断壮大和经济社会的持续进步。随着 5G 商用步伐的加快，物与物之间的连接不断深化，算力在自动驾驶、智慧安防、智慧城市等领域的应用不断扩大，对边缘计算（Edge Computing）以及雾计算的需求日益增加，算力范畴和边界仍在不断扩展。

算力的大小代表数字化信息处理能力的强弱。从原始社会的手动式计算到古代的机械式计算、近现代的电子计算，再到现在的数字计算，算力代表了人类对数据的处理能力，也集中代表了人类智慧的发展水平。

目前，计算科学正在从传统的计算模拟和数字仿真走向基于高性能计算与大数据科学、深度学习深度融合的第四范式。算力也形成了计算速度、算法、大数据存储量、通信能力、云计算服务能力等多个衡量指标，它通过人工智能、大数据、卫星网、光纤网、物联网、云平台、近地通信等一系列数字化软硬件基础设施，赋能各行各业的数字化转型升级。

在此趋势下，数据能力和算力需求呈现循环增强的状态，数据量的不断增加要求算力的配套进化。工信部在"2021中国国际大数据产业博览会"开幕式上表示，"十三五"时期，我国大数据产业年均复合增长率超过了30%，2020年产业规模超过了1万亿元人民币。

数据快速增长，对"算力"提出迫切需求。据赛迪研究院发布的数据，尽管建设持续加快，北京、上海、广州、深圳等地仍存在数据中心供不应求的现象。

2021年5月，中华人民共和国国家发展和改革委员会等同有关部门印发《全国一体化大数据中心协同创新体系算力枢纽实施方案》，提出在不同地区布局建设枢纽节点，并进一步打通网络传输通道，加快实施"东数西算"。

现阶段算力主要包括基础算力、智能算力和超算算力。不同算力有不同用途，各有侧重。这3种算力分别提供基础通用计算、人工智能计算和科学工程计算。其中，基础算力主要是装有CPU芯片的服务器所提供的计算能力；智能算力主要是装有GPU、FPGA、ASIC等芯片的加速计算平台提供的人工智能训练和推理的计算能力，主要涉及语言、图像处理、决策等人工智能领域的应用；超算算力是一种通用算力，主要是超级计算机等高性能计算集群所提供的计算能力，在油气勘探、天气预报、材料开发等领域发挥不可或缺的作用。各种算力开放包容、通用融合、绿色低碳、自主安全，这是我们倡导的理念。

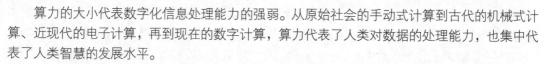

1.4　大数据与人工智能的关系

大数据与人工智能作为现代计算机技术的重点发展方向，是众多垂直领域应用解决方案的重要支撑技术。大数据技术演进的总体目标是满足业务需求，并实现高效收集、存储、处理与分析规模大且多源的数据。

1.4.1　大数据与人工智能

人工智能关注的技术重点是人工智能算法，例如计算机视觉、机器学习、自然语言处理等，即如何通过大数据构建机器学习模型，如何高效训练、评估、测试人工智能模型，并解决人工智能的应用问题；具体而言，包括算法的技术突破、算法性能和效率的提升等。数据是为了开发人工智能，人工智能是为了管理数据。

1. 大数据是人工智能的基石

随着信息技术的发展，搜集"大数据"成为可能，数据的快速增长催生了人工智能。成功训练机器学习模型的关键是获取大量数据和特定数据，而大数据为人工智能提供了海量数据的支撑，所以说大数据是人工智能的基石。大数据与人工智能中的深度学习是密不可分的，大量数据可以作为深度学习的"学习资料"，让计算机从中找到规律，"核心算法的突破""计算能力的提高""海量数据的支撑"让人工智能获得突破、走向应用。

2. 人工智能促进大数据的处理与分析

人工智能在大数据技术发展的过程中，使得更多类型、更大体量的数据能够得到迅速的处理与分析。大数据有结构化的数据与非结构化的数据，人工智能相关算法能对非结构化的数据进行处理与分析，从而提高了可利用数据的广度，进而能够挖掘更多大数据的价值。也就是说，人工智能技术的发展可以丰富大数据技术的数据处理、分析手段。

3. 人工智能技术为大数据的治理提供保障

进入大数据时代，在数字经济高速发展的过程中，数据治理水平滞后于数字产业发展。《"十四五"大数据产业发展规划》中的主要任务之一就是筑牢数据安全保障防线，并提出要完善数据安全保障体系，强化大数据安全顶层设计，落实网络安全和数据安全相关法律法规和政策标准。数据治理除需要相关的政策外，还需要一些技术手段。

长期以来，发生了一系列危害个人和国家安全的问题，这些问题与数据治理有关。部分企业严重违法违规收集、使用个人信息，利用数据垄断优势妨碍公平竞争，获取超额收益，违规收集数据并跨境存储和传输数据，可能导致系统性金融风险，甚至存在危害个人和国家安全的隐患。国家相关部门对违规企业进行了安全审查。目前，数据安全、个人隐私保护、数据交易、数据确权等已成为数据治理的重要内容，人工智能技术融合应用能够为数据治理提供有效保障，已成为突破数据治理瓶颈的新方法。如在数据安全合规方面，利用隐私计算技术实现数据使用过程中的可用不可见，为进一步扩大数据开放共享的程度提供支撑；在数据保护方面，基于分类、聚类、机器学习等人工智能技术实现对数据的实时、高效、准确的分类分级保护，其中分类分级是数据治理的核心环节，是人工智能技术的融合应用，进一步加强了对敏感数据的安全防护，为个人信息安全和政企安全提供保障；在数据质量评估方面，基于深度学习、知识图谱等人工智能技术精准评估数据质量，为政企提供了高质量、有价值的数据，同时，这些数据又成为人工智能技术的可信数据来源。所以人工智能技术能为大数据治理提供保障。

总体来讲，大数据与人工智能是相辅相成、相互促进发展的。随着大数据与人工智能的深入融合，以及大数据与人工智能在各行业应用的不断加深，未来大数据和人工智能会迎来新的增长浪潮并不断产生新模式、新业态。

▶▶▶ 1.4.2　小数据与人工智能

传统观点认为，大数据支撑起了尖端人工智能的发展，大数据也一直被看作打造成功的机器学习项目的关键。小数据方法是一种只需少量数据集就能进行训练的人工智能方法。它适用于数据量少或没有标记数据可用的情况，减少对人们收集大量现实数据集的依赖。

小数据集通常是建立个性化推荐算法的关键因素之一。通过分析用户历史行为和反馈等数据，结合人工智能技术，可以提高推荐算法的精度和效率。这种方法在电商、广告和媒体等领域中被广泛应用。在制造业中，通过分析小数据集中的生产过程数据，结合人工智能技术，可以检测和预测制造过程中存在的缺陷。这种方法可以提高生产效率和质量，并减少生产成本。通过对小数据集中的医疗图像和数据进行分析，结合人工智能技术，可以提高医疗诊断和治疗的效率和准确性。这种方法在 X 射线和磁共振成像（Magnetic Resonance Imaging，MRI）扫描等领域应用广泛。通过对小数据集中的金融交易数据进行分析，结合人工智能技术，可以帮助金融机构更好地规避风险。例如，使用机器学习算法探测金融欺诈和洗钱等风险。

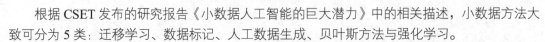

根据 CSET 发布的研究报告《小数据人工智能的巨大潜力》中的相关描述，小数据方法大致可分为 5 类：迁移学习、数据标记、人工数据生成、贝叶斯方法与强化学习。

小数据的重要性如下。

（1）减小大小实体间 AI 能力差距

大数据对于人工智能应用程序的价值在不断增长。不同实体间收集、存储和处理数据的能力差异是很大的，大型科技公司与小型科技公司的 AI 能力差别也是很大的。如果迁移学习、数据标记、贝叶斯方法等能够在只有少量数据的情况下应用于人工智能，那么小型实体进入数据领域的门槛会大幅降低，这样可以缩减大、小实体间的 AI 能力差距。

（2）减少大量个人数据的收集

调查显示，大多数人认为人工智能会侵犯个人隐私。比如大型科技公司过多收集与个人身份相关的消费者数据来训练它们的 AI 算法，之后进行精准推销等。某些小数据方法能够减少个人数据的收集，人工生成新数据（如合成数据生成）或使用模拟训练算法，一方面不依赖于个人数据，另一方面通过合成数据去除个人身份信息中的敏感信息，从而使敏感数据脱敏。该方法虽然不能解决所有涉及隐私的问题，但通过减少收集大量真实数据的需求，可以让使用机器学习变得更简单，从而让人们对大规模收集、使用或披露消费者数据不再担忧。

（3）促进数据匮乏领域的发展

人工智能的快速发展离不开可用数据的爆炸式增长。但对于许多亟待解决的问题，能输入人工智能系统的可用数据却很少或者根本不存在。例如，为没有电子健康记录的人构建预测疾病风险的算法，或者预测活火山突然喷发的可能性。小数据方法能通过一些规则来处理数据缺失或匮乏的问题。它可以利用标记数据和未标记数据，将所学知识从相关任务迁移到数据匮乏的任务。小数据也可以用少量数据点创建更多数据点，凭借关联领域的一些先验知识，或通过构建模拟编码与结构假设去探索新领域。

（4）避免"脏数据"问题

"脏数据"一般是指虚假的、未能反映真实情况或扭曲了真实情况的数据。"脏数据"经常困扰着大型机构，小数据方法能避免这个问题。大型机构拥有大量数据，但是大量数据中也有很多"脏数据"，处理这些"脏数据"需要耗费大量人力、物力。小数据方法中的数据标记法可以通过自动生成标签更轻松地处理大量未被标记的数据。迁移学习、贝叶斯方法或人工数据生成方法等可以减少需要清理的数据量，分别依据相关数据集、结构化模型和合成数据来显著缩小"脏数据"问题的规模。

重视小数据，并不是否定大数据的价值，而是要让数据尽可能发挥作用。另外，小数据与人工智能的融合应用也提醒我们不能完全依赖大数据，人工智能领域的决策者需要清楚地了解数据在人工智能发展中所扮演的角色。

1.5　本章小结

本章主要介绍了大数据和人工智能的概念、发展历程，在海量数据背景下思维模式的转变，作为技术支持的算子和算力以及大数据与人工智能之间的关系。阅读本章，读者可初步了解大数据和人工智能，为后面的学习打下基础。

1.6 习题

（1）请描述大数据与人工智能的概念。

（2）请描述大数据的特征。

（3）请简述人工智能的发展历程。

（4）请描述算子的概念，列举常见的算子。

（5）请描述大数据与人工智能的关系。

（6）请描述小数据及其重要性。

第2章
大数据与人工智能产业概况

本章学习目标：
（1）了解大数据与人工智能的应用；
（2）了解我国大数据与人工智能产业的相关布局；
（3）了解大数据与人工智能产业的发展机遇及挑战。

2.1 大数据与人工智能的应用现状

现在正处于大数据与人工智能的时代，以数据为基础的大数据与人工智能技术正在改变人类的未来。传统的调查研究只能利用部分数据和规律推断出结果，而现在在机器学习和深度学习的加持下，可利用大量数据和人类行为探查出行为背后的规律。大数据让我们能够洞察社会及其发展规律。随着大数据的不断发展和人工智能的普及，这种洞察力已逐渐转变为对人类行为模式的预见力，甚至转变为机器取代人类的行为力。大数据与人工智能技术及其带来的改变对各行各业的影响都是巨大的。

▶▶▶ 2.1.1 应用领域

随着科技的飞速发展，大数据技术逐渐渗透到各个领域，成为推动行业进步的重要力量。下面探讨大数据技术在政府、通信、医疗、能源、零售、气象、工业等领域的应用，以及人工智能技术的应用领域。

1. 大数据应用领域

（1）大数据在政府领域的应用

政府部门在运转过程中会产生大量数据，对这些数据进行分析与处理有助于政府治理、决策的科学化、精准化。大数据的发展，将改变政府现有的管理与服务模式。从全球范围内来看，运用大数据推动经济发展、完善社会治理、提升政府服务和监管能力正成为趋势。

借助大数据，能逐步实现立体化、多层次、全方位的电子政务公共服务体系，推进信息公开，促进网上电子政务开展，创新社会管理和服务应用，增强政府与社会、百姓的双向交流及互动。

借助大数据，还能推动政府治理更加精准化。在企业监管、质量安全、节能降耗、环境保护、食品安全、安全生产、信用体系建设、旅游服务等领域，有关政府部门和企事业单位对市场监管、检验检测、违法失信、企业生产经营、销售物流、投诉举报、消费维权等数据进行汇聚整合和关联分析，统一公示企业信用信息，预警企业不正当行为，提升政府决策和风险防范能力，加强事中事后监管和服务，提高监管和服务的针对性、有效性，推动改进政府管理和公共治理方式，借助大数据实现政府负面清单、权力清单和责任清单的透明化管理，完善大数据监督和技术反腐体系，促进政府简政放权、依法行政。

根据中国大数据产业生态联盟发布的《2021 中国大数据产业发展白皮书》，我国政府大数据业务演进，大致可划分为 4 个阶段：2010 年以前处于信息化建设期，2011—2016 年处于加速政府数据汇集整合期，2017—2020 年处于数据资产管理和应用期，2021 年以后致力于提高数字政府建设水平。

信息化建设期。政府信息化建设经历了办公自动化、电子化工程（"金"字工程）、政府上网工程 3 个时期。1992 年，国务院办公厅提出建设"全国行政首脑机关办公决策服务系统》，政府信息化建设从此起步。1993 年，国务院启动国民经济信息化"三金工程"（金桥、金关和金卡工程），政府部门网络建设逐步启动，这是我国政府信息化建设的开端。自 1999 年发起"政府上网工程"以来，我国迅速迈入网络社会，政府各部门落成了一批信息系统，整个体系的信息化水平显著提高，其中财政、税务、海关、公安等涉及审计和监管的部门在信息化建设方面走在前列。

加速政府数据汇集整合期。自"十二五"起，各级政府逐步开展信息技术（IT）规划和数据整合工作，数据开放共享的意识持续提升。但是，各地政府数据汇集整合水平参差不齐，建设层次不高，存在跟风发展"数据仓库"和"大数据平台"等现象。

数据资产管理和应用期。这一时期，《政务信息资源共享管理暂行办法》《大数据产业发展规划（2016—2020 年）》《政务信息系统整合共享实施方案》等文件相继发布，相关部委和地方政府也配套出台了大量扶持政策，政府部门的数据资产管理和应用意识持续提高，部分政府部门开始自建 IT 队伍和大数据平台。

提高数字政府建设水平。未来将重点释放政府大数据的价值，加大推动政务信息化共建、共用，将大数据广泛应用于政府管理服务，提高数字化政务服务效能、推动政府治理流程再造和模式优化等。

以下是大数据加速"最多跑一次"政务模式的应用案例。

"最多跑一次"政务模式是通过"一窗受理、集成服务、一次办结"实现的创新服务模式，让企业和群众到政府办事实现"最多跑一次"的行政目标，是近年来各地在建设"服务型政府"的过程中主要进行的改革工作。随着各地政务数字化转型的相关工作的推进，便民服务也逐渐从线下转向线上，但相关环节中产生的海量数据也对新时代的政务管理提出了挑战。为了把日常政务工作中的数据进行统一呈现和深度应用，真正实现"最多跑一次"，美林数据专家团队决定在已经建立的基础数据库的基础上，使用 Tempo 大数据分析工具，并结合某市政务系统的日常工作运行流程，建立政务大数据分析平台，如图 2-1 所示。在其中可以看到，利用 Tempo 大数据分析平台连接五大平台、七大库，进行数据统一归集。

① 通过平台零代码拖曳的方式快速生成政务云图，满足数据业务发展需求。

② 通过数据关联融合，形成企业信用分析等数据应用。

③ 根据人员级别、部门及业务不同灵活设置数据权限，形成"千人千面"的数据门户。

从实际应用角度，建立、整合数据平台主要可以帮助相关部门解决以下两个问题。

① 数据分析展示，决策辅助支撑。Tempo 大数据分析平台将原本分散在各平台系统的数

据进行综合关联、分析和可视化，为各级领导及相关业务部门提供统一、直观的分析结果，为相关决策提供辅助支撑。

② 呈现快速生成，紧随业务发展。系统可与时俱进，分析维度及可视化效果可随着业务的变化而及时更新，避免出现建设后无法满足业务发展的状况。

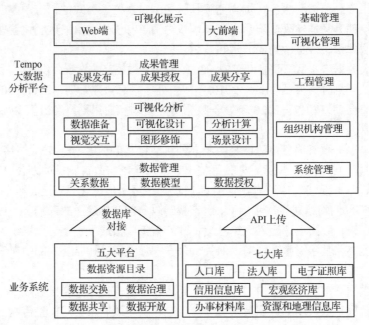

图 2-1　政务大数据分析平台

（2）大数据在通信领域的应用

大数据与云计算相结合所释放出的巨大能量几乎涉及所有的行业，其对信息、互联网和通信领域的影响较大。在通信领域，数据规模巨大，且具有全面、动态、实时的特点。此外，较大的网络带宽、全面的网络覆盖和高效的网络运维等为通信大数据的应用提供了可靠保障。

在通信领域的运营发展中，各运营商同样面临着竞争压力。提升自身服务质量（Quality of Service，QoS）、准确掌握用户的需求成为必要条件。在获得用户授权、保护用户个人隐私的基础上，运营商利用业务运营积累的大数据资源和自身技术能力来分析用户业务需求，能够为用户提供更好的服务，同时也能够让运营商适应日益增长的竞争压力。基于这些大数据的商业智能应用将为通信运营商带来巨大机遇和丰厚利润，大数据与云计算有望成为传统语音业务加速转型的动力。目前，通信领域数据与其他行业间的数据融合成为通信大数据应用的热点方向。例如通信大数据与金融行业间的数据融合可以形成风险防控、精准营销、咨询报告等融合产品。此外，通信大数据也可以应用在公共安全、民生服务、旅游开发、商业推广等领域。

（3）大数据在医疗领域的应用

早期，医疗领域的相关数据是以纸质形式存在的。伴随医疗领域信息化进程的推进，医疗数据都在不同程度上向数字化转换。在医疗业务活动、健康体检、公共卫生、传染病监测、人类基因分析等医疗卫生服务过程中将产生海量、高价值的数据，主要包括医院的计算机体层成像（Computed Tomograph，CT）影像记录、MRI 记录、病理分析、电子病历、处方药记录、居民电子健康档案、疾病监控系统实时采集的数据等。

在医疗领域的技术层面和业务层面，大数据技术具有十分重要的应用价值。在技术层面，大数据技术可用于非结构化数据的分析、挖掘，以及大量实时监测数据的分析等，为医疗卫生管理系统、综合信息平台等的建设提供技术支持；在业务层面，大数据技术可以向医生提供临床辅助决策和科研支持，向管理者提供管理辅助决策、行业监管、绩效考核支持，向居民提供健康监测支持，向药品研发人员提供统计学分析、就诊行为分析支持。

面对大数据、云计算等多领域与医疗领域跨域融合，医疗领域遇到前所未有的挑战和机遇。通过大数据技术处理大量病人相关的临床医疗信息，以及对人体基因进行大数据分析，可以更好地分析病人的病情，实现对症下药的个性化治疗。

（4）大数据在能源领域的应用

目前，大数据在电力、石油、天然气、煤炭和新能源等能源领域的应用，主要集中在综合采集、处理、分析与应用能源领域生产经营数据以及人口、地理、气象等诸多相关领域数据方面。在此基础上，企业可以优化库存、合理调配产品供给，并对数据进行实时分析，加速推进能源产业发展及商业模式创新。大数据在能源领域的成功应用，充分体现了能源生产和消费方式与大数据理念的深度融合。

随着智能电网的加速建设，我国已经实现了终端数字化，具体实例如智能电表。电力行业通过传感器、智能设备、音频通信设备、视频监控设备、移动终端等各种数据采集设备，广泛收集发电、输电、变电、配电、用电和调度等生产利用环节，以及天气、气象、交通、经济等外部支持系统产生的海量业务数据。通过集中式和分布式混合架构的企业级电力大数据平台，重点发挥大数据在输变电智能化、智能配用电、源网荷协调优化、智能调度控制、企业经营管理和信息通信六大领域的支撑作用。

以下是大数据在能源领域新能源设备健康状态预警平台的应用案例。

新能源设备健康状态预警平台主要以新能源企业业务系统数据作为输入，通过收集和整合设备运行数据、设备状态监测数据等多类型的海量数据，构建基于大数据分析、算法开发、预警模型、监测展示等预警机制的设备健康状态预警大数据平台，如图 2-2 所示，实现从预警模型构建到预警信息处理、反馈的全流程闭环管理，为集团、公司、场站 3 级用户提供真实、有效的数据分析结果，并实现与已有生产运维管理系统预警成果的共享，全面降低故障发生概率，减少运维成本，实现设备精益化管理及高质量运行，提升新能源设备健康管理水平。

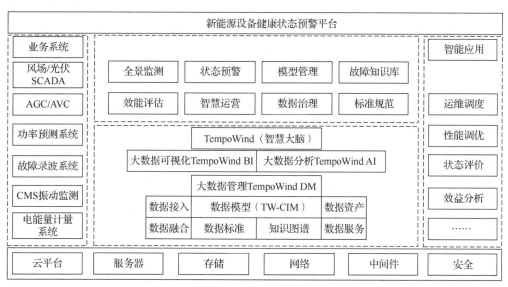

图 2-2　新能源设备健康状态预警平台

① 新能源设备数据治理与标准化：围绕来源多样、通信接口协议不同、采集精度各异的

设备运行数据、状态监测数据、气象环境数据、设备故障录波数据等多种实时数据，建立面向设备全生命周期的数据集中管理，实现海量数据的集中化、统一化、标签化、标准化。

② 新能源设备数据特征智能提取：围绕机组对象，针对机组运行预警目标，从全生命周期信息系统中整理和提出能够有效感知设备各种运行状态的参数体系；提取在线预警、故障诊断等不同层次应用的状态属性及数据，挖掘表征不同机组运行状态的特征信息。

③ 新能源设备故障预警模型及机制管理：建立完善的设备状态预警模型管理体系，实现从预警模型构建到模型验证、模型发布、模型部署、模型启停、模型评估以及模型迭代优化的全流程闭环管理。同时基于这一管理体系，建立从预警信息提醒到预警审核确认、预警处理反馈、预警统计分析的全流程闭环管理，确保预警模型能够真正赋能业务，提高企业安全管理精益化水平。

④ 设备运维专家知识库构建：梳理以大数据、人工智能技术为核心的数理模型和以规则、阈值等为主体的业务机理模型，建立丰富的运维专家知识库，辅助场站运维人员快速进行故障问题排查、风险消缺。

⑤ 新能源设备健康状态预警平台构建：形成一个覆盖数据集成、数据管理、数据运算、业务应用的新能源设备健康状态预警平台，建立一套从总部到公司、场站再到机组的纵向贯通式安全管控模式，实现总部、公司、场站的 3 级管理应用。这样既优化了传统的层级汇报与人工汇报的方式，又让各级管理部门均可通过系统获取权限范围内的数据分析结果，使安全管控变得数字化、可视化、透明化，实现快速决策、快速响应，降低管理成本，提升管理效率。

（5）大数据在零售领域的应用

根据 IDC 和麦肯锡全球研究院的大数据研究结果，大数据主要能在以下 4 个方面体现出巨大的商业价值：对顾客群体细分，进而对每个群体量体裁衣般地采取个性化服务；运用大数据模拟实景，发掘新的需求和提高投入的回报率；提高大数据成果在各相关部门的分享程度，提高整个管理链条和产业链条的投入回报率；进行商业模式、产品和服务的创新。在网上购物时，利用大数据技术结合历史购买记录和社交媒体数据为消费者提供优惠券、折扣和个性化优惠。线下零售企业会监控客户的店内走动情况以及与商品的互动，将这些数据与交易记录相结合来展开分析，从而在销售哪些商品、如何摆放商品以及何时调整售价上给出意见。此类方法已经帮助某零售企业减少了 17% 的存货，同时在保持市场份额的前提下，增加了高利润率自有品牌商品的比例。

某电商平台通过客户的商品浏览记录和购买记录对客户的收入、家庭结构、购买偏好等进行消费行为分析与预测。从消费者进入网站开始，平台在列表页、单品页、购物车页等页面部署了 5 种应用不同算法的推荐栏为其推荐感兴趣的商品，从而提高商品曝光率，促进交叉和向上销售。引入大数据进行精准营销后，平台订单转化率增长了 66.7%，商品转化率增长了 18%，总销量增长了 46%。

以精准营销为典型代表的互联网大数据应用正有力推动着企业思维转型和模式创新，以数据驱动重构商业形态。互联网大数据在很大程度上改变了传统营销手段，以往的营销主要依赖品牌推广，根据群体解析；而大数据分析挖掘则通过用户数据分析、市场趋势解析、触达场景解析、营销推广产品评析，洞悉营销推广对象的诉求，并利用智能推荐技术实现了真实意义上的点对点精准营销。同时，互联网大数据还实现了线下门店与线上渠道的结合，让传统的营销手段进入多屏时代。

（6）大数据在气象领域的应用

气象领域大数据主要包括气象观测数据、气象产品数据和互联网气象数据，有类型多、体量大、更新快、质量高、价值高的特点。目前，每年的气象数据已接近 PB 量级。以气象卫星数据为例，虽然气象卫星的主要作用是获取与气象要素相关的各类信息，但是在森林草场火灾、船舶航道浮冰分布等方面，气象卫星同样能发挥出跨行业的实时监测服务作用。

防灾减灾是气象部门最重要的职责之一，气象大数据对防灾、减灾、救灾有很大帮助。在大数据观点中，预测是核心，而"防灾"是应对灾害的重中之重，因此气象预警信息显得格外重要。气象预警需要非常复杂的气象数据分析，再综合地形、地貌等数据以及预报员自身的经验，最终得出准确的气象预警结果。然而，防灾、减灾不仅需要完善预警系统和提高预警准确率，还需要考虑受众群体，以便做出老百姓看得懂的预警，直接指导他们防灾、减灾。例如，通过对某地的历史受灾情况和历年气候数据，以及该地的地理信息、森林覆盖情况、居住人口数据等的分析，可以提前获悉在什么天气条件下该地会出现洪涝灾害、可能造成的受灾人数，以及受灾人群要如何撤离等，进而知晓农作物种植、房屋建造、建造设施的规划与选址等，从源头上防灾、减灾。

气象卫星、天气雷达等非常规遥感监测设备中的数据所包含的信息十分丰富，有可能挖掘出新的应用价值，从而为气象领域拓展出新的业务领域和服务范围。比如可以利用气象大数据为农业生产服务：通过应用气象数据，指导农户合理安排各项生产，尽量降低由于气象隐患所造成的农业生产损失；针对某些个例，可以给出相应的气象指导策略。"彩云天气"应用程序就利用大数据技术来获取、分析、处理和运用天气数据，为用户提供准确的天气预报。在这个应用程序中，大数据技术的应用是极其关键的，其中的算法、预测模型、用户反馈等都需要大量的数据支持，因此，大数据技术仍然是天气预报应用程序的重点发展技术。气象大数据还将在林业、海洋、气象灾害等方面拓展新的业务领域。

（7）大数据在工业领域的应用

工业大数据是工业领域相关数据集的总称，是工业互联网的核心，是工业智能化发展的基础要素。"中国制造 2025"规划中明确指出，工业大数据是我国制造业转型升级的重要战略资源。工业大数据可分成 3 类，即企业信息化数据、工业物联网数据，以及外部跨界数据。工业数据规模变大的主要原因是企业信息化和工业物联网中机器产生的海量时序数据的不断增加。

工业大数据是智能制造与工业互联网的核心，其本质是通过促进数据的自动流动去解决控制和业务问题，减少决策过程所带来的不确定性，并尽量弥补人工决策的缺点。首先，企业信息系统存储了高价值密度的核心业务数据。20 世纪 60 年代以来，信息技术加速应用于工业领域，形成了制造执行系统（Manufacturing Execution System，MES）、企业资源规划（Enterprise Resource Planning，ERP）、产品生命周期管理（Product Lifecycle Management，PLM）、供应链管理（Supply Chain Management，SCM）和客户关系管理（Customer Relationship Management，CRM）等企业信息系统。首先，这些系统中积累的产品研发数据、生产制造数据、供应链数据以及客户服务数据等存在于企业或产业链内部，是工业领域传统数据资产；其次，近年来物联网技术快速发展，工业物联网成为了工业大数据新的、增长最快的来源之一，它能实时、自动采集设备和装备运行状态数据，并对它们实施远程、实时监控；最后，互联网也促进了工业与经济社会各个领域的深度融合。人们开始关注气候变化、生态约束、政治事件、自然灾害、市场变化等因素对企业经营产生的影响。于是，外部跨界数据成为工业大数据不可忽视的部分。工业大数据不仅存在于企业内部，还存在于产业链和跨产业链的经营主体中。企业内部数据主要是指 MES、ERP、PLM 等自动化与信息化系统中产生的数据；产业链数据是 SCM 和 CRM 中的数据，它主要是指企业产品供应链和价值链中来自原材料、生产设备、供应商、用户和运维合作商的数据。跨产业链数据是指来自企业产品生产和使用过程中的与市场、地理、环境、法律和政府等相关的外部跨界信息和数据。

人和机器是产生工业大数据的主体。人产生的数据是指由人输入计算机中的数据，例如设计数据、业务数据、产品评论、新闻事件、法律法规等。机器数据是指由传感器、仪器仪表和智能终端等采集到的数据。对特定企业而言，机器数据的产生主体可分为生产设备和工业产品两类。生产设备是指作为企业资产的生产工具，工业产品是企业交付给用户使用的物理载体。前一类主体产生的数据主要服务于智能生产，为智能工厂生产调度、质量控制和绩效管理提供实时数据基础；后一类主体产生的数据则侧重于智能服务，通过传感器感知产品运行状态信息，帮助用户降低产品维修成本、提高运行效率、提供安全保障。随着互联网与工业的深度融合，机器数据的传输方式由局域网走向广域网，从管理企业内部的机器拓展到管理企业外部的机器，支撑人类和机器边界的重构、企业和社会边界的重构，释放工业互联网的价值。

工信部在 2017—2021 年连续 4 年出台工业互联网和工业大数据相关政策，就深入推进工业大数据基础设施建设和应用进行部署，提出要激发工业数据资源要素潜力，强调推动工业化和信息化在更深层次上融合发展。另外，"十四五"规划纲要中也指出要推动数据赋能全产业链协同转型，在重点行业和区域建设若干国际水准的工业互联网平台。明显看到，工业大数据和工业互联网双轮驱动我国工业数字化转型的政策体系逐渐形成。

长期以来，电力热力、黑色金属冶炼、化石能源加工、化工、非金属矿物生产等重工业行业碳排放强度高。在"碳达峰、碳中和"背景下，控制和减少具有高能耗特征的工业领域的碳排放成为工业实现"碳达峰、碳中和"这一战略的关键，亟须构建绿色低碳的新工业体系，发挥工业大数据和工业互联网作为实现"碳达峰、碳中和"的关键基础设施的作用。

总体来看，我国工业大数据的使用效率比较低、工业互联网在工业领域中的应用程度相对较低，因此亟须大幅提升我国工业整体技术水平，实现绿色生产制造。未来对于工业大数据和工业互联网的使用，要进一步推动以工业大数据为代表的新一代信息技术在研发设计、生产制造、经营管理、售后服务等工业全价值链中的应用，推动工业互联网在电力、钢铁、煤炭、家电、轨道交通等工业典型场景中的大规模部署，优化工业生产组织流程，提高管理和决策的效率，提升自动化和绿色化水平，降低能源消耗，实现深层减碳，推动我国工业发展阶段性整体跃升。

除上述领域以外，大数据在教育科研、金融保险、交通运输等领域也有密切应用。大数据在金融保险领域可用于客户洞察、运营洞察和市场洞察。大数据在智能交通、智慧城市建设方面也有出色表现。随着社会、经济的发展，各领域各类用户对于智能化的要求将越来越高，今后大数据技术会在越来越多的领域得到广泛应用。通过对大数据的采集、存储、挖掘与分析，大数据在营销、行业管理、数据标准化与情报分析和决策等领域将大有作为，极大提升企事业单位的信息化服务水平。随着云计算、物联网、移动互联网等技术的快速发展，大数据未来的发展空间将更加广阔。

2. 人工智能应用领域

随着数字化时代的到来，人工智能被广泛应用。下面探讨人工智能在智能制造、智慧城市、智能运载工具、智能家居、公共安全、智能机器人、智能教育、智能金融等方面的应用。

（1）智能制造

智能制造是基于新一代信息技术，贯穿设计、生产、管理、服务等各个环节，具有信息深度自感知、智慧优化自决策、精准控制自执行等功能的先进制造过程、系统与模式的总称。智能制造的形成过程一般是先对工程问题和工程参数进行建模，然后利用所采集到的高质量数据进行模型的机器学习，最后基于这些数据开发出智能系统，继而产生出即时可变的、始终最优的生产参数。智能制造以智能工厂的形式呈现，可以缩短产品研制周期、降低资源能源消耗、降低运营成本、提高生产效率、提升产品质量。制造中的智能强调工程建模、机器学习（基于高质量数据）和智能系统架构开发。

例如三一科技"灯塔工厂"。技术方面，三一科技"灯塔工厂"以工业互联网为依托，致力打造企业管理者、研发人员、生产人员的"大协同"；管理方面，运用机器视觉、大数据、机器学习等人工智能技术，建立制造运营管理智能系统，结合企业生产场景，开创了全新的生产运营管理模式；成效方面，降低了生产运营和维护成本，提高了产能。

（2）智慧城市

智慧城市是运用物联网、云计算、大数据、空间地理信息集成等新一代信息技术，将城市的系统和服务打通、集成，实现精细化和动态管理，促进城市规划、建设、管理和服务智慧化的新理念和新模式。智慧城市涉及城市旅游、交通出行、就医教育、政务便民、商务运营、生态生活等方方面面，让居民每时每刻都能感受到技术带来的便利。从技术发展的视角来看，智慧城市建设通过应用以移动互联技术为代表的人工智能、物联网、云计算、大数据等新一代信息技术实现全面感知、泛在互联、普适计算与融合应用；从社会发展的视角来看，智慧城市强调通过价值创造，以人为本来实现经济、社会、环境的全面可持续发展。

华为"智慧城市"。技术方面，华为提出了"1+1+N"的智慧城市建设思路，即"一个城市数字平台+一个智慧大脑+N个智慧应用"，以"无处不在的连接+数字平台+无所不及的智能"打造智慧城市数字底座，将数据融合与打通，实现数据挖掘、分析与共享。在此基础上，众多应用伙伴和华为一起，优势互补，共建生态，合力建设城市的"智慧大脑"，为城市发展的科学决策提供先进的手段，从而支撑政务、交通、警务等各领域实现数字化，最终实现"善政、惠民、兴业"的智慧城市。成效方面，华为目前已有多个智慧城市成功案例，包括智慧龙岗、智慧益阳、智慧嘉兴、智慧西安等。

腾讯"WeCity未来城市"。"WeCity未来城市"是腾讯云全新的政务业务品牌，其理念是对政府业务从信息化、数字化到智能化、智慧化理念的不断延展。技术方面，腾讯云的智慧城市建设路径是通过微信、小程序切入，依靠其拥有的海量日活用户，连接城市与居民，通过构建相关城市业务场景的小程序，实现智慧城市的建设；成效方面，腾讯云的长沙城市超级大脑项目，便是腾讯云智慧城市解决方案"WeCity未来城市"的首个落地项目。

（3）智能运载工具

人工智能对于交通工具革新的影响与日俱增，由此推动智能运载工具产业快速发展。智能运载工具尚无确切的定义，目前主要包含自动驾驶汽车、无人机、无人船等。自动驾驶汽车又称无人驾驶汽车，是一种通过计算机系统实现无人驾驶的智能汽车。无人机是利用无线电遥控设备和自备的程序控制装置操纵或者由机载计算机完全地或间歇、自主地操作的不载人飞机。无人船是一种无需遥控，借助精确卫星定位和自身传感即可按照预设任务在水面航行的全自动水面机器人。

百度"Apollo开放平台"。技术方面，Apollo开放平台是为所有开发者提供开放、完整、安全的自动驾驶平台，包括车辆认证平台、开源硬件平台、开源软件平台、云端服务平台四大部分。2021年4月，百度Apollo发布全域驾驶自由量产解决方案，可实现分钟级的地图更新以及车路协同。成效方面，Apollo已经成为全球最活跃的自动驾驶开放平台之一，与百余家生态合作伙伴携手前行，覆盖产业链整个环节。

图森未来"无人驾驶卡车"。技术方面，作为我国首张无人驾驶重卡测试牌照的拥有者，图森未来通过自主研发的一套由无人驾驶卡车、高清地图、精准定位以及运营系统TuSimple Connect共同构成的无人驾驶卡车生态系统，让其车队能够保持一年365天全天候地高效运行；成效方面，图森未来的无人驾驶技术已经在国内外实现商业化落地。在国外，图森未来已在美国的凤凰城、图森、埃尔帕索和达拉斯之间的 7 条不同路线上提供了商业化无人驾驶运输服务；在我国，图森未来在上海临港片区和东海大桥等场景的测试里程近 5.2 万千米，并再获 5 张无人驾驶卡车公开道路测试牌照，继续推进无人驾驶车队的建设与运营。

（4）智能家居

智能家居是以住宅为平台，通过物联网技术将家中的各种设备连接到一起，实现智能化的一种生态系统。智能家居的最终目的是让智能家居系统更多按照主人的生活方式来服务主人，为其创造一个更舒适、更健康、更环保、更节能、更智慧的科技居住环境。它具有智能灯光控制、智能电器控制、安防监控系统、智能背景音乐、智能视频共享、可视对讲系统和家庭影院系统等分类功能。从市场模式上看，我国智能家居主要分为前装市场和后装市场。前装市场的参与者以地产商为主，系统庞杂，发展相对缓慢，而后装市场主要呈现以小米为代表的主导孵化模式，以华为、阿里为代表的开放性平台模式和以海尔、美的为代表的品牌全屋闭环模式。

海尔智家"智慧家庭"。海尔智家是为全球用户定制美好生活解决方案的智慧家庭生态品牌商。技术方面，海尔智家已凭借原创科技和开放创新体系优势，构建起遍布全球的"10+N"开放研发体系。这种创新优势，驱动海尔智家在智慧家庭领域的专利发明领跑全球。除了技术实力位于全球前列，海尔智家全球标准同样走在前列。在全球范围，海尔智家参与了 67 项国际标准的制（修）订。成效方面，2019 年公司业务已覆盖亚、欧、美、非等洲，向全球亿万用户群体提供成套家电产品与家庭场景解决方案。

（5）公共安全

公共安全包括社会治安、交通安全、生活安全、生产安全、食品安全、生态安全等。人工智能在公共安全领域的应用场景主要包括犯罪侦查、交通监控、自然灾害监测、食品安全保障、环境污染监测等。从技术角度来看，目前在公共安全领域应用的人工智能技术主要包括图像识别、视频结构化及智能大数据分析等。人工智能在维护城市公共安全方面取得成绩的同时也存在一些安全隐患和弊端，需要政府从全局战略统筹考虑，加强立法与技术创新，积极参与国际交流合作，减少甚至消除安全隐患。

海康威视"综合安防管理平台"。技术方面，海康威视综合安防管理平台是一个"集成化""智能化"的平台，通过接入视频监控、一卡通、停车场、报警检测等系统的设备，获取边缘节点数据，实现安防信息化集成与联动，以电子地图为载体，融合各系统能力，实现丰富的智能应用。该平台基于"统一软件技术架构"先进理念设计，采用业务组件化技术，满足平台在业务上的弹性扩展。平台适用于全行业通用综合安防业务，对各系统资源进行了整合和集中管理，实现统一部署、统一配置、统一管理和统一调度。成效方面，该综合安防管理平台已经覆盖海康威视全国大部分业务区域，为公共安全、城市运营、交通管理等领域提供支撑。

（6）智能机器人

智能机器人是一个在感知—思维—效应方面全面模拟人的机器系统，指具有人类所特有的某种智能行为的机器，也可理解为一类具有高度自主性的自动化机器或设备。到目前为止，在世界范围内还没有统一的对智能机器人的定义。大多数专家认为智能机器人至少要具备 3 个方面的能力：一是感知环境的能力，用来获取周围环境状态；二是执行某种任务而对环境施加影响的能力，用来对外界做出反应性动作；三是把感知与行动联系起来的能力，根据感知设备所得到的信息，思考采用什么样的动作。智能机器人的智能性主要取决于以下技术：多传感信息耦合技术、导航和定位技术、路径规划技术、机器人视觉技术、智能控制技术、人机接口技术等。智能机器人与工业机器人的根本区别在于，智能机器人具有感知与识别、判断及规划功能。按照工作场所的不同，智能机器人可以分为管道机器人、水下机器人、空中机器人、微型机器人等。其中，管道机器人可以用来检测管道使用过程中的破裂、腐蚀和焊缝质量情况，在恶劣环境下承担管道的清扫、喷涂、焊接、内部抛光等维护工作，可对地下管道进行修复；水下机器人可用于海洋科学研究、海上石油开发、海底矿藏勘探、海底打捞救援等；空中机器人可以用于通信、气象、农业、地质、交通、广播电视等方面；微型机器人以纳米技术为基础，在生物工程、医学工程、微型机电系统、光学、超精密仪器加工及测量等方面具有广阔的应用前景。

优必选"人形机器人"。技术方面，优必选从人形机器人的核心原动力伺服舵机研发起步，至今已在视觉、定位导航、伺服舵机、运动控制四大领域拥有自己的核心技术。基于四大领域的核心技术，在机器人生态领域，优必选逐步推出了消费级人形机器人 Alpha 系列、STEM 教育智能编程机器人 Jimu Robot 和智能云平台商用服务机器人 Cruzr 等多款产品。优必选完成了对步态运动控制算法、机器视觉、语音或语义理解、情感识别、即时定位与地图构建等领域的生态布局，正在打造"硬件+软件+服务+内容"机器生态圈。成效方面，优必选智能机器人产品在教育、公共安全、智慧康养、党建及政务、商用服务、机房运维等领域落地应用，并与苹果、迪士尼、腾讯等知名企业建立了长期合作关系。

（7）智能教育

智能教育基于人工智能技术，构建认知模型、知识模型、情境模型，并在此基础上针对学习过程中的各类场景进行智能化支持。人工智能在传统教育领域的广泛应用，为传统的教育模式注入了新的活力，推动了教学与管理模式的变革，也使教育在一次又一次的变革中不断探索新的方向。智能教育按不同表现形式可分为教育云平台、智慧校园、智慧教室、电子书包、智慧学习终端与智能卡、移动学习、电子教材、微课、个性化学习网站、学习分析技术与智能测评等。

科大讯飞"FiF 智慧教学平台"。技术方面，FiF 智慧教学平台包括智慧课堂、双师课堂、大数据精准教学系统等。智慧课堂是指以建构主义等学习理论为指导，以促进学生核心素养发展为宗旨，利用物联网、云计算、大数据、人工智能等智能信息技术打造智能、高效课堂，推动学科智慧教学模式创新，真正实现个性化学习和因材施教，促进学生转识为智、智慧发展。双师课堂是以"互联网+"的思维方式，基于新一代的信息技术，围绕教育均衡和师生运用的实际需求，满足课堂教学内容传递、实时互动、优质资源共享等远程课堂教学场景。大数据精准教学系统深度挖掘数据价值，帮助学校提升备、教、改、辅、研、管的精准性与学生学习的有效性；借助大数据与人工智能技术实现基于学生常态化学情的精准诊断分析和优质资源推荐，提升教学效率与传统课堂教学容量。成效方面，FiF 智慧教学平台已经在多所高校上线不同模块。

（8）智能金融

智能金融即人工智能与金融的全面融合，以人工智能、大数据、云计算、区块链等高新技术为核心要素，全面赋能金融机构，提升金融机构的服务效率，拓展金融服务的广度和深度，实现金融服务的智能化、个性化、定制化。通过大数据、机器学习等技术为投资者进行精准画像，让机构更了解客户需求、资产状况、风险偏好等，真正实现千人千面的个性化服务。从监管层面来说，人工智能技术与其他技术的配合，也能让财富管理服务流程更加公开、透明，并且有完整的服务记录，为有效监管提供支持。

平安科技"平安脑"。技术方面，平安科技已经形成包括预测 AI、认知 AI、决策 AI 在内的系列解决方案，结合深度学习、数据挖掘、生物特征识别等先进 AI 技术的"平安脑"智能引擎，提供营销、运营、风控、决策、服务、预测等（六大）服务集成模块，每个模块可提供标准化应用和定制 AI 解决方案；成效方面，平安科技打造的"平安脑"智能引擎，已覆盖平安集团大量的金融销售场景和客户服务场景，降低了每年坐席成本。

▶▶▶ 2.1.2 发展趋势

1. 大数据发展趋势

"十三五"期间，国内大数据技术和产业取得了长足的发展。"十四五"期间，我国将立足新发展阶段、贯彻新发展理念，进一步提升数字化发展水平，为数字经济发展提供持久的新动力，进而为构建现代化经济体系和新发展格局提供强大支撑。

大数据发展趋势如下。

一是释放数据价值将成为全球竞争战略的重要组成部分。提升政府和公共部门对数据的应用效能，促进公共服务的数字化和智能化发展；以新一代数字化技术为依托，为数字经济的快速发展提供高质量的新型数字基础设施；加速企业的数字化转型，用数字化、信息化手段重新塑造企业的竞争优势；建立可信、高效的数据流通机制，实现端到端的数据流通全生命周期管理；建立公允、规范的数据资产价值评估、计量机制，为数据价值的充分挖掘和释放打好坚实的基础。

二是进一步发挥大数据技术在数据价值挖掘方面的效用。提升大数据技术在不同场景、不同行业的适配能力，在保障数据合规、保护数据安全的前提下促进数据价值的释放；在保障平稳运行、满足业务需求的同时控制整体成本，提升技术应用效率；进一步提升大数据技术的自动化、智能化水平，有效支撑各种复杂业务场景下的即时、大规模决策；发展去标识化、加密技术，平衡价值挖掘中的性能、合规和业务可用性。

三是数据治理制度体系与技术工具双轨并进。结合行业实际，借鉴成熟的数据治理经验提升数据治理的专业性，以创新的管理经验助力数据价值的释放；进一步推进平台工具建设，搭建数智化运营体系，提升企业业务决策能力、缩减运营成本、降低运营风险、保障安全合规，增强数据的应用效能；建立"用数据决策、用数据管理、用数据服务"的服务机制，提升政府公共管理能力和国家治理能力，促进国民经济社会的快速、健康发展。

四是新数据流通业态与政策制度协同创新。地方立法逐步探索数据确权与数据流通机制，为新技术手段和新流通模式的探索与发展提供良好的政策环境。发挥数据跨境流动试点作为特殊经济功能区先行先试的优势，探索构建与我国数字经济创新发展相适应、与我国数字经济国际地位相匹配的数字营商环境。

五是数据合规法律体系将进一步完善成熟。在《中华人民共和国网络安全法》《中华人民共和国数据安全法》《中华人民共和国个人信息保护法》3 部法律框定的基础架构下，加快完善配套行政法规、部门规章和标准体系，完善数据合规框架和执法指引，为产业的发展提供更细的合规指引与规则解析，促进产业实践与法律的良性互动。

"博观而约取，厚积而薄发"。加快新型基础设施建设、创新数字技术、激活数字经济将是我国抢占未来发展制高点、抓住世界科技革命和产业变革的先机。我们相信，以大数据为代表的新一代信息技术和产业的发展将为数字中国的建设提供充足的养分，善用数据要素、创新数据价值的流转方式，则将为把握产业变革新机遇、实现国民经济的高质量发展提供重要动力。

2. 人工智能发展趋势

人工智能产业链可以分为基础层、技术层和应用层，各层的发展趋势如下。

基础层是人工智能的基础，涉及硬件与软件的研发，主要有基础数据提供商、半导体芯片供应商、传感器供应商和云计算服务商。在过去的 5～10 年，人工智能技术得以商业化，主要得益于传感器等硬件价格快速下降、云服务的普及以及 GPU 等芯片使大规模并行计算能力得到提升。人工智能产业在基础层面的搭建已经基本完成。

技术层是人工智能产业的核心，主要涉及语音识别、自然语言处理、计算机视觉、深度学习等技术。与其他技术相比，语音识别在技术和应用方面都已经较为成熟，谷歌、苹果、百度等"巨头"对其都有布局，科大讯飞等企业在该技术方向也显示了良好的增长势头。另外，计算机视觉（尤其是人脸识别、自然语言处理等）也是技术和应用发展较快的领域，商汤、旷世等企业在计算机视觉领域综合实力也比较强。

大语言模型关键
技术

应用层是人工智能产业的延伸。处于应用层的企业主要是把人工智能相关技术集成到自己的产品和服务中，然后切入特定场景，例如汽车、机器人、可穿戴设备、金融、家居、医疗、安防等。未来数据完整（信息化程度原本就比较高的行业或者数据洼地行业）、反馈机制清晰、追求效率或动力的场景可能将率先实现人工智能技术的大规模商业化。目前来看，在云计算、大数据和芯片等技术的支持下，人工智能在自动驾驶、医疗、安防、金融营销等领域的应用会越来越成熟。人工智能产业发展还呈现以下趋势。

（1）平台崛起，资源进一步整合

人工智能覆盖的行业较广，单一企业无法涉及人工智能产业的方方面面，厂商会基于自身的优势逐步切入人工智能产业链，并与其他厂商进行合作，把技术、硬件、内容多方面资源进一步整合，共同推动人工智能技术落地。在技术、内容及硬件的发展下，平台进一步崛起，生态化布局日益重要。

（2）人工智能人才需求增长快于供应

以我国为例，工信部教育考试中心曾表示，我国人工智能人才缺口超过 500 万人。人工智能、物联网成为主流的发展趋势，人才在其中发挥的作用越来越大；通过推动人工智能技术与产业的合作，促进产学研有效融合，才能更好地满足人工智能产业需求。在人工智能领域中，国内人才集中在技术层及应用层，国内高校在人工智能人才培养方面有待加强。2019 年，教育部印发了《教育部关于公布 2018 年度普通高等学校本科专业备案和审批结果的通知》，全国共有 35 所高校获首批建设"人工智能"本科专业资格。国内企业也开始与各大院校合作建立人工智能研究院，例如，腾讯、百度、科大讯飞等企业与院校开展合作。未来需要继续建立核心技术人才培养体系，加强人工智能一级学科建设，实现产学研的有效融合，为人工智能产业培养优质人才。

（3）我国正在加大在人工智能产业基础层的投入

人工智能基础层技术曾经掌握在欧美国家手中，尤其是 AI 芯片、先进半导体等核心零部件，以及 AI 算法、开源框架等核心技术，这些技术将直接关系到人工智能技术的发展进程，故我国通过"中国制造 2025"等战略推动先进技术的研发。总之，我国正在加大在算法算力、大数据领域的布局和投入。

2.2 我国相关产业的布局

大数据产业是以数据生成、采集、存储、加工、分析、服务为主的战略性新兴产业，是激活数据要素潜能的关键支撑，是加快经济社会发展质量变革、效率变革、动力变革的重要引擎。"十四五"时期是我国工业经济向数字经济迈进的关键时期，对大数据产业发展提出了新的要求。

2.2.1 大数据产业相关布局

2021 年以来，全球各国大数据战略持续推进，聚焦数据价值释放，国内则围绕数据要素的各个方面正在加速布局和创新发展。政策方面，我国大数据战略进一步深化，激活数据要素潜能、加快数据要素市场化建设成为核心议题；法律方面，从基本法律、行业行政法规到地方立法，我国数据法律体系架构初步搭建完成；技术方面，大数据技术体系以提升效率、赋能业务、加强安全、促进流通为目标加速向各领域扩散，已形成支撑数据要素发展的整套工具体系；管理方面，数据资产管理实践加速落地，并正在从提升数据资产质量向数据资产价值运营加速升级；流通方面，数据流通的基础制度与市场规则仍在起步探索阶段，但各界力量正在从新模式、新技术、新规则等多角度加速探索变革思路；安全方面，随着监管力度和企业意识的强化，数据安全治理初见成效，数据安全的体系化建设逐步提升。

"十四五"规划纲要为今后 5 年大数据的发展做出了总体部署，为各部门各地方进行大数据专项规划提供了重要依据。2021 年 11 月，工信部印发《"十四五"大数据产业发展规划》（后简称《规划》），在延续"十三五"规划纲要关于大数据产业定义和内涵的基础上，进一步强调了数据要素价值。在响应国家"十四五"规划纲要的基础上，围绕"价值引领、基础先行、系统推进、融合创新、安全发展、开放合作"六大基本原则，针对"十四五"期间大数据产业的发展制定了 5 个发展目标、6 项主要任务、6 项保障措施，同时指出在当前我国迈入数字经济的关键时期，大数据产业将步入"集成创新、快速发展、深度应用、结构优化"的高质量发展新阶段。其中，6 项主要任务包括：一是加快培育数据要素市场，围绕数据要素价值的衡量、交换和分配全过程，着力建立数据要素价值体系、健全数据要素市场规则、提升数据要素配置作用，推进数据要素市场化配置；二是发挥大数据特性优势，围绕数据全生命周期关键环节，加快数据"大体量"汇聚，强化数据"多样化"处理，推动数据"时效性"流动，加强数据"高质量"治理，促进数据"高价值"转化，将大数据特性优势转化为产业高质量发展的重要驱动力，激发产业链各环节潜能；三是夯实产业发展基础，适度超前部署通信、算力、融合等新型基础设施，提升技术攻关和市场培育能力，发挥标准引领作用，筑牢产业发展根基；四是构建稳定、高效产业链，围绕产业链各环节，加强数据全生命周期产品研发，创新服务模式和业态，深化大数据在工业领域的应用，推动大数据与各行业深度融合，促进产品链、服务链、价值链协同发展，不断提升产业供给能力和行业赋能效应；五是打造繁荣、有序产业生态，发挥龙头企业引领支撑、中小企业创新发源地作用，推动大、中、小企业融通发展，提升协同研发、成果转化、评测咨询、供需对接、创业孵化、人才培训等大数据公共服务水平，加快产业集群化发展，打造资源、主体和区域相协同的产业生态；六是筑牢数据安全保障防线，坚持安全与发展并重，加强数据安全管理，加大对重要数据、跨境数据安全的保护力度，提升数据安全风险防范和处置能力，做大、做强数据安全产业，加强数据安全产品的研发、应用。

关于《规划》的主要亮点，可以归纳为"三新"。一是顺应新形势。"十四五"时期，我国进入由工业经济向数字经济大踏步迈进的关键时期，经济社会数字化转型成为大势所趋，数据上升为新的生产要素，数据要素价值释放成为重要命题，贯穿《规划》始终。二是明确新方向。立足推动大数据产业从培育期进入高质量发展期，在"十三五"规划纲要提出的产业规模 1 万亿元的目标基础上，提出"到 2025 年底，大数据产业测算规模突破 3 万亿元"的增长目标，以及数据要素价值体系、现代化大数据产业体系建设等方面的新目标。三是提出新路径。为推动大数据产业高质量发展，《规划》提出了"以释放数据要素价值为导向，以做大做强产业本身为核心，以强化产业支撑为保障"的路径设计，增加了培育数据要素市场、发挥大数据特性优势等新内容，将"新基建"、技术创新和标准引领作为产业基础能力提升的着力点，将产品链、服务链、价值链作为产业链构建的主要构成要素，实现数字产业化和产业数字化的有机统一，并进一步明确和强化了数据安全保障。

▶▶▶ 2.2.2　人工智能产业相关布局

2018 年 11 月 18 日，我国工信部办公厅印发并实施了《新一代人工智能产业创新重点任务揭榜工作方案》，该方案是为贯彻落实《新一代人工智能发展规划》（国发〔2017〕35 号）和《促进新一代人工智能产业发展三年行动计划（2018—2020 年）》（工信部科〔2017〕315 号）（后简称"三年行动计划"）要求，加快推动我国新一代人工智能产业创新发展的方案制定。

《新一代人工智能产业创新重点任务揭榜工作方案》中指出了人工智能揭榜工作的重点任务。

围绕"三年行动计划"确定的重点任务方向，在 17 个方向及细分领域开展集中攻关，重点突破一批创新性强、应用效果好的人工智能标志性技术、产品和服务。

在智能产品方面，选择智能网联汽车、智能服务机器人、智能无人机、医疗影像辅助诊断系统、视频图像身份识别系统等产品作为攻关方向。在这些领域，产业创新活跃，已聚集了大量企业，相关技术和产品具有较好的发展基础，通过"揭榜挂帅"可进一步促其深入应用落地。

在核心基础方面，选择智能传感器、神经网络芯片、开源开放平台等开展攻关。这些核心基础技术是人工智能产业发展的重要支撑，目前我国在这些方面需整合产业链资源并开展协同攻关，以加快实现技术产业突破。

在智能制造关键技术装备方面，选择智能工业机器人、智能控制装备、智能检测装备、智能物流装备等进行揭榜攻关。制造业是人工智能融合创新的主要领域之一，充分发挥人工智能在产业升级、产品开发、服务创新等方面的技术优势，有利于加快制造业关键技术装备智能化发展。

在支撑体系方面，选择高质量的行业训练资源库、标准测试及知识产权服务平台、智能化网络基础设施、网络安全保障体系等作为揭榜攻关任务。这些资源体系是影响人工智能健康发展的重要因素，需要加快完善基础环境、保障平台，加快形成我国人工智能产业创新发展的支撑能力。

2021 年 7 月 13 日，中国互联网协会发布了《中国互联网发展报告（2021）》，并指出在人工智能领域，2020 年人工智能产业规模保持平稳增长，产业规模达到了 3031 亿元，同比增长 15%，增速略高于全球的平均增速。产业主要集中在北京、上海、广东、浙江等地，我国在人工智能芯片领域、深度学习软件架构领域、中文自然语言处理领域进展显著。

2.3　大数据与人工智能产业的发展机遇与面临的挑战

随着互联网技术的不断发展，大数据和人工智能产业聚集了大量的人才和资本。这两个行业的交叉应用在很多领域都得到了广泛应用和推广，也为产业的快速发展注入了新的动力。然而，大数据和人工智能产业在发展过程中也面临一些挑战和机遇。

▶▶▶ 2.3.1　大数据与人工智能产业的发展机遇

1．大数据产业的发展机遇

大数据能拓宽人类的视野。越来越多事物数据化，使得人们可以从大量数据中，发现隐藏的自然规律、社会规律和经济规律。大数据给科学和教育事业的发展提供众多机会的同时，也带来了前所未有的挑战。它将对现有的科研和教学体制带来大幅度的变革，为科学与产业之间的关系、科学与社会之间的关系带来大幅度的变革。根据麦肯锡全球研究院的报告，有效利用大数据有助于经济转型，并带来新一波生产性增长。利用大数据以外的宝贵知识开展工作将成为当今企业的基本竞争力，并能催生新的竞争对手。这些竞争对手能够吸引具备大数据关键技能的员工。研究人员、政策制定者和决策者必须认识到大数据具有发现各自领域下一波增长的潜力。利用大数据可以在业务部门获得许多优势，包括提高运营效率、告知战略方向、开发更好的客户服务、识别和开发新产品和服务、识别新客户和市场等。

"十三五"时期，我国大数据产业取得了突破性的发展。数据显示，2020年，我国大数据体量稳步提升，产业价值不断释放；大数据相关政策陆续出台，产业发展环境日益优化；新型数据中心、5G等大数据相关基础设施部署进程加快；大数据企业快速成长，培育和发展了一批有竞争力的创新型企业；大数据要素潜能逐渐释放，政府、企业、消费者数字化意识明显增强；大数据与各产业广泛融合，工业大数据、健康医疗大数据、金融大数据等日渐成熟，支撑各产业优化升级；政府数据大量开放共享，有效提升政府服务能力，推动数字政府建设。

"十四五"规划纲要将"加快数字化发展 建设数字中国"作为独立篇，从打造数字经济新优势到加快数字社会建设步伐，从提高数字政府建设水平到营造良好数字生态，勾画出未来5年数字中国建设的新图景，并明确指出大数据是七大数字经济重点产业之一；另外，"数据"一词在"十四五"规划纲要中出现了53次，国家进一步对大数据发展做出重要部署。这表明以大数据为重点的数字产业迎来了新的发展阶段和机遇。近年来，新一代信息技术、智慧城市、数字中国等发展战略逐步推动经济社会数字化转型，大数据的产业支撑得到强化，应用范围加速拓展，大数据产业规模快速增长。大数据产业规模达11050亿元，随着"新基建"及"十四五"规划纲要的提出，中商产业研究院预测，2025年我国大数据产业规模将达19774亿元。国家的大力支持能让大数据的发展更加顺利。

通过以上关于"十三五"与"十四五"规划纲要的相关解读，能看出"十三五"期间更关注大数据技术的创新和应用，而"十四五"期间强调数据治理和数据要素潜能释放。

"十四五"叠加"双循环"推动大数据融合发展。2021年是"十四五"时期的开局之年。2020年5月14日，中共中央政治局常委会首次提出"深化供给侧结构性改革，充分发挥我国超大规模市场优势和内需潜力，构建国内国际双循环相互促进的新发展格局"。

"十四五"规划纲要强调了加快发展数字经济，推进数字产业化和产业数字化，推动数字经济和实体经济深度融合，打造具有国际竞争力的数字产业集群。数字经济包括5G、大数据、物联网和人工智能等领域，将实现新一代信息技术与经济社会各领域深度融合。

"十四五"叠加"新基建"推动行业发展。2020年2月14日，中共中央全面深化改革委员会第十二次会议指出，基础设施是经济社会发展的重要支撑，要以整体优化、协同融合为导向，统筹存量和增量、传统和新型基础设施发展，打造集约高效、经济适用、智能绿色、安全可靠的现代化基础设施体系。

"新基建"涵盖了5G基站建设、城际高速铁路、城市轨道交通以及新能源汽车充电桩、大数据中心、人工智能、工业互联网、特高压，涉及了七大领域和相关产业链。与"旧基建"相比，"新基建"的特点在于支持科技创新、智能制造的相关基础设施建设，以及针对"旧基建"进行的补短板工程。

"新基建"的推进，可以解决我国数字经济与实体经济深度融合过程中所面临的基础设施不足问题，并进一步推动实体经济的数字化与数字经济的普及化，从根本上实现数据要素资源配置的优化。

2．人工智能产业的发展机遇

人工智能作为引领新一轮科技革命和产业变革的战略性技术，正在重塑生产方式、优化产业结构、提升生产效率、赋能千行百业，推动经济社会各领域向智能化加速跃升。

在基础层，芯片、传感器、大数据、云计算等为人工智能提供了数据支撑或计算能力支撑。深度学习算法推动了全球新一轮人工智能的发展，但深度学习算法对芯片性能要求更高。由于CPU 在计算性能上已无法满足当前需求，因此能实现海量并行计算，且能进行计算加速的 AI 芯片应运而生。从广义上讲，AI 芯片以基于传统架构的 GPU、FPGA、ASIC 为主，也包括正在研究但距离商用还有一段距离的类脑芯片、可重构芯片等。

GPU（通用型）：具备大规模并行计算能力、可同时处理多重任务的芯片。

FPGA（半定制化）：可根据自身需求，允许灵活使用软件进行编程的芯片。

ASIC（全定制化）：为特定目的、面向特定用户需求而设计的全定制化芯片。

针对不同领域推出专用的芯片，既能够提供充足的算力，也能够满足低功耗和高可靠性要求。如我国的华为、寒武纪、中星微等企业推出的芯片产品应用于智能终端、智能安防、自动驾驶等领域，可以对大规模计算进行加速，满足更高的算力需求。

随着物联网的发展，数据呈指数级增长，这为人工智能提供了数据支撑，人工智能得以快速发展。国内各行业已经普遍实现了信息化，沉淀出了大量数据。国家信息中心预测，到 2025 年，我国数据将占全球数据总量的 27%以上，成为世界第一数据资源大国。这些数据中不乏金融、市场营销、消费等具有潜在价值的数据。人工智能可以从数据中找到业务价值点和客户需求，帮助企业提供更好的业务服务。

在技术层，机器学习、计算机视觉、语音及自然语言处理等技术基本达到阶段性成熟。人工智能深度学习框架实现了对算法的封装。随着人工智能的发展，各种深度学习框架不断涌现。谷歌、微软等"巨头"，推出了 CNTK、MXNet、PyTorch 和 Caffe2 等深度学习框架，并被广泛应用。此外，谷歌、OPEN AI LAB、Meta（Facebook）等企业还推出了 TensorFlow、TFLite、Tengine 和 QNNPACK 等轻量级的深度学习框架。

近年来，国内也涌现了多个深度学习框架。百度、华为等企业推出了 PaddlePaddle（飞桨）、MindSpore，中国科学院计算所、复旦大学研制了 SeetaFace、FudanNLP。小米、腾讯、百度和阿里等企业分别推出了 MACE、NCNN、Paddle Lite、MNN 等轻量级的深度学习框架，国内深度学习框架在全球占据了一席之地。

目前，人工智能产业开始步入高速发展时期，2020 年标志性生产工具 TensorFlow 框架下载量爆发式增长，仅一个月超 1000 万次，占发布四年半下载总量（1 亿多次）的 1/10；同时，技术成本快速下降，同等算法水平所需计算量每八个月降低一半，成本大幅降低，业内涌现出研发平台、技术服务平台等多样化的平台形态，工程技术正在引领产业快速发展。

在应用层，各行各业与人工智能深度融合，实现了传统行业的智能化。例如，计算机视觉技术产业应用日趋多样化。目前，计算机视觉技术已经成功应用于公共安防等数（10 个）领域，智能语音技术应用场景逐步拓展。随着对话生成、语音识别算法性能的提升，智能语音的市场规模不断扩大。根据中商产业研究院统计结果，2016—2019年间，中国智能音箱的出货量增长了17倍。语音转写、声纹识别等语音技术产品已广泛应用于各行各业。

另外，人工智能与实体经济融合发展。人工智能与传统产业的融合不仅提高了产业发展的效率，还实现了产业的升级换代，形成了新业态，构建了新型创新生态圈，催生了新的经济增长点。人工智能在智能制造、智慧城市、智能运载工具、智能家居、公共安全、智能机器人、智能教育、智能金融等领域的应用，呈现全方位爆发态势。

▶▶▶ 2.3.2　大数据与人工智能产业面临的挑战

随着信息技术的迅速发展，人们面临的信息量越来越庞大，这促进了大数据和人工智能技术的快速发展。然而，在信息过载时代背景下，如何应对巨大的信息量并利用人工智能和大数据技术为社会和企业带来更多机遇是我们需要思考的重要问题。

1. 大数据产业面临的挑战

机遇总是伴随着挑战。一方面，大数据带来了许多机会。另一方面，我们在处理大数据问题时也面临许多挑战。

（1）数据的异构性和不完备性

海量、多元和非结构化成为数据新发展常态。数据环境呈现多样化、复杂化特征，大量文本、图片、视频等非结构化数据产生并被存储和使用。因此当前的现实世界数据库极易受到不一致、不完整和无用数据的影响。

大数据的广泛存在和来源的多样性使越来越多的数据分散在不同的数据管理系统中，目前采集到的85%以上的数据是非结构化和半结构化的数据，不能用已有的简单数据结构来描述它们。传统关系数据库无法高效处理以复杂的数据结构表示的数据，但处理同质（Homogeneous）的数据非常有效。因此，如何将数据组织成合理的结构并进行数据的集成是大数据处理的一个重要挑战。

数据的不完备性是指在大数据条件下所获取的数据常常包含一些不完整的信息和错误的数据。在进行大数据分析处理之前必须对数据的不完备性进行有效处理才能分析出有价值的信息，处理通常在数据采集与预处理阶段完成。由于大数据的5类特征存在，对不完备性的处理是一项挑战。工业界在数据清洗和质量控制方面开发出多种工具，如中国最大的数据科学竞赛平台DataCastle、中国前沿的数据分析与决策支持服务机构DataWay等。可以说，大数据异构性和不完备性处理即数据集成问题是工业界面临的首要挑战。

（2）数据处理的时效性

随着新一代信息技术的快速发展，社会运行效率不断被优化和提升，企业新生业务对数据实时性要求日益增加。例如，在金融反欺诈、风险评估、无人驾驶、工业检测、流程化制造等许多场景中，需要快速、实时地进行数据的安全采集、安全存储和安全分析及处理。到目前为止，还没有合适的工具来完全利用大数据。传统的数据分析主要针对结构化数据，利用数据库技术来存储结构化数据，并在此基础上构建数据仓库进行联机分析和处理（Online Analytical Processing，OLAP）。现有方法在处理相对较少的结构化数据时极为高效，但对于大数据而言，半结构化和非结构化数据量的迅猛增长，给传统数据分析和处理带来巨大冲击和挑战。

随着时间的流逝，数据中所蕴含的知识价值也随之衰减，因此，大数据处理的速度非常重要。一般来讲，数据规模越大，分析和处理时间就会越长，但在许多情况下，用户要求立即得到数据的分析结果。大数据则要求为结构复杂的数据建立合适的索引结构，这就要求索引结构的设计简单、高效，能够在数据模式发生变化时很快进行调整。在数据模式变更的假设前提下设计新的索引方案将是大数据处理的主要挑战之一。大数据存储系统的要求是高可用、低成本、高性能、低开销。

（3）数据的安全与隐私保护

隐私问题由来已久。互联网技术的发展使数据的传输、共享更加便利，但数据隐私问题越来越严重。人们在互联网上的一言一行都掌握在互联网商家手中，例如淘宝知道用户的购物习惯、腾讯知道用户的好友联络情况、百度知道用户的检索习惯等。大数据的隐私保护与安全是大数据分析和处理的一个重要方面。大数据的隐私保护既是技术问题也是社会学问题，需要学术界、商业界和政府部门共同参与。随着民众隐私意识的日益增强，合法合规地获取数据、分析数据和应用数据是进行大数据分析时必须遵循的原则。大数据时代的安全与传统安全相比，更加复杂，面临更多挑战。大多数国家为了增强数据的安全性，已经制定了相关的数据保护法律。对于与大数据相关的应用程序，由于以下几个原因，数据安全问题更加棘手。首先，大数据规模非常大，对保护方法有更高的要求。其次，安全工作量相对较大。另外，大部分大数据以分布式方式存储，来自网络的威胁也会加剧。如何在大数据环境下确保信息共享的安全性和如何为用户提供更为精细的数据共享、安全控制策略等问题值得深入研究。

（4）大数据能耗问题

随着大数据规模的不断扩张，且能源价格持续上涨，同时数据中心存储规模不断扩大，高能耗已逐渐成为大数据快速发展的一个主要瓶颈。要达到低成本、低能耗、高可靠性目标，通常要用到冗余配置、分布式和云计算技术，在存储时要按照一定规则对数据进行分类，通过过滤和去重，减少存储量，同时进行索引便于查询操作。大数据管理系统中，能耗主要由两大部分组成：硬件能耗和软件能耗。二者之间又以硬件能耗为主。《纽约时报》2012 年的调查显示，谷歌数据中心年耗电约为 3 亿千瓦时，最令人惊讶的是该巨大能耗中，实际只有 6% 至 12% 的能量用于响应用户查询请求，绝大部分电能是用来确保系统服务器处于正常待机状态，以应对突如其来的用户查询网络流量高峰。《2019 绿色数据中心白皮书》显示，2017 年，我国数据中心耗电量为 1221.5 亿千瓦时，超过当年三峡大坝全年发电量。

《中国"新基建"发展研究报告》称，从全球来看，到 2025 年，数据中心能耗将占全球能耗的最大份额，高达 33%；从国内来看，全国数据中心的耗电量已连续 8 年以超过 12% 的速度增长。

从已有的一些研究成果来看，可以考虑从以下两个方面来改善大数据能耗问题：采用新型低功耗硬件，建立计算核心与二级缓存的直通通道，从应用、编译器、体系结构等多方面协同优化；引入可再生的新能源。

（5）数据管理易用性问题

大数据时代，数据数量的增加和复杂度的提高对数据的处理、分析、理解和呈现带来极大挑战。从开始的数据集成到数据分析，再到最后的数据解释过程，易用性贯穿整个大数据处理的流程。易用性的挑战突出体现在两个方面：首先，大数据的数据量大，分析更复杂，得到的结果更加多样化，其复杂程度已远超传统的关系数据库；其次，大数据已广泛渗透到人们生活的方方面面，复杂的分析过程和难以理解的分析结果制约了各行各业从大数据中获取知识的能力，大数据分析结果的可视化呈现将是大数据管理易用性的又一挑战问题。

2. 人工智能产业面临的挑战

人工智能产业在基础层面临的挑战如下。

（1）硬件方面

一是利用率低，传统硬件架构难以完全满足人工智能对密集计算的要求。二是兼容性差，

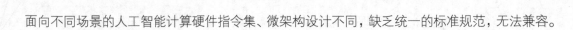

面向不同场景的人工智能计算硬件指令集、微架构设计不同，缺乏统一的标准规范，无法兼容。

（2）软件方面

一是工具融合程度有待提升。人工智能编译工具由不同的硬件、软件生产者提供，工具的完整性、融合程度、效率等没有统一的衡量标准。二是设备间协同困难。不同的智能设备间协议不同，无法实现互联互通。

（3）数据方面

一是数据的采集和使用有待规范。人工智能行业是"数据密集型"行业，安全、有效地采集、管理和使用数据，支撑人工智能实践，已成为人工智能应用系统建设的瓶颈。二是数据存在安全风险。需要制定高效的预防措施，确保数据安全和人工智能的安全、可靠、可控发展，防止被不法分子滥用。

人工智能产业在技术层面临的挑战如下。

（1）人工智能算法遇到技术瓶颈

一是泛化性弱。人工智能模型被训练后可以达到理想的性能，但应用场景与训练环境场景区别较大时，性能会显著下降。二是易受到对抗样本攻击。人视觉或听觉无法感知的微小扰动也可能会使模型输出错误结果。

（2）深度学习框架依赖生态建设

在应用方面，TensorFlow、PyTorch等通用型深度学习框架应用于自然语言处理、计算机视觉、语音处理等领域，以及机器翻译、智慧金融、智能医疗、自动驾驶等行业。各细分领域还涌现出大批专业型深度学习框架，如编写机器人软件的ROS、应用于计算机视觉领域的OpenCV、擅长自然语言处理的NLTK，以及应用于增强现实的ARToolKit等。我国深度学习框架起步较晚，在算法、芯片、终端和场景应用等方面曾借鉴国外的深度学习框架生态。

（3）人工智能测试体系不够全面

一是测试重复度高，现有测试基准的测试内容和模型重复度高，但又有遗漏；二是体系化设计与建设有待加强，尚未形成成熟的功能、性能测试基准；三是人工智能测试标准体系还未形成，公平性和权威性有待完善。

人工智能产业在应用层面临的挑战如下。

（1）系统开发与维护费时、低效

一方面，实践中，商用的人工智能产品缺乏开发、运维的二次应用能力；另一方面，大型人工智能系统设计及实现中，从业者经验匮乏，迫使行业机构进行额外投入以支撑技术团队，阻碍了智能技术的应用实践。智能应用场景通常需要云端协同智能处理能力，但云端组件繁多、配置复杂、部署成本较高。

（2）人工智能伦理挑战

一是受历史条件和发展阶段限制，人类对人工智能产品的道德风险，存在认知滞后性。二是人工智能产品缺少完善的伦理控制，同时被赋予更多的自主决策权，会催生更多的伦理道德问题。

此外，我国还面临行业发展不均衡的问题。我国人工智能领域，重应用、轻基础现象较严重。一方面，人工智能专用芯片硬件技术起步晚，亟须完善相关的上下游产业链，建立行业应用事实标准。另一方面，对国外开源深度学习系统平台利用度高，缺少类似的国产成熟开源平台。在应用层面，发展结构性失衡仍然突出。由于行业监管和盈利条件限制，人工智能的行业应用程度和发展前景存在显著差异。

2.4　本章小结

　　本章主要介绍了大数据和人工智能相关产业的应用现状、产业布局以及所面临的发展机遇和挑战，可使读者了解大数据和人工智能行业的发展情况和未来前进的方向。

2.5　习题

　　（1）请简述我国大数据产业相关布局。
　　（2）人工智能产业链一般分为哪 3 层？
　　（3）请列举大数据与人工智能的常见应用领域。
　　（4）请简述大数据与人工智能产业面临的挑战。

第3章
大数据技术

本章导读

本章学习目标：
（1）了解大数据采集方法，理解各方法之间的关系和区别；
（2）了解大数据预处理（Data Preprocessing）的方法，理解数据清洗、数据集成、数据约简和数据变换等一系列预处理过程；
（3）了解大数据存储的设备、技术，了解大数据可视化工具及其使用方法；
（4）了解几个典型大数据计算平台 Hadoop、Apache Spark、Apache Strom 的架构。

3.1 大数据采集

数据提取是从（非结构化或半结构化的）数据源中提取数据以进行进一步的数据处理或数据存储（数据迁移）的行为或过程。因此，在导入中间提取系统之后，通常会进行数据转换，并可能在导出到数据工作流程之前添加元数据。

通常，数据提取这一术语应用于（实验）数据首次从主要来源（如测量或记录设备）导入计算机的时候。如今的电子设备通常会提供一个电子连接器，通过这个连接器，原始数据可以流入个人计算机。

《IDC：2025 年中国将拥有全球最大的数据圈》报告指出 2018 年中国新增数据量为 7.6 ZB，成为世界第一数据生产国；预计到 2025 年中国新增数据量将达到 48.6 ZB，年平均增长率约为 30%。

如果不能好好利用收集到的数据，那只是空有一堆数据而已，并非大数据。这就意味着，广义的大数据不仅包括数据的结构形式和规模，还包括数据处理技术。从庞大的数据中收集和预处理对自身有意义的数据是处理数据的关键（准备）工作。数据的定向采集可以确保分析结果的精度，同时数据的预处理可以简化分析过程并提高分析效率。

3.1.1 大数据来源

大数据通常是指 PB 或 EB 级别数据量的数据。大数据有很多，不仅包含气候信息、公开的信息（如杂志、报纸文章等），还包含网络日志、病历、监控、视频和图像档案及大型电子商务记录等。目前，根据数据来源不同，大数据大致分为如下 3 种类型。

（1）来自人类活动的数据：人们通过社会网络、互联网、各种社会活动等产生的各种数据，包括文字、图片、音频、视频等。这些数据中含有反映人们生产活动、商业活动和心理活动等各方面极具价值的信息。

（2）来自计算机的数据：各类计算机信息系统产生的数据以文件、数据库、多媒体等形式存在，也包括审计记录和日志等自动生成的信息，这些信息反映了用户的使用习惯和兴趣爱好，具有很高的商业价值。在用户日常浏览的社交网站中，大量用户的点击量、浏览痕迹、日志、照片、视频、音频等多媒体信息都会被记录下来，这些庞大且复杂的数据有助于跟踪用户并分析其喜好，如淘宝、Windows 操作系统产生的系统日志等。

（3）来自物理世界的数据：各种设备、科学实验与观察所采集的数据，如基因组学、蛋白质组学、天体物理学等以数据为中心的传统学科在研究过程中产生的数据。大数据技术的发展无疑推动了这些学科的发展，且传感器也是大数据的主要来源之一。在物联网时代，上亿的传感器被嵌入在数量不断增长的移动电话、汽车等物理设备中，不断感知生成并传输超大规模的有关地理位置、振动、温度、湿度等的新型数据。

大数据来源众多，随着大数据时代的发展，越来越多的数据来源与数据形式不断涌现。目前互联网上每秒产生的数据量比 20 年前整个互联网所存储的数据量还要巨大。然而，数据量飞速增长的同时，对数据的处理速度也提出了更高的要求，数据的多样性无疑为数据处理带来了挑战。由于可获得的数据通常是非结构化的，传统的结构化数据库很难存储并处理多样性的大数据，因此，大数据的采集和预处理技术也与传统数据处理技术有很大的差别。

▶▶▶ 3.1.2 大数据采集设备

据 IDC 估计，预计到 2025 年，全球数据量将增长到 175 ZB。如何采集这么庞大的数据呢？现在就让我们了解一下常用的大数据采集设备。

1. 科研数据采集设备

现今的许多科学研究都会产生大量实验或观测数据，如高能物理学对微观粒子的研究、天体物理学对宇宙奥秘的研究，以及一些生物学方面的研究都产生了 PB 级甚至 PB 级以上的数据。这些科学研究数据大多通过特定的仪器采集得到，但这些仪器往往极其复杂、造价昂贵。下面对一些设备做简单介绍。

（1）大型强子对撞机。欧洲大型强子对撞机（Large Hadron Collider，LHC）是现在世界上最大、能量最高的粒子加速器，是一种将质子加速对撞的高能物理设备。通过 LHC，科学家发现了引力波的存在。据欧洲核子研究组织（European Organization for Nuclear Research，法语简称 CERN）工作人员称，LHC 每秒会产生大量数据，并且数据量还在不断上涨。这些数据将汇集到 CERN 数据中心。在 CERN 数据中心的 CERN 高级存储系统（CASTOR）中存储了超过 200 PB 的数据，并且每天大约处理 1 PB 的数据。

（2）射电望远镜。为了解答目前困扰科学界的众多问题，如关于第一代天体如何形成、星系演化、宇宙磁场、引力的本质、地外生命与地外文明、暗物质和暗能量等，科学家建造了许多大型天线用来采集宇宙中的电磁波信号，这些天线或天线阵列称为射电望远镜。例如，平方千米阵列（Square Kilometre Array，SKA）射电望远镜是国际上即将建造的最大综合孔径射电望远镜，由数量多达 3000 个的碟形天线构成。

另外，2016 年 9 月 25 日，全球最大的 500 米口径球面射电望远镜（Five-hundred-meter Aperture Spherical radio Telescope，FAST）在我国贵州建成启用，该射电望远镜采集的数据量十分巨大。据《贵州日报》报道，中心实验室机房扩容建设工程已经完工，经过改造后的高性能计算平台的存储能力将从 2 PB 可用存储容量增加到 20 PB，为 FAST 的天文大数据存储、计算处理和实时分析提供有力支撑，带来更加快捷的科研体验，支撑起相关的科研工作。

FAST 早期的科学数据中心主要进行脉冲星数据的分析计算。脉冲星研究是近现代天文学、物理学领域的前沿研究课题。随着科研工作的深入开展，FAST 观测脉冲星每秒会产生 3 GB 数据，月数据量能高达 PB 量级。通过高速网络将数据传输至数据中心进行存储和处理，这些海量数据带来了巨大挑战，需要大容量、高性能存储空间和处理模式。

（3）电子显微镜。在脑科学、基因组学等现代生物学的研究中，科学家往往需要了解生物体细胞乃至分子层面上的微观结构，因此离不开电子显微镜的帮助。

2. 网络数据采集设备

由于物联网、互联网的迅速发展，网络中的数据也随之越来越庞大，其中遍布网络的各种节点、终端为网络注入了大量数据。这些设备产生的数据通过网络汇集到服务端数据库和数据中心，因此我们可以利用数据中心等采集网络中的数据。

微软公司为了满足日益增长的在线服务（包括电子邮件、软件更新下载、图片共享等）的需要，建立了数据中心。微软数据中心分为 3 个级别：昆西级（Quincy）、芝加哥级（Chicago）和都柏林级。它们在服务器密度、数量、本地化设计、能源使用效率方面有所区别，每个数据中心可能包含"数以万计"的服务器。数据中心基本上是包含大量计算设备的大型建筑，具有高度优化、精心管理的电源和冷却功能，以保障计算机的正常工作。网络上大量的数据通过网络汇集到各服务器上。

网络数据种类繁多，构成庞杂，不同的数据有不同的利用价值和使用方式，这点与科研数据的专业性有很大不同，因此也意味着网络数据的利用必须经过采集和筛选过程，才能从庞大的数据集中挖掘出有价值的数据。

▶▶▶ 3.1.3 大数据采集方法

下面了解常用的大数据采集方法。

1. 科研数据采集方法

科学实验中如何采集数据和处理数据都是科技人员精心设计的。不管是检索还是模式识别，都有一定的科学规律可循。以寻找希格斯粒子的实验为例，这是一个典型的基于大数据的科学实验，至少要在 1 万亿个事例中才可能找出 1 个希格斯粒子。由此可看出，科学实验的大数据处理是整个实验的一个预备步骤。

2. 网络数据采集方法

网络大数据与自然科学数据相比，有很多不一样的特点，包括多源异构、交互性、时效性、社会性、突发性和高噪声等，不但非结构化数据多，而且数据的实时性强；大量数据都是随机、动态产生的。一般，自然科学数据的采集代价较高，LHC 实验设备价值几十亿美元，因此要对采集的数据类型做精心安排。网络数据的采集成本相对较低，很多重复的、没有价值的数据使得网络数据的价值密度变得很低。一般而言，社会科学的大数据分析，特别是根据 Web 数据做经济形势、安全形势、社会群体事件的预测，比科学实验的数据分析更加困难。

网络数据采集也称为"网页截屏""数据挖掘""网络收割"等，通常通过一种称为网络爬虫的程序实现。网络爬虫的行为一般是先"爬"到对应的网页上，再把需要的信息"铲"下来。接下来，我们对网络爬虫的实现进行简单介绍。

（1）了解浏览器背后的网页

各式各样的浏览器为我们提供了便捷的网站访问方式，用户只需要打开浏览器，输入想要访问的链接或内容，然后轻按 Enter 键就可以让网页上的图片、文字等内容展现在面前。实际上，网页上的内容经过了浏览器的渲染。现在的浏览器大多数都提供了查看网页源代码的功能，我们可以利用这个功能查看网页的实现方式。

如图 3-1 所示，打开浏览器访问百度首页，然后查看网页的源代码。这里我们只会看到一堆杂乱无章的标签语句，与我们看到的整洁网页完全不同。

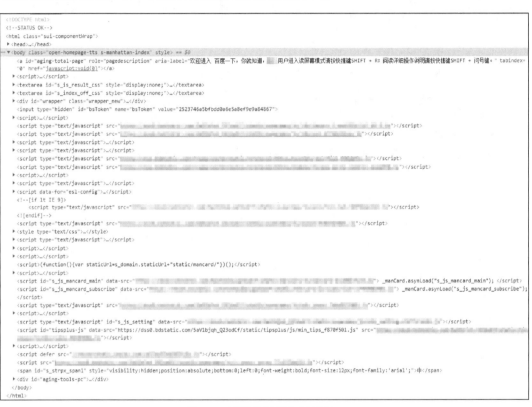

图 3-1　百度首页部分源代码

其实，图 3-1 是百度首页的超文本标记语言（Hypertext Markup Language，HTML）文件。但实际上，现在大多数网页需要加载许多相关的资源文件，可能是图像文件、JavaScript 文件、串联样式表（Cascading Style Sheets，CSS）文件或需要连接的其他各种网页的内容。当网络浏览器遇到一条语句时，如<img src="cuteKitten.jpg">，会向服务器发送一个请求以获取 cuteKitten.jpg 文件中的数据来充分渲染用户网页。如果我们的目的是实现网络爬虫，就不必掌握 HTML 和 CSS 文件中复杂的标签使用规则，但是了解 HTML 文件的结构对编写一段高效的爬虫程序有很大的帮助。

（2）初见网络爬虫

网络浏览器可以让服务器发送一些数据到那些对接无线（或有线）网络接口的应用上，许多语言都有实现这些功能的库文件。本书中，我们选择 Python 2.x 来实现网络爬虫的一些功能。这里我们先介绍一些工具和需要注意的问题。

对于一个简单的爬虫程序，我们要用到的 Python 模块主要是 urllib2 和 BeautifulSoup。其中，urllib2 是 Python 的标准库，主要提供网络操作，包含从网络请求数据、处理 cookie，甚至改变如请求头、用户代理这样的元数据函数。BeautifulSoup 提供解析文档爬取数据的函数，可以方便地从网页爬取数据。但是 BeautifulSoup 不是 Python 的标准库，需要单独安装才能被使用。

我们来看一个例子。

```
from urllib2 import urlopen
from bs4 import BeautifulSoup
html=urlopen("http://www.xjtu.edu.cn")
bsObj=beautifulSoup(html.read())
print bdObj.title
```

输出结果如下。

```
<title>欢迎访问西安交通大学<title>
```

读者可以自己再去查看一下一些门户网站首页的源代码，看看<title>标签的内容是不是我们通过程序所提取到的内容。同时，还可以比较该标签的位置，BeautifulSoup 库是不是使爬取内容变得简单了？

（3）再见网络爬虫

一般爬虫程序只能实现非常简单的功能，但是我们面临的问题往往不是那么简单。一般爬虫程序的数据采集过程如图 3-2 所示。

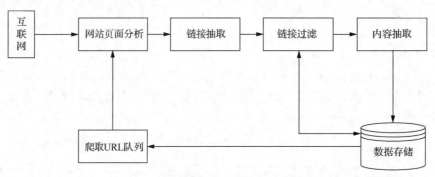

图 3-2　数据采集过程

采集过程主要包括 6 个步骤：网站页面分析（Analyse Site Page）、链接抽取（Extract URL）、链接过滤（filter URL）、内容抽取（Extract Content）、数据存储（Store Data）和爬取 URL 队列（Crawl URL Queue）。这 6 个步骤的主要任务如下。

网站页面分析：进入目标网站，分析要爬取网页上的全部内容。这一步的主要目的是分析网站的结构，找到目标数据所在位置，并设计最高效的爬取方法。

链接抽取：从该网页的内容中抽取出备选链接。

链接过滤：根据制定的过滤规则选择链接，并过滤掉已经爬取过的链接。

内容抽取：从网页中抽取目标内容。

数据存储：其包含 3 个方面，即存储需要爬取数据网站的 URL 信息、存储已经爬取过数据的网页 URL、存储经过抽取的网页内容。

爬取 URL 队列：为爬虫提供需要爬取的网页链接。

数据的采集过程如下。先在 URL 队列中写入一个或多个目标 URL 作为爬虫程序爬取信息的起点。爬虫程序从 URL 队列中读取链接，并访问该网站。在该网站中爬取内容，从网页内容中抽取出目标数据和所有 URL。从数据库中读取已经爬取过内容的网页地址，过滤 URL。将当前队列中的 URL 和已经爬取过的 URL 进行比较。如果该网页地址没有被爬取过，则将该地址（Spider URL）写入数据库，并访问该网站；如果该地址已经被爬取过，则放弃对这个地址的爬取操作。获取该地址的网页内容，并抽取出所需属性的内容值。将抽取的网页内容写入数据库，并将爬取到的新链接加入 URL 队列。

这些过程使我们可以通过一个网络入口经由网站间的相互链接关系尽可能多地爬取数据，比使用浏览器爬取数据的效率高得多。

这里只介绍了基础的爬虫知识；关于更高级的数据采集方法，这里不予介绍。实际上，很多网站为无数爬虫程序增加的服务器访问负担很重，一心想要阻止爬虫程序的访问，因此，对于爬虫技术的使用要谨慎考虑。

3. 系统日志采集方法

很多互联网企业都有自己的海量数据采集工具，多用于系统日志采集，如 Meta 的 Scribe、Hadoop 的 Chukwa、Cloudera 的 Flume 等，这些工具均采用分布式架构，能满足每秒数百兆的日志数据采集和传输需求。

（1）Scribe

Scribe 是 Meta 开源的日志收集系统，在 Meta 内部已经得到大量的应用。Scribe 可以从各种日志源上收集日志，并将其存储到一个中央存储系统（可以是网络文件系统（Network Flie System，NFS）、分布式文件系统等）上，以便进行集中的统计分析和处理。Scribe 为日志的"分布式收集，统一处理"提供了一个可扩展的、高容错的方案。

Scribe 架构如图 3-3 所示。

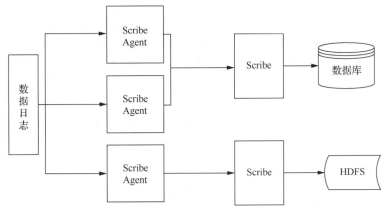

图 3-3　Scribe 架构

① Scribe Agent。Scribe Agent 实际上是 Thrift Client，向 Scribe 发送数据的唯一方法是使用 Thrift Client。Scribe 内部定义了 Thrift 接口，用户使用该接口将数据发送给不同的对象。

② Scribe。Scribe 接收到 Scribe Agent 发送过来的数据，根据配置文件，将不同主题的数据发送给不同的对象。

③ 存储系统。存储系统就是 Scribe 中用到的存储器，如数据库、HDFS 等。

（2）Chukwa

Chukwa 提供了一种对大数据量日志类数据进行采集、存储、分析和展示的全套解决方案和框架。在数据生命周期的各个阶段，Chukwa 能够提供近乎完美的解决方案。Chukwa 可以用于监控大规模（2000 个以上的节点，每天产生的数据量在 TB 级别）Hadoop 集群的整体运行情况并对它们的日志进行分析。

Chukwa 结构如图 3-4 所示。加粗部分表示主要部件。

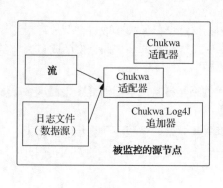 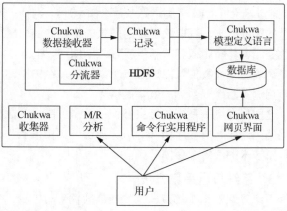

图 3-4　Chukwa 结构

3.2　大数据预处理

当今世界中，数据库愈加庞大，异构数据源愈加繁多，以至于数据库极易受噪声、默认值和不一致数据的侵扰。低质量的数据将对挖掘结果产生影响。那么，如何对数据进行预处理并提高数据质量，使得挖掘过程更加有效，同时提高挖掘结果的质量？

为了解决上述问题，各种预处理技术被提出。目前存在 4 种主流的数据预处理技术，分别是数据清洗、数据集成、数据约简及数据变换。数据清洗可以用来清除数据中的噪声，纠正不一致。数据集成将来自多个数据源的数据合并成一个一致的数据（如数据仓库中的数据）。数据约简可以通过如聚集、删除冗余特征（Redundant Feature）或聚类等方法来缩减数据的规模。数据变换（如规范化）可以用来把数据压缩到较小的区间（如 0.0～1.0），提高了涉及距离度量的挖掘算法的准确率和效率。这些技术可以共存，互相不矛盾，如数据清洗可能涉及错误数据的变换，把一个数据字段的所有项通过数据变换技术转换成公共格式进行数据清洗。

数据预处理是指在使用数据前对数据进行处理或删除，以保证或提高性能。它是数据挖掘过程中的一个重要步骤。"垃圾进，垃圾出"这句话特别适用于数据挖掘和机器学习项目。数据收集方法往往限制松散，导致存在超出范围的值、不可能的数据组合（例如，性别为男性，怀孕情况为是），以及缺失值等。分析没有经过仔细筛选的数据可能会产生误导性的结果。因此，在进行任何分析之前，数据的表示和质量是首要的。通常，数据预处理是机器学习项目中重要的阶段，尤其是在计算生物学中。

如果存在大量的不相关（Irrelevant）和冗余（Redundant）信息，或者存在大量的噪声和不可靠数据，那么在训练阶段的知识发现就更加困难。数据准备和过滤步骤可能需要相当长的处理时间。数据预处理的例子包括清洗、实例选择、标准化、独热编码、转换、特征提取和选择等。数据预处理的结果就是最终的训练集。

数据预处理可能会影响最终数据处理结果的解释方式。对数据结果的解释是一个关键点，比如在进行化学计量学研究时应该仔细考虑这一方面。本节将详细介绍这 4 种数据预处理技术。

▶▶▶ 3.2.1　数据预处理技术基本概述

1. 为什么要对数据进行预处理

一般来说，满足用户需求的数据属于高质量的数据。影响数据质量的因素有很多，包括正确性、完整性、一致性、时效性、可信性和可解释性。不正确、不完整和不一致的数据是大型数据库和数据仓库中数据的共同特点。现实世界中，会引起数据不正确的因素有很多，如收集数据的设备出现故障、在输入数据时出现人为或计算机内部错误，以及出于个人隐私考虑，用户故意向强制输入字段输入不正确的信息（如生日项默认选择"1月1日"）。这些都被称为被掩饰的缺失数据。此外，还有数据传输过程中出现错误，如超出数据转移和消耗同步缓冲区大小的限制，命名约定或所用的数据代码不一致、输入字段（如日期）的格式不一致等，因此重复元组同样需要数据清洗。

导致数据不完整的因素也有很多，不一定总能得到重要信息，如用户输入时遗漏、用户理解有误而导致的输入错误、设备故障导致的输入缺失、记录中不一致数据的删除、历史数据或被修改数据的存在，以及数据缺失，特别是某些元组属性值缺失。

需要注意，数据质量依赖于数据的应用。对于相同的数据库来说，两个用户可能会产生截然不同的评估结果，例如，对于某个公司的大型客户数据库，由于时间和统计的原因，客户地址列表的正确性为80%，其他地址有可能已经过时或者不正确。当市场分析人员访问公司的数据库，获取客户地址列表时，基于目标市场营销考虑，市场分析人员对该数据库的准确性满意度较高。但当销售经理访问该数据库时，由于地址的缺失和过时，销售经理对该数据库的满意度较低。

影响数据质量的另一个重要因素是时效性。举一个例子，公司高管正在关注公司高端销售代理的月销售红利分布。但一些销售代理在月末未能及时提交他们的销售记录，因而在月底之后仍有大量数据的调整与修改。那么在下个月的一段时间内，存放在数据库中的数据是不完整的。一旦数据被输入系统，它们将被视为正确的。因此，月底数据没有及时更新对数据质量产生了负面影响。

影响数据质量的另外两个因素是可信性和可解释性。可信性体现了用户对于数据的信任程度，而可解释性反映了数据是否易于理解。例如，数据库中的某个数据在某一时刻出现错误，但某些部门恰巧使用了这一时刻的该数据，对部门产生了不好的影响；即便这个数据库的错误在之后被修正，但已经对该部门产生了影响，这样可能会导致他们不再信任该数据。因此，即使该数据库现在是正确的、完整的、一致的、及时的，但如果它不具备高的可信性和可解释性，用户仍可能会将其视为低质量数据。

2. 数据预处理的主要步骤

数据预处理的主要步骤（见图3-5）包括数据清洗、数据集成、数据约简和数据变换。

数据清洗（Data Cleaning）过程通过填写缺失值、光滑噪声数据、识别或删除离群点并解决不一致性来"清洗"数据。尽管大部分的挖掘流程都采用一些模块来处理不完整数据或噪声数据，但作用不明显。数据预处理旨在使用数据清洗来处理数据。

数据集成（Data Integration）过程将来自多个数据源的数据集成到一起。当然，集成后不可避免地会出现数据冗余，原因主要有：代表同一概念的属性在不同数据库中可能具有不同的名字；有些属性可能是由其他属性导出的。如果有大量的冗余数据，则会降低知识发现过程的效率，甚至使其陷入混乱。显然，除了数据清洗，必须采取措施避免数据集成时的冗余。通常，在为数据仓库准备数据时，数据清洗和数据集成将作为预处理步骤进行。数据集成后，可以再次进行数据清洗，检测和删去由数据集成带来的冗余。

数据约简（Data Reduction）的目的是得到数据集的简化表示。虽然数据集的简化表示比原数据集的规模小很多，但仍然能够产生同样（或几乎同样）的分析结果。数据约简包括维数约简和数值约简。维数约简使用数据编码方案，以便得到原始数据的简化或"压缩"表示，包括数据压缩技术（如小波变换或数据聚集）、属性子集选择（如去掉不相关的属性）和属性构造（如从原来的属性集导出更有用的小属性集）。数值约简使用参数模型（如回归模型和对数线性模型）或非参数模型（如直方图、聚类、抽样或数据聚集），并用较小的表示取代数据。

　　数据变换（Data Transformation）使用规范化、数据离散化和概念分层等方法使得数据的挖掘可以在多个抽象层上进行。数据变换操作是引导数据挖掘过程成功的附加预处理过程。

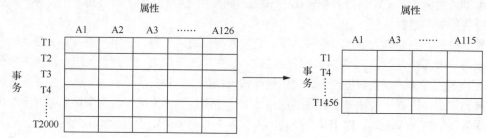

图 3-5　数据预处理步骤

　　总之，现实世界的数据一般是不完整的、有噪声的和不一致的。数据预处理技术可以提升数据的质量，从而有助于提高挖掘过程的准确性和效率。高质量的决策必然依赖于高质量的数据，因此数据预处理是知识发现过程的重要步骤。检测数据异常，尽早地调整数据，并约简待分析数据，将为决策带来高回报。

▶▶▶ 3.2.2　大数据预处理流程

1．数据清洗

　　现实世界的数据一般是不完整的、有噪声的和不一致的。数据清洗试图填充缺失的值、光滑噪声并识别离群点，纠正数据中的不一致。

　　（1）缺失值

　　对缺失值的处理一般是想方设法把它补充上，或者干脆弃之不用。一般的处理方法有以下几种。

　　① 忽略元组：当缺少类标号时通常这样做（假定挖掘任务涉及分类）。除非元组有多个属性缺失值，否则该方法的有效性不高，而且可能存在大量有价值的数据被忽略。

　　② 人工填写缺失值：在大数据集中，这种方法有时不可行。

　　③ 使用一个全局常量填充缺失值：这种方法虽然简单，但可用性较差。在将数据集作为机器学习算法的训练集时，如果填充的值是无意义的，学习算法选择忽略该值，那么填充操作便是无意义的；如果学习算法考虑该值，则可能学到不正确的定义。因此，该方法并不十分可靠。

　　④ 使用属性的中心度量值（如均值或中位数）填充缺失值：均值和中位数从不同角度反映了数据的某些统计特征，例如，对于对称分布的数据而言，缺失的数据与均值的偏差期望是最小的，因此用均值补充缺失值可以在最大限度上控制人工添加的值对数据整体特征的影响。

　　⑤ 使用与给定元组同一类的所有样本的属性均值或中位数填充缺失值：例如，如果将顾客按信用风险分类，并假设顾客收入的数据分布是对称的，则用具有相同信用风险顾客的平均收入替代数据库列表中收入列的缺失值；如果顾客收入的数据分布是倾斜的，则中位数是更好的选择。

⑥ 使用最可能的值填充缺失值：可以用回归、贝叶斯形式化方法的基于推理的工具或决策树（Decision Tree）归纳确定。

方法③～方法⑥使数据有偏向，填入的值可能不正确。但是方法⑥是流行的。

（2）噪声数据

噪声是被测量变量的随机误差或方差。产生噪声的原因可能是采集的数据中存在某些"极端"的例子，一般用统计学方法和数据可视化方法可以识别出可能代表噪声的离群点。下面介绍去除噪声、使数据"光滑"的技术。

① 分箱（Binning）：分箱方法通过考察数据的"近邻值"（即周围的值）来光滑有序数据值。这些有序的值被分布到一些箱中，并进行局部光滑。

② 回归（Regression）：采用一个函数拟合数据来光滑数据。线性回归（Linear Regression）涉及找出拟合两个属性（或变量）的"最佳"直线，并使得一个属性可以用来预测另一个。多元线性回归（Multivariate Linear Regression）是线性回归的扩充，其中涉及的属性多于两个，并且将数据拟合到一个多维曲面上。

③ 离群点分析（Outlier Analysis）：可以通过聚类来检测离群点，聚类将类似的值组织成群或"簇"。直观地来说，落在簇集合之外的值被视为离群点。

许多光滑数据的方法也用于数据离散化（一种数据变换的形式）和数据约简。例如，前文介绍的分箱技术减少了相同属性不同值的数量，可用于数据约简；基于逻辑的数据挖掘方法（如决策树归纳）反复地在排序后的数据上进行比较，充当了某种形式的数据约简；概念分层是一种数据离散化形式，它也可以用于数据光滑。例如，价格（Price）的概念分层可以把实际Price的值映射到便宜、适中和昂贵3种层次，从而减少了挖掘过程需要处理数据的总量。

（3）数据清洗的过程

数据清洗的过程主要包括初步处理数据、确定清洗方法、校验清洗方法、运行清洗工具或程序和数据归档这几个阶段。每个阶段可以再分为若干个任务，这5个阶段的描述如下。

① 初步处理数据：数据清洗的最初阶段，往往要对数据进行初步处理，以检查数据源的记录是否合理，并得出相关特征。这个阶段的任务包括数据元素化、标准化等。

② 确定清洗方法：根据数据的特点，确定相应的清洗方法。

③ 校验清洗方法：在正式执行清洗工作之前，应先确定所选的清洗方法是否合适，以免产生问题。一般从数据源中抽取一部分样本执行数据清洗过程，并根据清洗结果的某些统计特征判断清洗方法是否达到要求。通常考虑的统计特征有数据的召回率和准确率。

④ 运行清洗工具或程序：通过校验的清洗方法，可以应用到数据清洗中。

⑤ 数据归档：清洗工作往往不是一步就可以达到预期效果的，因此要将清洗完的数据和源数据分别归档，以便进行后续的清洗操作。

数据清洗的原理是通过分析"脏数据"产生的原因和存在形式，利用现有的技术手段和方法去清洗"脏数据"，将"脏数据"转换为满足数据质量或应用要求的数据，从而提高数据集的质量。数据清洗主要利用回溯的思想，从"脏数据"产生的源头开始分析数据，对数据流经的每一个过程进行分析，从中提取数据清洗的规则和策略。最后在数据集上应用这些规则和策略发现"脏数据"和清理"脏数据"。这些清洗规则和策略的强度决定了清洗后数据的质量。

一般情况下，利用所确定的清洗方法实现数据清洗的基本流程如下。

① 数据分析。数据分析是数据清洗的前提和基础，通过详尽的数据分析来发现数据中的错误和不一致情况。一般使用分析程序通过获取关于数据属性的元数据来发现数据集中存在的问题。但是用寻常模式中的元数据判断一个数据源的质量是远远不够的。我们可以通过分析具

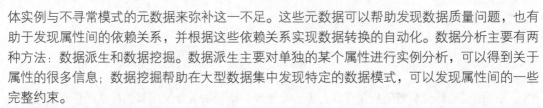

体实例与不寻常模式的元数据来弥补这一不足。这些元数据可以帮助发现数据质量问题，也有助于发现属性间的依赖关系，并根据这些依赖关系实现数据转换的自动化。数据分析主要有两种方法：数据派生和数据挖掘。数据派生主要对单独的某个属性进行实例分析，可以得到关于属性的很多信息；数据挖掘帮助在大型数据集中发现特定的数据模式，可以发现属性间的一些完整约束。

② 定义清洗转换规则与工作流。根据数据分析得到的结果来定义清洗转换规则与工作流。根据数据源的个数，可以得到数据源中不一致数据和"脏数据"的占比，以及需要执行的数据转换和清理步骤。我们要尽可能为模式相关的数据清洗和转换指定查询与匹配语言，从而使转换代码的自动生成变成可能。

③ 验证。对定义的清洗转换规则与工作流的正确性及效率进行评估、验证。我们可以在数据源的数据样本上进行清洗验证，当不满足清洗要求时要对清洗转换的规则或参数进行调整。真正的数据清洗过程往往需要进行多次迭代分析、设计和验证，直到达到满意的清理效果。

④ 清洗数据中存在的错误。在数据源上执行预先定义好的、通过验证的清洗转换规则与工作流。在执行之前应对数据源进行备份，以防需要撤销之前的清洗操作。清洗时根据数据存在形式的不同，执行一系列的转换步骤来解决模式层和实例层的数据质量问题。

为处理单数据源问题，以及为单数据源与其他数据源合并做好准备，一般在各个数据源上应分别进行几种类型的转换，主要包括以下几个方面。

① 从自由格式的属性字段中抽取值（属性分离）。自由格式属性一般包含很多信息，而这些信息有时候需要细化成多个属性，从而进一步支持后面对重复记录的清理。

② 确认和改正。这一步骤处理输入和拼写错误，并尽可能地使其自动化。基于字典查询的拼写检查对发现拼写错误是很有用的。

③ 标准化。为了使实例匹配和合并变得更方便，应该把属性值转换成统一的格式。

④ 干净数据回流。数据被清洗后，干净数据应替换数据源中原来的"脏数据"。这一过程可以提高原系统的数据质量，还可以避免将来再次抽取该数据后进行反复的清理工作。

2. 数据集成

数据挖掘经常需要数据集成，即合并来自多个数据库的数据。数据集成有助于减少结果数据集的冗余和不一致，这样有助于提高其后挖掘过程的准确性和速度。数据分析任务多半涉及数据集成，数据集成将多个数据源中的数据合并，并将合并结果存放到一个一致的数据存储中。这些数据源可能包含多个数据库、数据立方体或一般文件。

（1）实体识别

数据集成时有许多问题需要考虑。模式集成和对象匹配涉及实体识别问题，例如，数据分析者或计算机如何才能确信一个数据库中的 customer_id 和另一个数据库中的 cust_number 指向同一属性？在集成期间，当一个数据库的属性与另一个数据库的属性匹配时，必须特别注意数据的结构。这样旨在确保源系统中的函数依赖和参照约束与目标系统中的匹配。

（2）冗余和相关分析

冗余是数据集成的另一个重要问题。一个属性如果能由另一个属性导出，则这个属性可能是冗余的。属性或维命名的不一致也可能导致结果数据集中的数据冗余。有些冗余可以被相关分析检测到，例如，数值属性可以使用相关系数（Correlation Coefficient）和协方差（Covariance）来评估一个属性随着另一个属性的变化。

① 数值数据的相关系数。对于数值数据，我们可以通过计算属性 A 和 B 的相关系数估计这两个值的相关度 r_{AB}。

$$r_{AB} = \frac{\sum_{i=1}^{n}(a_i - \overline{A})(b_i - \overline{B})}{n\sigma_A\sigma_B} = \frac{\sum_{i=1}^{n}(a_ib_i - n\overline{A}\overline{B})}{n\sigma_A\sigma_B} \qquad （3.1）$$

其中，n 是元组的个数；a_i 和 b_i 分别是元组 i 在 A 和 B 上的值；$\overline{A}$ 和 $\overline{B}$ 分别是 A 和 B 的均值；σ_A 和 σ_B 分别是 A 和 B 的标准差；$\sum_{i=1}^{n}a_ib_i$ 是 AB 叉积和（即对于每个元组，A 的值乘以该元组 B 的值）。

$-1 \leqslant r_{AB} \leqslant 1$，如果 $r_{AB} > 0$，则 A 和 B 是正相关的，这意味着 A 的值随 B 的值增大而增大。该值越大，相关性越强（即每个属性蕴含另一个的可能性越大）。因此，一个较大的相关系数表明 A（或 B）可以作为冗余而删除。如果 $r_{AB} = 0$，则 A 和 B 是独立的，即它们之间不存在任何相关性。相反，如果 $r_{AB} < 0$，则 A 和 B 是负相关的，一个值随另一个的减小而增大，这意味着一个属性阻止另一个属性的出现。

值得注意的是，相关性并不蕴含因果关系。也就是说 A 和 B 是相关的，这并不意味着 A 导致 B 或 B 导致 A。

② 数值数据的协方差。在概率论与统计学中，用协方差来评估两个属性如何一起变化。假设存在两个数值属性 A、B 和 n 次观测的集合 $\{(a_1,b_1),\cdots,(a_n,b_n)\}$。$A$ 和 B 的均值又分别称为 A 和 B 的期望，即 $E(A) = \overline{A}$ 且 $E(B) = \overline{B}$，A 和 B 的协方差定义为

$$\text{Cov}(A,B) = E[(A - \overline{A})(B - \overline{B})] = \frac{\sum_{i=1}^{n}(a_i - \overline{A})(b_i - \overline{B})}{n} \qquad （3.2）$$

如果我们把式（3.1）与式（3.2）相比较，则可以发现

$$r_{AB} = \frac{\text{Cov}(A,B)}{\sigma_A\sigma_B} \qquad （3.3）$$

其中，σ_A 和 σ_B 分别是 A 和 B 的标准差。还可以证明

$$\text{Cov}(A,B) = E[AB - \overline{A}\overline{B}] \qquad （3.4）$$

对于两个趋向于一起改变的属性 A 和 B，如果 A 大于 $\overline{A}$（A 的期望），则 B 也很可能大于 $\overline{B}$（B 的期望）。因此，A 和 B 的协方差为正。另外，如果当一个属性小于它的期望时，另一个属性趋向于大于它的期望，则 A 和 B 的协方差为负。如果 A 和 B 是独立的（即它们不具有相关性），则 $E(AB) = E(A)E(B)$。因此协方差 $\text{Cov}(A,B)$ 为 0，但是其逆不成立。若数据服从多元正态分布，则协方差为 0，蕴含独立性。

（3）数据冲突的检测与处理

对于来自同一个世界的某一实体，在不同的数据库中可能有不同的属性值，这样就会产生表示的差异、编码的差异、比例的差异等。例如，某一个表示长度的属性在一个数据库中用"厘米"表示，在另一个数据库中却使用"分米"表示。检测到这类数据值冲突后，可以根据需要修改某一数据库的属性值，以使不同数据库中同一实体的属性值一致。

3. 数据约简

数据约简是通过对数字或字母数字信息进行转换，经验性地或实验性地得到一个正确的、有序的、简化的形式。数据约简的目的可以分为两个方面：通过消除无效数据来减少数据记录的数量；为各种应用程序生成不同汇总级别的汇总数据和统计数据。

当信息来自仪器时，数据的形式可能会由模拟转为数字。当数据已经是数字形式时，数据的"约简"通常包括编辑、缩放、编码、排序、校对和生成表格式摘要等。当观测值是离散的，但潜在的现象是连续的，那么平滑和插值往往是必要的。数据约简通常在读数或测量误差存在的情况下进行。在确定最可能的值之前，需要对这些错误的性质有一些了解。

天文学中的一个例子是开普勒卫星的数据约简。这颗卫星每 6 s 记录一次 9500 万像素的图像，每秒产生数十兆字节的数据，比 550 kbit/s（千比特每秒）的下行带宽高出几个数量级。机载数据约简包括 30 min 的原始帧共同增加，减少了大量的带宽。这些约简后的数据随后被发送到地球，并在那里进一步被处理。

数据约简还应用于可穿戴（无线）设备中的健康监测和诊断应用等方面的研究。例如，在癫痫诊断的背景下，通过选择和只传输与诊断相关的脑电波数据，去除背景活动，采用数据约简的方法来延长穿戴式脑电波设备的电池寿命。

数据约简的类型如下。

① 维数约简。当维数增加时，数据变得越来越稀疏，此时对聚类和离群点分析至关重要的点之间的密度和距离变得没有意义。降维有助于减少数据中的噪声，并使可视化更加容易，例如，将三维数据转换为二维数据来显示隐藏的部分。小波变换是降维分析的一种方法，采用该方法对数据进行转换，以保持不同分辨率下物体的相对距离，常用于图像压缩。

② 数值约简。这种数据约简方法通过选择备选的、较小的数据表示形式来减少数据量。数据量减少可分为两类：参数减少和非参数减少。

数据约简可以通过假设数据的统计模型来操作。经典的数据约简性质包括充分性、似然（Likelihood）性、条件性和等变性。

4. 数据变换

（1）数据变换的常用方法

① 中心化变换。中心化变换是一种坐标轴平移处理方法。先求出每个变量的样本平均值，再从原始数据中减去该变量的均值，就得到中心化变换后的数据。

设原始观测数据矩阵（n 条记录，p 个变量）为

$$X = \begin{pmatrix} x_{11} & \cdots & x_{1p} \\ \vdots & & \vdots \\ x_{n1} & \cdots & x_{np} \end{pmatrix}, x_{ij}^* = x_{ij} \overline{x_j} \quad i = 1, 2, \cdots, n; \ j = 1, 2, \cdots, p \qquad (3.5)$$

中心化变换的结果是使每列数据之和均为 0，即每个变量的均值为 0。每列数据的平方和是该列变量样本方差的 $n-1$ 倍，任何不同的两列数据之交叉乘积是这两列变量样本协方差的 $n-1$ 倍，因此这种变换可以很方便地计算方差与协方差。

② 极差规格化变换。从数据矩阵中找出最大值和最小值，二者的差称为极差。从每个变量的每个原始数据中减去该变量的最小值，再除以极差，就得到了规格化数据，即

$$x_{ij}^* = \frac{x_{ij} - \min\limits_{i=1,2,\cdots,n}(x_{ij})}{R_j} \quad i = 1, 2, \cdots, n; \ j = 1, 2, \cdots, p \qquad (3.6)$$

经过规格化变换后，数据矩阵中每列即每个变量的最大值为 1，最小值为 0，其余数据取值均为 0～1。变换后的数据都不再具有量纲，便于不同的变量之间进行比较。

③ 标准化变换。标准化变换是对变量的数值和量纲进行类似于规格化变换的一种数据处理方法。首先对每个变量进行中心化变换，然后用该变量的标准差进行标准化，即

$$x_{ij}^* = \frac{x_{ij} - \overline{x_j}}{S_j} \qquad (3.7)$$

其中，$S_j = \frac{1}{n-1} \sum \left(x_{ij} - \overline{x_j} \right)^2$ $(i = 1, 2, \cdots, n; \ j = 1, 2, \cdots, p)$。经过标准化变换处理后，每个变量即数据矩阵中每列数据的平均值为 0，方差为 1，且也不再具有量纲，同样便于不同变量之间的比较。变换后，数据矩阵中任何两列数据乘积之和是两个变量相关系数的 $n-1$ 倍，所以这种

变换可以很方便地计算相关矩阵。

④ 对数变换。对数变换是对各个原始数据取对数，将原始数据的对数值作为变换后的新值，即

$$x_{ij}^* = \lg(x_{ij}) \qquad (3.8)$$

对数变换的用途：使服从对数正态分布的资料正态化；将方差进行标准化；使曲线直线化，常用于曲线拟合。

（2）数据离散化

离散化是数据分析中常用的数据变换手段，它用于把连续型数据切分为若干"段"。切分的原则有等距、等频、优化或根据数据特点而定的其他标准。在数据挖掘中，离散化得到了普遍的应用，其原因如下。

首先，算法需要。例如，决策树和朴素贝叶斯（Naive Bayes）等算法本身不能直接使用连续型变量。连续型数据只有经离散处理后才能进入算法引擎，这一点在使用具体软件时可能不明显。因为大多数据挖掘软件已经内置了离散化处理程序，所以从使用界面看，软件可以接纳任何形式的数据。但实际上，在运算决策树或朴素贝叶斯模型前，软件都要先在后台对数据做预处理。

其次，离散化可以有效地克服数据中隐藏的缺陷，使模型结果更加稳定。例如，影响模型结果的一个重要因素是数据中的极端值时，极端值导致模型参数过高或过低，或者导致模型被虚假现象"迷惑"，把原来不存在的关系作为重要模式来学习。此时离散化，尤其是等距离散，可以有效地减弱极端值和异常值的影响。

最后，有利于对非线性关系进行诊断和描述。对连续型数据进行离散处理后，自变量和目标变量之间的关系变得清晰化。如果两者之间是非线性关系，则可以重新定义离散后每段变量的取值，如采取 0、1 的形式，由一个变量派生为多个变量，分别确定每段变量和目标变量间的联系。这样做，虽然减小了模型的自由度，但可以大大提高模型的灵活度。

即使自变量和目标变量之间的关系明确到可以用直线表示，对自变量进行离散处理也有若干优点：一是便于模型的解释和使用，二是可以增加模型的分类能力。下面介绍离散化的几个原则。

等距：将连续型变量的取值范围均匀划成 n 等份，每份的间距相等。例如，客户订阅刊物的时间是一个连续型变量，可以从几天到几年。采取等距切分可以把 1 年以下的客户划分为一组，1~2 年的客户分为一组，2~3 年的客户分为一组……以此类推，组距都是一年。

等频：将观察点均匀分为 n 等份，每份包含的观察点数相同。还举上面的例子，假设订了该杂志的客户共有 5 万人，等频切分需要先把客户按订阅时间顺序排列，排列好后可以按 5000 人一组，把全部客户均匀分为 10 组。

等距和等频在大多数情况下会得到不同的结果。等距可以保持数据原有的分布，段落越多，数据原貌保持得越好。等频切分则把数据变换成均匀分布，但其各段内观察值相同这一点是等距切分做不到的。

优化离散：需要把自变量和目标变量联系起来考察。切分点是导致目标变量出现明显变化的折点。常用的检验指标有信息增益（Information Gain）、基尼指数或证据权重（Weight of Evidence，WOE，要求目标变量是两元变量）。

离散连续型数据还可以按照需要而定，例如，当营销的重点是 19~24 岁的大学生消费群体时，就可以把这部分人单独划出。但是，离散化处理不免要损失一部分信息。很显然，对连续型数据进行分段后，同一段内观察点之间的差异便消失了。同时，进行了离散处理的变量有

了新值。例如，现在可以简单地用 1,2,3,… 这样一组数字来标识杂志客户所处的段。这组数字和原来客户订阅杂志的时间没有直接的联系，也不再具备连续型数据可以运算的关系。例如，使用原来的数据，我们可以说已有两年订阅历史的客户是只有一年订阅历史客户的两倍，但经过离散处理后，我们只知道第 2 组客户的平均订阅时间高于第 1 组客户，无法知道两组客户之间的确切差距。

离散化除了前面介绍过的分箱方法，常用的方法还有直方图分析、聚类分析、决策树和相关分析等方法。

直方图分析：像分箱一样，直方图分析也是一种非监督离散化技术，因为它也不使用类信息。直方图把属性 A 的值划分成不相交的区间，称为桶或箱。我们可以使用各种划分规则定义直方图。例如，等宽直方图将值分成相等的分区或区间；理想情况下，使用等频直方图可使得每个分区包含相同个数的数据元组。直方图分析算法可以递归地用于每个分区，自动地产生多级概念分层，直到达到一个预先设定的概念层数，过程才终止。我们也可以对每层使用最小区间长度来控制递归过程。最小区间长度设定每层每个分区的最小宽度或每层每个分区中值的最小数量。

聚类分析：聚类分析是一种流行的离散化方法。通过将属性 A 的值划分成簇或组来离散化数值属性 A。聚类分析考虑 A 的分布以及数据点的邻近性，因此可以产生高质量的离散化结果。遵循自顶向下的划分策略或自底向上的合并策略，聚类可以用来产生 A 的概念分层，其中每个簇形成概念分层的一个节点。在前一种策略中，每一个初始簇或分区可以进一步分解成若干子簇，形成较低的概念层。在后一种策略中，通过反复地对邻近簇进行分组，形成较高的概念层。

决策树：为分类生成分类决策树的技术可用于离散化，这类技术使用自顶向下划分方法。不同于目前已经提到过的方法，离散化的决策树方法是监督的，因为它们要使用类标号。例如，有患者症状（属性）数据集，其中每个患者有一个诊断结论类标号。类分布信息用于计算和确定划分点（划分属性区间的数据值）。直观地说，其主要思想是，选择划分点使得一个给定的结果分区包含尽可能多的同类元组。熵是常用于确定划分点的度量之一。为了离散化数值属性 A，该方法选择最小化熵的 A 的值作为划分点，并递归地划分结果区间，得到分层离散化。这种离散化形成 A 的概念分层。由于基于决策树的离散化使用类信息，因此区间边界（划分点）更有可能定义在有助于提高分类准确率的地方。

相关分析：相关性度量也可以用于离散化。ChiMerge 是一种基于 x 的离散化方法。到目前为止，我们研究的离散化方法都使用自顶向下的划分策略。ChiMerge 正好相反，它采用自底向上的策略，递归地找出最邻近的区间，然后合并它们，形成较大的区间。与决策树分析一样，ChiMerge 是监督的，因为它要使用类信息。其基本思想是，对于精确的离散化，相对类频率在一个区间内应当完全一致。因此，如果两个邻近的区间具有非常类似的类分布，则这两个区间可以合并；否则，它们应当保持分开。

ChiMerge 过程如下：初始时，把数值属性 A 的每个不同值看作一个区间。对每对相邻区间进行 x 检验。具有最小 x 值的相邻区间合并在一起，因为低 x 值表明它们具有相似的类分布。该合并过程递归地进行，直到满足预先定义的终止条件。

3.3　大数据存储与管理

目前，大数据存储涉及介质、数据结构、数据连接控制等关键技术，存储机制正由集中式向分布式、云存储等方向转变。大数据管理涉及模型、搜索、计算和治理等关键技术，管理机制正从传统关系数据库管理系统向 NoSQL、NewSQL 等类型转变。

>>> 3.3.1　大数据存储的概念

由于需要存储的大数据通常有多个副本，因此要使用创新的存储策略和技术以实现具有成本效益和高度可扩展的存储解决方案。为了理解底层机制背后的大数据存储技术，本小节着重介绍集群、文件系统和分布式文件系统、NoSQL、分片、复制、分片和复制、CAP 定理、ACID、BASE 等概念。

1. 集群

在计算中，一个集群是紧密耦合的一些服务器（节点）。这些节点通常有相同的硬件规格，并且通过网络连接在一起以作为一个工作单元，如图 3-6 所示。集群中的每个节点都有自己的专用资源，如内存、处理器和硬盘。通过把任务分割成小块并将它们分发到属于同一集群的不同计算机上执行，可以完成一个任务。

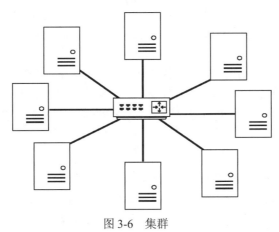

图 3-6　集群

集群的组件通常通过快速局域网相互连接，每个节点运行自己的操作系统实例。在大多数情况下，所有节点使用相同的硬件和相同的操作系统。

2. 文件系统和分布式文件系统

文件系统是操作系统用来控制如何存储和检索数据的一种方法和数据结构。如果没有文件系统，放在存储介质中的数据就只是一大堆数据，我们无法判断一段数据在哪里停止，另一段数据在哪里开始。通过将数据分成若干小块，并为每一小块命名，数据很容易被隔离和识别。其中，每一组数据都被称为"文件"，用于管理数据组及其名称的结构和逻辑规则称为"文件系统"。操作系统采用文件系统为应用程序存储和检索数据。每个操作系统支持一个或多个文件系统，例如 Windows 操作系统上的 NTFS 和 Linux 操作系统上的 ext。

文件系统有许多不同的种类，每一种都有不同的结构、逻辑、速度、灵活性、安全性、大小等特性。一些文件系统被设计用于特定的应用程序，例如，ISO 9660 文件系统是专门为光盘设计的。

有些文件系统用于本地数据存储设备，还有些文件系统通过网络协议（例如，网络文件系统服务器信息块或 9P 客户端协议）提供文件访问。有些文件系统是"虚拟"的，这意味着提供的"文件"（称为虚拟文件）是根据请求计算的（如 procfs 和 sysfs），或者仅仅是映射到一个用作后备存储的不同文件系统。文件系统管理用于对文件内容和关于这些文件的元数据的访问，它负责安排存储空间。关于物理存储介质的可靠性、效率和调优是重要的设计考虑因素。

分布式文件系统可以存储分布在集群节点上的大文件，如图 3-7 所示。对于客户端来说，文件在本地只是一张逻辑视图，而在物理形式上，文件分布于整个集群，例如谷歌文件系统（GFS）和 Hadoop 分布式文件系统（HDFS）。

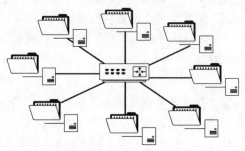

图 3-7　分布式文件系统

分布式文件系统不共享对同一存储器的块级访问，而是使用网络协议。这些系统通常被称为网络文件系统，它可以根据服务器和客户端的访问列表或功能限制对文件系统的访问，具体取决于协议的设计方式。

分布式文件系统和分布式数据存储的区别在于，分布式文件系统允许使用与本地文件相同的接口和语义来访问文件，例如，挂载或卸载、列出目录、字节边界上的读与写、系统的本地权限模型等。相比之下，分布式数据存储需要使用不同的 API 或库，并且具有不同的语义（通常是数据库的语义）。

3. NoSQL

NoSQL（Not-only SQL）数据库属于非关系数据库，具有高度的可扩展性、容错性，并且被专门设计用来存储半结构化和非结构化数据。NoSQL 数据库提供了一种存储和检索数据的机制，其建模方式不同于关系数据库中使用的表关系，其越来越多地用于大数据和实时 Web 应用程序。NoSQL 数据库通常会提供一个能被应用程序调用的基于 API 的查询接口。NoSQL 数据库也支持结构化查询语言（SQL）以外的查询语言，例如，优化一个 NoSQL 数据库用来存储 XML 文件，通常会使用 XQuery 作为查询语言。虽然如此，还是有许多 NoSQL 数据库提供类似于 API 或 SQL-like 的查询界面，如图 3-8 所示。

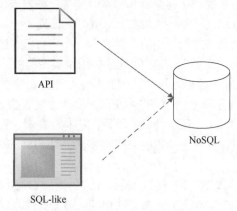

图 3-8　NoSQL 数据库可以提供一个类似于 API 或 SQL-like 的查询界面

这种方法的动机包括简化设计，简化"水平"扩展到机器集群（这是关系数据库的一个问题），更好地控制可用性和限制对象关系不匹配。NoSQL 数据库使用的数据结构（例如键值对、宽列、图或文档）与关系数据库中默认使用的数据结构不同，这使得 NoSQL 中的一些操作更快。

大多数 NoSQL 数据库提供了一个"最终一致性"的概念。在这个概念中，数据库的更改"最终"（通常在毫秒内）会传播到所有节点，因此对数据的查询可能不会立即返回更新后的数据，或者可能导致不准确的数据读取，这个问题称为陈旧读取。此外，一些 NoSQL 系统可能会出现写丢失和其他形式的数据丢失。因此一些 NoSQL 系统提供了一些概念，比如预写式日志，以避免数据丢失。

4. 分片

分片是水平地将一个大的数据集划分成较小的、更易于管理的数据集的过程。这些数据集称为碎片。碎片分布在多个节点上，而节点是一个服务器或是一台机器，如图 3-9 所示。每个碎片存储在一个单独的节点上，每个节点只负责存储在该节点上的数据。所有碎片都采用同样的模式，所有碎片集合起来，形成完整的数据集。

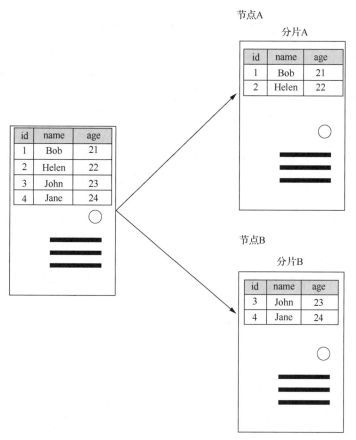

图 3-9 一个分片的例子

分片对客户端来说，通常是透明的。分片允许处理负荷分布在多个节点上以实现水平可伸缩性。水平扩展是一个通过在现有资源旁边添加类似或更高容量资源来提高系统容量的方法。由于每个节点只负责整个数据集的一部分，因此读或写消耗的时间会大大缩减。

图 3-10 所示为一个在实际工作中如何分片的例子：每个碎片都可以独立地为它负责的特定

的数据子集提供读取和写入服务；根据查询，数据可能需要从两个碎片中获取。

分片的一个好处是它提供了部分容忍失败的能力。在节点发生故障的情况下，只有存储在该节点上的数据会受到影响。

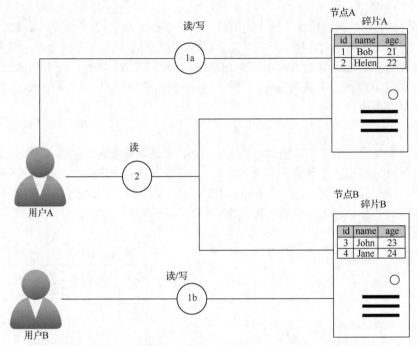

图 3-10　一个分片的例子（数据是从节点 A 和节点 B 中获取的）

对于数据分片，需要考虑查询模式，以便碎片本身不会成为性能瓶颈。例如，需要查询来自多个碎片的数据，导致性能损失。数据本地化将经常被访问的数据存于一个单一碎片上，这样有助于解决性能损失问题。

水平分片方法有许多优点。由于表被划分并被分布到多个服务器中，因此每个数据库中每个表的行数减少了，这样减少了索引量，提高了搜索性能。碎片可以放在单独的硬件上，多个碎片可以放在多台计算机上，这样使数据库能够分布在大量机器上，从而大大提高性能。此外，如果分片是基于数据的某种现实世界的划分（例如，欧洲客户、美国客户），那么可以轻松、自动地推断出适当的碎片成员，并只查询相关的碎片。

但水平分片也有其缺点，包括：更加依赖服务器之间的互联；查询时延迟增加，尤其是在必须搜索多个碎片的情况下；数据或索引通常只有一种分片方式，因此有些搜索是最优的，而有些搜索会比较慢或不可能。

5. 复制

复制在多个节点上用于存储数据集的多个单元，被称为副本（见图 3-11）。复制因为相同的数据在不同的节点上复制而具有可伸缩性和可用性。数据容错也可以通过数据冗余来实现，数据冗余可确保单个节点发生故障时数据不会丢失。以下两种方法可用于实现复制。

（1）主从式复制

在主从式复制中，节点被安排在一个主从配置中，所有数据都被写入主节点中。一旦被保存，数据就被复制到多个从节点。包括插入、更新和删除在内的所有外部写请求都发生在主节点上，而读请求可以由任何从节点完成。在图 3-12 所示的例子中，写操作是由主节点完成的，数据可以通过节点 A 或者节点 B 中的任意一个节点读取。

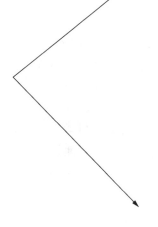

图 3-11　复制

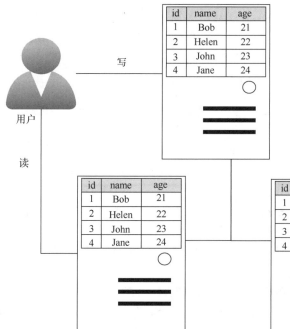

图 3-12　主从式复制

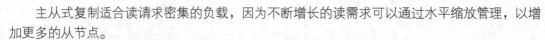

主从式复制适合读请求密集的负载，因为不断增长的读需求可以通过水平缩放管理，以增加更多的从节点。

一个从节点可以作为备份节点进行配置。如果主节点发生故障，在主节点恢复之前将不能进行写操作。此时要么通过主节点的一个备份恢复，要么选择一个从节点作为新的主节点。

关于主从式复制的一个令人担忧的问题是读不一致问题，如果一个从节点在被更新到主节点之前被读取，便会产生这样的问题。为了确保读一致性，实现了一个投票系统：若是大多数从节点都包含相同版本的记录则可以声明读操作是一致的。实现这样一个投票系统需要从节点之间有一个可靠且快速的沟通机制。

（2）对等式复制

使用对等式复制，所有节点在同一水平上运作。换句话说，各个节点之间没有主从节点的关系。每个对等的节点都能够处理读请求和写请求。每个写操作都被复制到所有的对等节点中去，如图 3-13 所示。

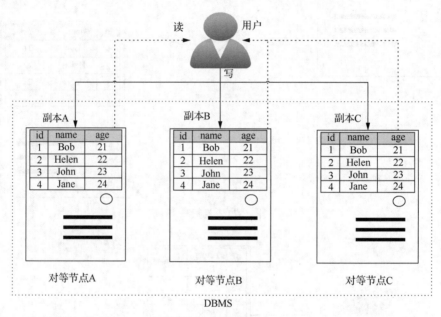

图 3-13　对等式复制

对等式复制容易造成写不一致，写不一致发生在同时更新同一数据的多个对等节点的时候。这个问题可以通过乐观并发和悲观并发两种方式解决。悲观并发是一种防止不一致的有前瞻性的策略，它使用锁来确保在一条记录上同一个时间只有一个更新操作发生。然而，这种方法的可用性较差，因为正在被更新的数据库记录一直是不可用的，直到所有锁被释放。乐观并发是一个被动的策略，它不使用锁。

对于乐观并发，对等节点在达到一致之前可能会保持一段时间的不一致。因为没有涉及任何锁定，数据库仍然是可以访问的。与主从式复制一样，当一些对等节点已经完成了它们的更新而其他节点正在执行更新的期间，读操作可能是不一致的。然而，当所有的对等节点的更新操作被执行后，读操作最终成为一致的。

我们可以通过实现一个投票系统来确保读操作的一致性。在投票系统中，如果绝大多数的对等节点都包含相同版本的记录，则声明读操作是一致的。正如前文所说的，实现这样一个投票系统需要一个可靠且快速的对等节点之间的通信机制。

6. 分片和复制

为了改善分片机制所提供的有限容错能力，另外受益于增加复制的可用性和可伸缩性，分片和复制可以组合使用，其对比如图 3-14 所示。

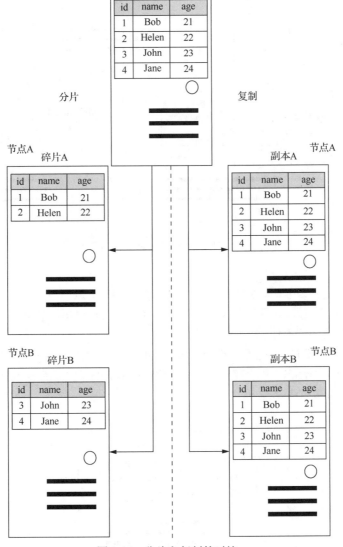

图 3-14　分片和复制的对比

（1）结合分片和主从式复制

当分片结合主从式复制时，多个碎片成为一个主节点的从节点，并且主节点本身是一个碎片。尽管这样将导致有多个主节点，但一个从节点碎片只能由一个主节点碎片管理。

由主节点碎片来维护写操作的一致性。然而，如果主节点碎片变为不可操作的或是出现了网络故障，与写操作相关的容错能力将会受到影响。碎片的副本保存在多个从节点中，为读操作提供可扩展性和容错性。

以图 3-15 为例，每个节点都同时作为主节点和不同碎片的从节点。碎片 A 上的写操作（id=2）是由节点 A 管理的，因为它是碎片 A 的主节点。节点 A 将数据（id=2）复制到节点 B 中，这一点是碎片 A 的一个从节点。读操作（id=4）可以直接由节点 B 或节点 C 提供服务，因为两个节点都包含了碎片 B。

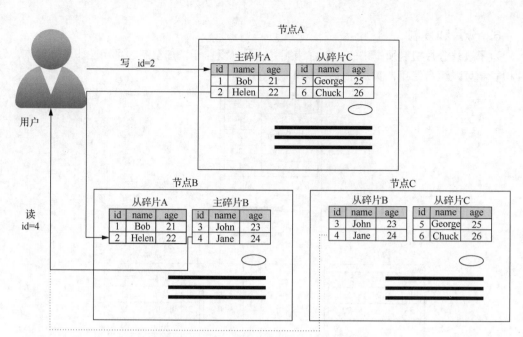

图 3-15 分片和主从式复制结合的例子

（2）结合分片和对等式复制

当分片结合对等式复制时，每个碎片被复制到多个对等节点，每个对等节点只负责整个数据集的子集，这样有助于实现更高的可扩展性和容错性。由于这里没有涉及主节点，因此不存在单点故障，并且支持读操作和写操作的容错性。

以图 3-16 为例，每个节点包含两个不同碎片的副本。写操作（id=3）同时复制到节点 A 和节点 C（对等节点）中，它们负责碎片 C。读操作（id=6）可以由节点 B 或节点 C 中任何一个提供服务，因为它们每个都包含碎片 B。

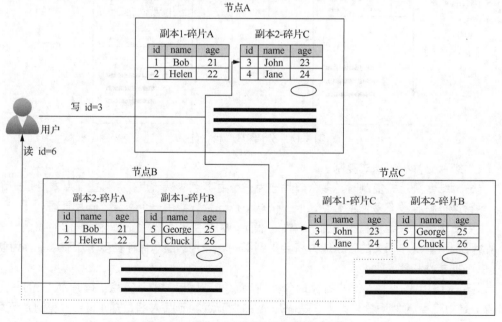

图 3-16 分片和对等式复制结合的例子

7. CAP 定理

在理论计算机科学中，CAP 指出任何分布式数据存储只能提供以下 3 种属性中的两种属性：一致性（Consistency，C），从任何节点开始的读操作会导致相同的数据跨越多个节点，如图 3-17 所示；可用性（Availability，A），任何一个读写请求总是会以成功或失败的形式得到响应，如图 3-18 所示；分区容忍性（Partition tolerance，P），数据库系统可以容忍通信中断，即通过将集群分成多个竖井，仍然可以对读写请求提供服务，如图 3-18 所示。

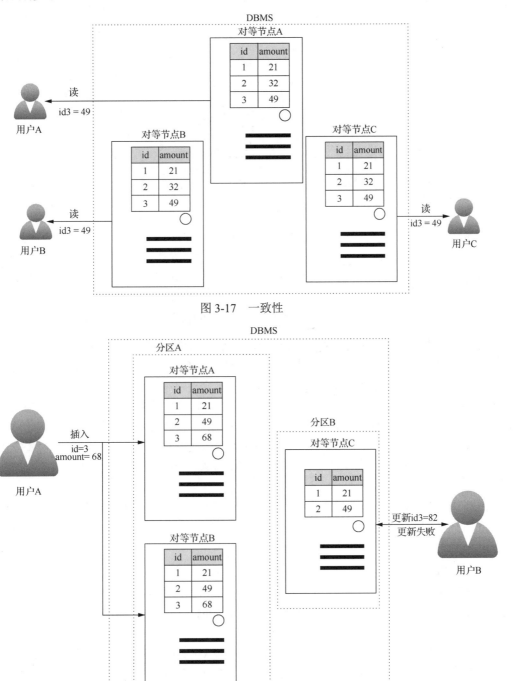

图 3-17　一致性

图 3-18　可用性和分区容忍性

由图 3-17 可知，虽然有 3 个不同的节点来存储记录，但 3 个用户得到相同的 amount 列的值。在发生通信故障时，来自两个用户的请求仍然会被提供服务。然而，对于用户 B 来说，因为 id=3 的记录没有被复制到对等节点 C 中而造成更新失败（见图 3-18）。用户被正式通知更新失败了。

下面场景展示了为什么 CAP 定理的 3 个属性只有两个可以被同时支持。为了帮助讨论，图 3-19 提供了一张维恩图来显示一致性、可用性和分区容忍性重叠的区域。

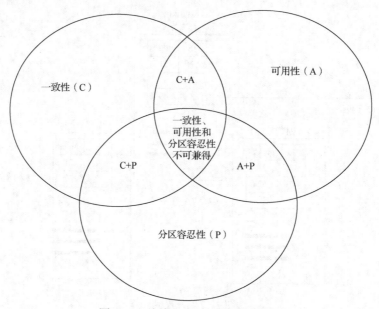

图 3-19　总结 CAP 定理的维恩图

如果一致性（C）和可用性（A）是必需的，可用节点之间需要进行沟通以确保一致性（C），因此，分区容忍性（P）是不可能达到的。如果一致性（C）和分区容忍性（P）是需要的，节点不能保持可用性（A），因为为了实现一致性（C）则节点将变得不可用。如果可用性（A）和分区容忍性（P）是必需的，因为考虑到节点之间的数据通信需要，那么一致性（C）是不可能达到的。因此，数据库虽然是可用的（A），但是结果数据库是不一致的。

在分布式数据库系统中，可伸缩性和容错能力可以通过额外的节点来提高，虽然这样会给一致性（C）带来挑战。添加的节点也会导致可用性（A）降低，因为节点之间增加的通信将造成延迟。

分布式数据库系统不能保证 100%分区容忍性（P）。虽然沟通中断是非常罕见的和暂时的，但分区容忍性（P）必须始终被分布式数据库支持。因此，CAP 通常是在 C+P 或者 A+P 之间二选一。系统的需求将决定怎样选择。

8. ACID

ACID 是数据库设计与事务管理原则。这是一个缩写词，代表：原子性（Atomicity）、一致性（Consistency）、隔离（Isolation）、持久性（Durability）。

原子性。事务通常由多个语句组成。原子性保证将每个事务视为一个单独的"单元"处理，这个"单元"要么完全成功，要么完全失败。如果构成事务的任何语句未能完成，则整个事务失败，数据库保持不变。原子系统必须在每种情况（包括电源故障、错误和崩溃）下保证原子性。保证原子性可以防止部分更新数据库的情况发生，这种部分更新的行为可能会比完全拒绝整个操作带来的问题更大。例如从银行账户 a 到账户 b 的货币转移。该过程包括两个操作：从账户 a 中取出钱；将其存入账户 b。在原子事务中执行这些操作可以确保数据库保持一致的状态，如果这两个操作中的任何一个失败，钱都不会被借记或贷记。

一致性。一致性确保了事务只能将数据库从一个有效状态转到另一个有效状态，维护数据库不变量。写入数据库内任何数据时要求所有定义的规则必须有效，包括约束、级联、触发器，以及它们的任意组合。这样可以防止执行非法事务造成数据库损坏，但不能保证事务是正确的。

隔离性。事务通常是并发执行的（例如，同时读写一个表的多个事务），隔离性可以确保事务的并发执行使数据库处于与事务按顺序执行时相同的状态。隔离性是并发控制的主要目标。根据这一考虑，不完整事务的影响对其他事务的影响可以忽略不计。

持久性。持久性可以保证一旦提交了事务，即使在系统发生故障（例如，断电或崩溃）的情况下也会继续提交事务。这通常意味着已完成的事务（或其影响）被记录在固定存储器。

ACID 利用悲观并发控制来确保通过记录锁的方式维护应用程序的一致性。ACID 是数据库事务管理的传统方法，因为它是基于关系数据库管理系统（Relational Database Management System，RDBMS）的。

原子性确保所有操作总是完全成功或彻底失败。换句话说，这里没有部分事务。原子性属性的示例如图 3-20 所示。

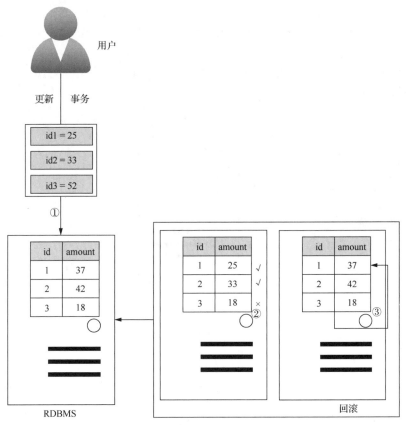

图 3-20　原子性属性的示例

由图 3-20 可得到以下结论。

① 用户试图更新 3 条记录来作为一个事务的一部分。

② 在两条记录成功更新之前出现了一个错误。因此，数据库可以回滚任意部分事务的操

作，并且能使系统回到之前的状态。

一致性保证数据库总是保持在一致的状态，这一点可以通过确保数据只有符合数据库的约束模式才被写入数据库，因此，处于一致状态的数据库进行一个成功的交易后仍处一致状态。

一致性属性的示例如图 3-21 所示。

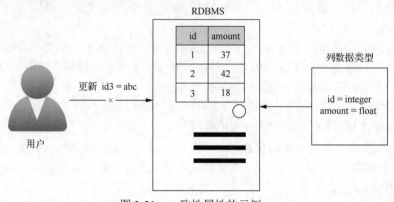

图 3-21　一致性属性的示例

由图 3-21 可得到以下结论。

① 用户试图用 varchar 类型的值去更新表中的 amount 列，这一列的值是浮点类型的。

② 数据库应用本身的验证功能检查并拒绝此更新，因为插入的值违反了 amount 列的约束规则。

隔离性确保事务的结果对其他操作而言是不可见的，直到本事务完成为止。隔离性属性的示例如图 3-22 所示。

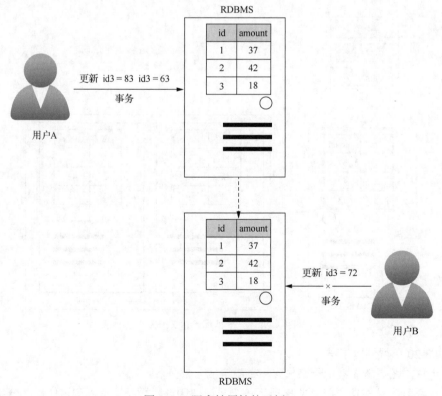

图 3-22　隔离性属性的示例

由图 3-22 可得到以下结论。

① 用户 A 尝试更新两条记录来作为事务的一部分。

② 数据库成功更新第一条记录。

③ 然而，在更新第二条记录之前，用户 B 尝试去更新同一条记录。数据库不会允许用户 B 进行更新，直到用户 A 的更新完全成功或完全失败。这是因为拥有 id3 的记录是由数据库锁定的，直到事务完成为止。

持久性确保一个操作的结果是永久性的。持久性属性的示例如图 3-23 所示。

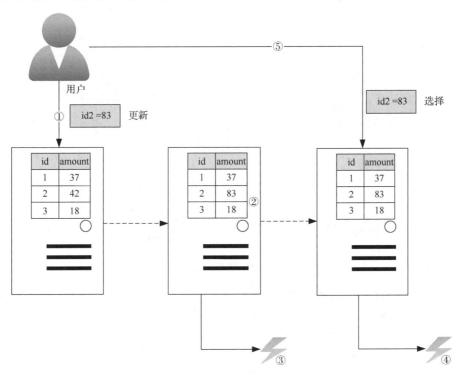

图 3-23　持久性属性的示例

由图 3-23 可得到以下结论。

① 一个用户更新一条记录来作为事务的一部分。

② 数据库成功更新这条记录。

③ 就在这次更新之后出现了电源故障。虽然没有电源，但数据库可维护其状态。

④ 电源恢复。

⑤ 当用户请求这条记录时，数据库按这条记录的最后一次更新去提供服务。

图 3-24 所示为 ACID 原理的应用示例。

① 用户 A 尝试更新记录来作为事务的一部分。

② 数据库验证更新的值并成功地进行更新。

③ 事务成功地完全完成更新后，当用户 B 和用户 C 请求相同的记录时，数据库为两个用户提供更新后的值。

9. BASE

BASE 是为了解决关系数据库强一致性问题引起的可用性降低而提出的解决方案，也是根据 CAP 定理而来的数据库设计原则。它采用了使用分布式技术的数据库系统。BASE 代表基本可用（Basically Available）、软状态（Softstate）、最终一致性（Eventual Consistency）。

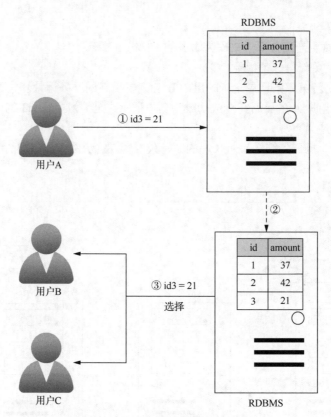

图 3-24　ACID 原理的应用示例

　　基本可用：读写操作尽可能可用（使用数据库集群的所有节点），但可能不一致（冲突协调后写操作可能不持久，读操作可能不能获得最新的写入）。

　　软状态：没有一致性的保障，经过一段时间，只有一定的可能性知道状态，因为它可能还没有收敛。

　　最终一致性：如果执行一些写操作，然后系统运行足够长的时间，我们就可以知道数据的状态；任何对该数据项的进一步读操作都将返回相同的值。

　　当一个数据库支持 BASE 时，它支持"基本可用"超过"最终一致性"。换句话说，从 CAP 原理的角度来看，数据库采用 A+P 模式。从本质上说，BASE 通过放宽被 ACID 特性规定的强一致性约束来使用乐观并发。

　　如果数据库是"基本可用"的，该数据库将始终响应客户的请求（无论是通过返回请求数据的方式，还是发送一个成功或失败的通知）。如图 3-25 所示，数据库基本是可用的，尽管它因为网络故障而被划分为两个分区。

　　软状态意味着一个数据库读取数据时可能会处于不一致的状态。因此，当相同的数据再次被请求时，结果可能会改变。这是因为数据可能依据一致性而被更新，即使两次读操作之间没有用户写数据到数据库。这个特性与最终一致性密切相关。

　　软状态属性的示例如图 3-26 所示。由图 3-26 可得到以下结论。

　　① 用户 A 更新一条记录到对等节点 A。

　　② 在其他对等节点更新之前，用户 B 从对等节点 C 请求相同的记录。

　　③ 此时数据库处于软状态，且返回给用户 B 的是陈旧的数据。

　　不同用户读取时的状态是最终一致性的状态，紧跟着一个写操作将数据写入数据库之后，可能不会返回一致的结果。数据库只在更新变化传递到所有的节点后才能达到一致性，在达到最终一致性状态的过程中，它处于软状态。

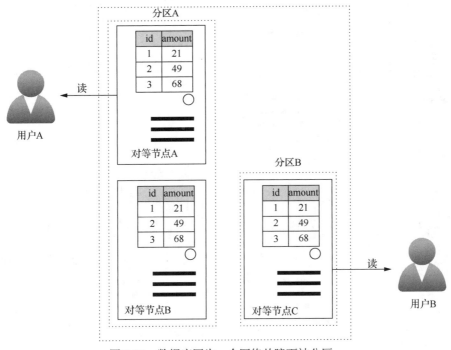

图 3-25　数据库因为一个网络故障而被分区

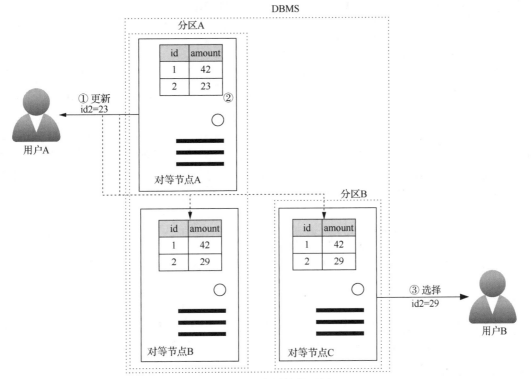

图 3-26　软状态属性的示例

最终一致性属性的示例如图 3-27 所示。

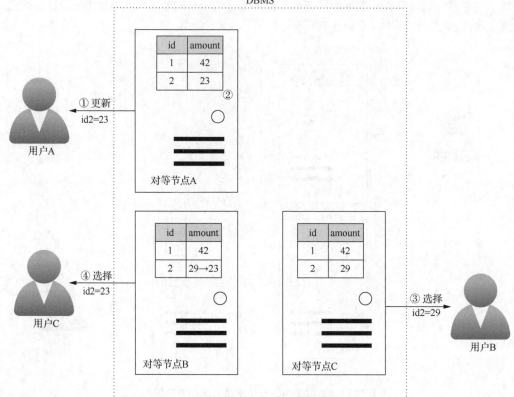

图 3-27　最终一致性属性的示例

由图 3-27 可得到以下结论。

① 用户 A 更新一条记录。

② 记录只在对等节点 A 中被更新，但在其他对等节点被更新之前，用户 B 请求相同的记录。

③ 此时数据库处于软状态。返回给用户 B 的是从对等节点 C 处获得的陈旧数据。

④ 数据库最终达到一致性，用户 C 得到的是正确的值。

BASE 更多地强调可用性而非一致性，这一点与 ACID 不同。由于有记录锁，ACID 需要牺牲可用性来确保一致性。虽然这种针对一致性的软措施不能保证服务的一致性，但 BASE 的兼容数据库可以服务多个客户端而不会产生时间上的延迟。然而，BASE 的兼容数据库对事务性系统用处不大，因为事务性系统要关注一致性的问题。

▶▶▶ 3.3.2　大数据存储技术

存储技术随着时间的推移持续发展，存储从服务器内部逐渐转移到网络上。大数据促进形成了统一的观念，即存储的边界是集群可用的内存和磁盘。如果需要更多的存储空间，横向可扩展性允许集群通过添加更多节点来扩展。这个事实对于内存与磁盘存储设备都成立，尤其重要的是创新的方法能够通过内存存储来提供实时分析；甚至以批量为主的处理速度都因为越来越便宜的固态盘而变快了。这一小节将深入讨论磁盘和内存设备对大数据的作用。

1. 磁盘存储设备

磁盘存储通常利用廉价的硬盘设备作为长期存储的介质。如图 3-28 所示，磁盘存储可由分布式文件系统或数据库实现。

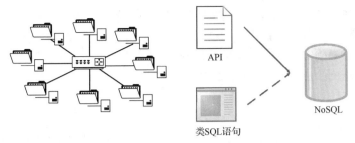

图 3-28　磁盘存储可由分布式文件系统或数据库实现

（1）分布式文件系统

像其他文件系统一样，分布式文件系统对所存储的数据是不可知的，因此能够支持无模式的数据存储。通常来讲，分布式文件系统存储设备通过复制数据到多个位置而支持开箱即用的数据冗余性和高可用性。

一个实现了分布式文件系统的存储设备可以提供简单、快速的数据存储功能，并能够存储大型非关系数据集，如半结构化数据和非结构化数据。尽管对并发控制采用了简单的文件锁机制，它依然拥有快速的读写能力，从而能够应对大数据的快速特性。

对于包含大量小文件的数据集来说，分布式文件系统不是一个很好的选择，因为这样造成了过多的磁盘寻址行为，降低了总体的数据获取速度。此外，在处理大量较小的文件时也会产生更多的开销，因为在处理每个文件过程中，在结果被整个集群同步之前，处理引擎会产生一些专用的进程。

由于这些限制，分布式文件系统更适用于数量少、体积大并以连续方式访问的文件。多个较小的文件通常被合并成一个文件以获得最佳的存储和处理性能。当数据必须以流模式获取且没有随机读写需求时，如图 3-29 所示，会使分布式文件系统获得更好的性能。

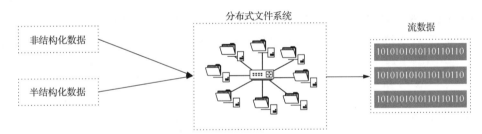

图 3-29　以没有随机读写需求的流模式访问数据

分布式文件系统存储设备适用于存储原始数据的大型数据集，或者需要归档的数据集。另外，分布式文件系统对需要在相当长的一段时期内在线存储大量数据提供了一个廉价的选择，因为集群可以非常简单地增加磁盘而不需要将数据卸载到磁带等离线数据存储设备中。需要指出的是，分布式文件系统并不提供开箱即用的搜索文件内容功能。

（2）关系数据库管理系统

关系数据库管理系统（RDBMS）适合处理涉及少量具有随机读写特性数据的工作。RDBMS 是兼容 ACID 的，所以为了保持这样的特性，其通常仅适用于单个节点。因此，RDBMS 不支持开箱即用的数据冗余性和容错性。

为了应对大量数据的快速到达，关系数据库通常需要扩展。RDBMS 采用了垂直扩展方式，而不是水平扩展方式，这是一种更加昂贵的并带有破坏性的扩展方式。这一扩展方式使得对于数据随时间而积累的长期存储来说，RDBMS 不是一个很好的选择。

关系数据库需要手动分片，大多数都采用应用逻辑。这意味着应用逻辑需要知道为了得到所需的数据要去查询哪一个碎片。当需要从多个碎片中获取数据时，数据处理将进一步复杂化。

如图 3-30 所示的例子，用户写入一条记录（id=2），应用逻辑决定记录将被写入的碎片。记录被送往应用逻辑确定的碎片。用户读取一条记录（id=4），应用逻辑确定包含所需数据的碎片。读取数据并返回给应用，应用返回数据给用户。

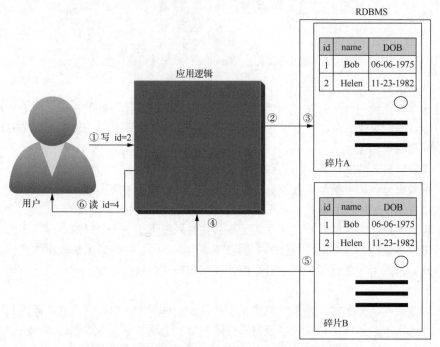

图 3-30　一个关系数据库被应用逻辑手动分片的例子

如图 3-31 所示的例子，用户请求获取多个数据（id=1,3），应用逻辑确定将被读取的碎片，如应用逻辑确定碎片 A 和 B 将被读取。数据被读取并由应用做连接操作，最后数据被返回给用户。

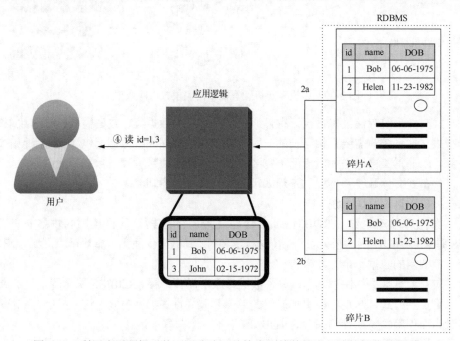

图 3-31　利用应用逻辑对从不同碎片汇总检索到的数据进行连接操作的例子

关系数据库通常需要数据保持一定的模式，所以关系数据库不直接支持存储非关系模式的半结构化和非结构化的数据。另外，在数据被插入或被更新时会检查数据是否满足模式的约束以保障模式的一致性，这样也会造成延迟。这种延迟使得关系数据库不适用于存储需要高可用、有快速数据写入能力数据库存储设备的高速数据。由于具有该缺点，在大数据环境下，传统的 RDBMS 通常并不适合作为主要的存储设备。

图 3-32　用来代表 NoSQL 数据库的标志

（3）NoSQL 数据库

NoSQL 指的是用于研发下一代具有高可扩展性和容错性非关系数据库的技术。我们用图 3-32 所示的标志来代表 NoSQL 数据库。

① 特征。

以下是一些 NoSQL 数据库与传统 RDBMS 不一致的主要特性描述。这些描述应当被视为一般的概述，并不是所有的 NoSQL 数据库都具有这些特性。

无模式的数据模型、水平扩展、高可用性、较低的运营成本、最终一致性、BASE 兼容、API 驱动的数据访问、自动分片和复制、集成缓存、分布式查询支持、不同设备同时使用、注重聚集数据。

② 理论基础。

NoSQL 存储设备的出现主要归功于大数据的容量、速率和多样性等特征。

容量：不断增加的数据量的存储需求，促进了对具有高度可扩展性的、同时使企业能够降低成本和保持竞争力的数据库的使用。NoSQL 存储设备提供了扩展能力，同时使用廉价的商用服务器满足这一需求。

速率：数据的快速涌入需要数据库有快速访问数据的能力。NoSQL 存储设备利用按模式读而不是按模式写来实现快速写入。由于具有高度可用性，NoSQL 存储设备能确保写入延迟不会由于节点或者网络出现故障而发生。

多样性：存储设备需要处理不同的数据格式，包括文档、邮件、图像和视频以及不完整数据，NoSQL 存储设备可以存储这些不同形式的半结构化和非结构化数据。

同时，由于 NoSQL 数据库能够像随着数据集的进化改变数据模型一样改变模式，基于这个能力，NoSQL 存储设备能够存储无模式数据和不完整数据。换句话说，NoSQL 数据库支持模式进化。

③ 类型。

如图 3-33～图 3-36 所示，根据存储数据方式的不同，NoSQL 存储设备可以分为 4 种类型：键值存储、文档存储、列簇存储、图存储。

Key	Value
362	Peter,12.0.3.40,Good
524	1010110101010010101010101110
255	<id>Tom</id> <score>95</score>

图 3-33　NoSQL 键值存储的一个例子

图 3-34　NoSQL 文档存储的一个例子

id	details
821	Math:80.5 English:90 Physics:75 Gender:male
754	Math:92 English:65 Physics:88 Gender:female

图 3-35　NoSQL 列簇存储的一个例子

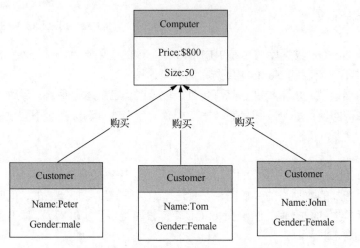

图 3-36　NoSQL 图存储的一个例子

a．键值存储。

键值存储设备以键值对的形式存储数据，且其运行机制与散列表的类似。散列表是一个值列表，其中每个值由一个键来标识。值对数据库不透明且通常以 Blob 形式存储。存储的值可以是任何从传感器数据到视频数据的集合。只能通过键查找值，因为数据库对所存储的数据集合的细节是未知的。不能部分更新，更新操作只能是删除或者插入。

键值存储设备通常不含有任何索引，所以写入速度非常快。基于简单的存储模型，键值存储设备高度可扩展。

由于键是检索数据的唯一方式，为了便于检索，所保存值的类型经常被附在键之后。123_sensor1 就是这样的一个例子。

为了使存储的数据具有一些结构，大多数的键值存储设备会提供集合或桶（像表一样）来放置键值对。如图 3-37 所示，一个集合就可以容纳多种数据格式。一些实现方法为了减少存储空间会支持压缩值。但是这样在读出数据期间会造成延迟，因为数据在返回之前需要先被解压。

Key	Value	
362	Peter,12.0.3.40,Good	文本
524	1010110101010010101010101110	图像
255	\<id>Tom\</id>\<score>95\</score>	XML

图 3-37　数据被组织在键值对中的一个例子

键值存储设备适用于需要存储非结构化数据、需要具有高效的读写性能、值可以完全由键确定、值是不依赖其他值的独立实体、值有着相当简单的结果或是二进制的、查询模式简单、只包括插入及查找和删除操作、存储的值在应用层被操作。

键值存储设备不适用于需要通过值的属性来查找或者过滤数据、不同的键值项之间存在关联、一组键的值需要在单个事务中被更新、在单个操作中需要操控多个键、在不同值中需要有模式一致性、需要更新值的单个属性。

键值存储设备包括 Riak、Redis 和 Amazon DynamoDB。

b．文档存储。

文档存储设备也存储键值对。但是文档存储设备不像键值存储设备，文档存储设备存储的值是可以被数据库查询的文档。这些文档可以具有复杂的嵌套结构，使用基于文本的编码方案，如 XML 或 JSON，或者使用二进制编码方案，如用 BSON（Binary JSON）进行编码。

与键值存储设备一样，大多数文档存储设备会提供集合或桶（像表一样）来放置键值对。文档存储设备和键值存储设备的区别是，文档存储设备是值可感知的。文档存储设备存储的值是自描述的，模式可以从值的结构或从模式的引用推断出，因为文档已经被包括在值中。选择操作可以引用集合值内的一个字段，也可以检索集合的部分值，支持部分更新，所以集合的子集可以被更新。

每个文档都可以有不同的模式，所以在相同的集合或者桶中可能存储了不同种类的文档。在最初的插入操作之后，可以加入新的属性，所以提供了灵活的模式支持。

应当指出，文档存储设备并不局限于存储像 XML 文件那样以真实格式存在的文档，也可以用于存储包含一系列具有平面或嵌套模式的属性的集合。图 3-38 展示了 JSON 文件如何以文档的形式存储在 NoSQL 数据库中。

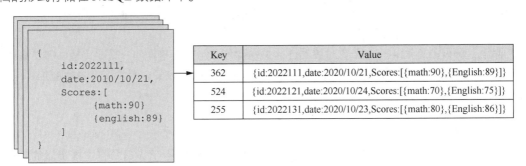

Key	Value
362	{id:2022111,date:2020/10/21,Scores:[{math:90},{English:89}]}
524	{id:2022121,date:2020/10/24,Scores:[{math:70},{English:75}]}
255	{id:2022131,date:2020/10/23,Scores:[{math:80},{English:86}]}

图 3-38　JSON 文件存储在文档存储设备中的一个例子

文档存储设备适用于存储包含平面或嵌套模式的面向文档的半结构化数据、模式的进化由于文档结构的未知性或者易变性而成为必然、应用需要对存储的文档进行部分更新、需要在文档的不同属性上进行查找、以序列化对象的形式存储应用领域中的对象。

文档存储设备不适用于：单个事务中需要更新多个文档；需要对归一化后的多个数据或文档执行连接操作，由于文档结构在连续的查询操作之后会发生改变，为了实现一致的查询设计需要使用强制模式来重构查询语句；存储的值不是自描述的，并且不包含对模式的引用；需要存储二进制值。

文档存储设备包括 MongoDB、CouchDB 和 Terrastore。

c．列簇存储。

列簇存储设备像传统 RDBMS 一样存储数据，但是会将相关联的列聚集在一行中，从而形成列簇。每一列都可以是一系列相关联的集合，被称为超列，如图 3-39 所示。

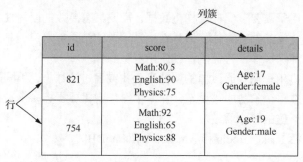

图 3-39　超列

每个超列可包含任意数量的相关列，这些列通常作为一个单元被检索或更新。每行都包括多个列簇，并且含有不同的列的集合，所以有灵活的模式支持。每行被行键标识。

列簇存储设备提供快速数据访问，并带有随机读写能力。它把列簇存储在不同的物理文件中，这样将会提高查询响应速度，因为只有被查询的列簇才会被搜索到。

一些列簇存储设备支持选择性地压缩列簇，不对一些能够被搜索到的列簇进行压缩，这样会让查询速度更快。因为在查找中，那些目标列不需要被解压缩。大多数列簇存储设备的实现支持数据版本管理，也有一些支持为列数据指定到期时间。当到期时间过了，数据会被自动移除。

列簇存储设备适用于：需要实时的随机读写能力，并且数据以已定义的结构存储；数据表示的是表的结构，每行包含大量列，并且存在相互关联的数据形成的嵌套组；需要对模式的进化提供支持，因为列簇的增加或者删除不需要在系统停机时间进行；某些字段大多数情况下可以一起访问，并且搜索需要利用字段的值；当数据包含稀疏的行而需要有效地使用存储空间时，因为列簇数据库只为存在列的行分配存储空间，如果没有列，将不会分配任何空间；查询模式包含插入、选择、更新和删除操作。

列簇存储设备不适用于：需要对数据进行关系操作，例如连接操作；需要支持 ACID 事务；需要存储二进制数据；需要执行 SQL 兼容查询；查询模式经常改变，因为这样将会重构列簇的组织。

列簇存储设备包括 Cassandra、HBase 和 Amazon SimpleDB。

d．图存储。

图存储设备被用于持久化互联的实体。不像其他的 NoSQL 存储设备那样注重实体的结构，图存储设备更强调存储实体之间的联系。

存储的实体被称作节点（注意不要与集群节点相混淆），也被称为顶点；实体间的联系被称为边。按照 RDBMS 的说法，每个节点可被认为是一行，而边可表示连接。节点之间可以通过多条边形成多种类型的链路。每个节点有如键值对的属性数据，例如顾客可以有 id、姓名和年龄等属性。每条边可以有特有的如键值对的属性数据，这些数据可以用来进一步过滤查询结果。一个节点有多条边，与 RDBMS 中含有多个外键是相类似的。但是，并不是所有的节点都需要有相同的边。查询一般包括根据节点属性或者边属性查找互联节点，通常被称为节点的遍历。边可以是单向的或双向的，用于指明节点遍历的方向。一般来讲，图存储设备通过 ACID 兼容性而支持一致性。

图存储设备的有用程度取决于节点之间边的数量和类型。边的数量越多，类型越复杂，可以执行的查询种类就越多。因此，如何全面地捕捉节点之间存在的不同类型的关系很重要。这样不仅可用于现有的使用场景，还可以用来对数据进行探索性的分析。

图存储设备通常允许在不改变数据库的情况下加入新类型的节点。这样也使得可在节点之间定义额外的连接，使其作为新型的关系或者节点出现在数据库中。

图存储设备适用于：需要存储互联的实体；需要根据关系的类型查询实体，而不是实体的属性；查找互联的实体组；就节点遍历距离来查找实体之间的距离；为了寻找模式而进行的数据挖掘。

图存储设备不适用于：需要更新大量的节点属性或边属性，这包括对节点或边的查询，相对于节点的遍历是非常费时的操作；实体拥有大量的属性或嵌套数据，最好在图存储设备中存储轻量实体，而在另外的非图 NoSQL 存储设备中存储额外的属性数据；需要存储二进制数据；基于节点或边的属性的查询操作占据大部分的节点遍历查询。

图存储设备包括 Neo4j、Infinite Graph 和 OrientDB。

（4）NewSQL 数据库

NoSQL 存储设备是高度可扩展的、可用的、高容错性的，且其对于读写操作来说是快速的。但是，它不提供 ACID 兼容的 RDBMS 所表现的事务和一致性支持。根据 BASE 解决方案，NoSQL 存储设备提供了最终一致性，而不是立即一致性，所以它在达到最终的一致性状态前处于软状态。因此，它并不适用于实现大规模事务系统。

NewSQL 存储设备结合了 RDBMS 的 ACID 特性和 NoSQL 存储设备的可扩展性与高容错性。NewSQL 数据库通常支持符合 SQL 语法的数据定义与数据操作，对于数据存储使用逻辑上的关系数据模型。

NewSQL 数据库可以用来开发有大量事务的在线事务处理（On-Line Transaction Processing，OLTP）系统，例如银行系统。它也可以用于实时分析，如运营分析，因为一些实现采用了内存存储。由于 NewSQL 数据库对 SQL 的支持，与 NoSQL 存储设备相比，它更容易从传统的 RDBMS 转换为高度可扩展的数据库。

NewSQL 数据库包括 VoltDB、NuoDB 和 InnoDB。

2. 内存存储设备

前文介绍了作为数据存储基石的磁盘存储设备及其多种类型。下文建立在前文的知识上，并展现内存存储设备，提供了一种高性能、先进的数据存储方案。

内存存储设备通常利用随机存储器（Random Access Memory，RAM），即计算机的主存，作为存储介质来提供快速数据访问。RAM 不断增长的容量以及不断降低的价格，伴随着固态盘不断提升的读写速度，为开发内存存储设备提供了可能性。

在内存中存储数据可以减少由磁盘输入输出（I/O）带来的延迟，也可以减少数据在主存与硬盘设备间传送的时间。数据读写延迟的总体降低会使数据处理更加快速。通过水平扩展，含有内存存储设备的集群将会极大地增加内存存储能力。

基于集群的内存能够存储大量的数据，包括大数据集，且与磁盘存储设备相比，这些数据的获取速度将会快很多。这一存储方案能显著地降低大数据分析的总时间，也使得实时大数据分析成为可能。

图 3-40 所示为用来代表内存存储设备的标志。

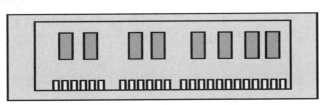

图 3-40 用来代表内存存储设备的标志

图 3-41 所示为内存存储设备和磁盘存储设备在数据传输速率上的差异。图 3-41 的上半部分显示在内存存储设备中传输 1 MB 数据大概需要 0.25 ms，下半部分显示在磁盘存储设备中传输同样大小的数据大概需要 20 ms，这表明从内存存储设备中读数据比从磁盘存储设备中读数据大概要快 80 倍。

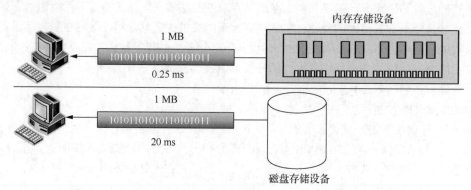

图 3-41　内存存储设备数据的传输速率是磁盘存储设备的 80 倍

内存存储设备使内存数据分析成为可能，例如对存储在内存中而不是磁盘中的数据执行某些查询而产生统计数据。内存数据分析则可以通过快速的查询和算法使得运行分析和运营商业智能成为可能。

首先，内存存储设备通过提供存储介质加快实时分析，能够应对大数据环境下数据的快速涌入（速度特性）。这一点使得为了应对某个威胁或利用某个商业机会而做出的快速商业决定得到支持。

大数据内存存储设备在集群上得以实现，并且可以支持高可用性和数据冗余性，所以水平扩展可以通过增加更多的节点或者内存得以实现。与磁盘存储设备相比，内存存储设备更加昂贵。

尽管从理论上说，一台 64 位的计算机最多可以利用 16 EB 的内存，但是由于诸如机器等物理条件上的限制，实际能被使用的内存是相当少的。为了扩展，不仅需要增加更多的内存，一旦每个节点的内存达到上限还需要增加更多的节点，此操作都增加了数据存储的代价。

除了昂贵以外，内存存储设备对持久数据的存储不提供相同级别的支持。与磁盘存储设备相比，价格因素影响到了内存存储设备的可用性。因此，只有最新的、最有价值的数据才会被保存在内存中，而陈旧的数据将会被新的数据所代替。

内存存储设备支持无模式或者模式感知的存储，这取决于它的实现方式。通过基于键值对的数据持久化可以提供对无模式的存储支持。

内存存储设备适用于：数据快速到达，并且需要实时分析或者进行事件流处理；需要连续地或者持续不断地分析；需要执行交互式查询处理和实时数据可视化，包括假设分析和数据获取操作；不同的数据处理任务需要处理相同的数据集；进行探索性的数据分析，因为当算法改变时，同样的数据集不需要从磁盘上重新读取；数据的处理包括对相同数据集的迭代获取，例如执行基于图的算法；需要开发低延迟并有 ACID 事务支持的大数据解决方案。

内存存储设备不适用于：数据处理操作含有批处理；为了实现深度的数据分析，需要在内存中长时间保存大量的数据；执行商业智能（BI）战略或战略分析，访问数据量非常大，并涉及批量数据处理；数据集非常大，不能装进内存；从传统数据分析到大数据分析的转换，因为加入内存存储设备可能需要额外的技术并涉及复杂的安装；企业预算有限，因为安装内存存储设备可能需要升级节点，这需要通过节点替换或者增加 RAM 实现。

内存存储设备可以被实现为内存数据网格（In-Memory Data Grid，IMDG）、内存数据库。尽管两种技术都使用内存作为数据存储介质，但它们的差异体现在数据在内存中的存储方式。接下来讨论这两种技术的关键特性。

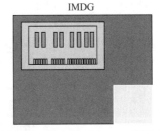

图 3-42　用来表示 IMDG 的标志

（1）内存数据网格

内存数据网格在内存中以键值对的形式在多个节点中存储数据，在这些节点中键和值可以是任意的商业对象或以序列化形式存在的应用数据。它通过存储半结构化或非结构化数据而支持无模式数据存储，数据通过 API 被访问。图 3-42 所示为用来表示 IMDG 的标志。

在图 3-43 所示的例子中，先用序列化引擎序列化图像 a、XML 数据 b 和客户对象 c，随后它们被以键值对的形式存储在 IMDG 中，客户端通过键来获取客户对象，IMDG 以序列化的形式返回值，客户端利用序列化引擎将值反序列化并获取客户对象。

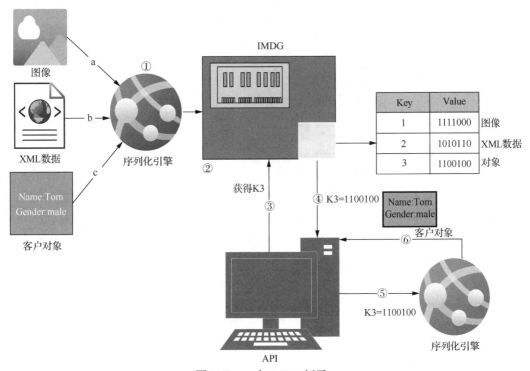

图 3-43　一个 IMDG 例子

IMDG 中的节点保持自身的同步，并且具备高可用性、高容错性和一致性。与 NoSQL 的最终一致性相比较，IMDG 具备立即一致性。

相比关系 IMDB（在 IMDB 下已经讨论过），IMDG 提供快速的数据获取，因为 IMDG 将非关系数据存储为对象。所以不像关系 IMDB，IMDG 不需要对象-关系映射，并且客户端可以直接操作应用领域的特定对象。

IMDG 通过实现数据划分和数据复制进行水平拓展，并且通过复制数据到至少一个外部节点而提供进一步的可靠性支持。当计算机出现故障时，IMDG 自动从备份中恢复丢失的数据。

IMDG 经常被用于实时分析，因为它通过发布-订阅的消息模型支持复杂事件处理（Complex Event Processing，CEP）。这一点可以通过一种被称为连续查询或活跃查询的功能实现，其中针对感兴趣事件的过滤器被注册入 IMDG 中。IMDG 随后持续性地评估过滤器，当这个过滤器完成插入、更新、删除操作后，就会通知订阅的用户，如图 3-44 所示。

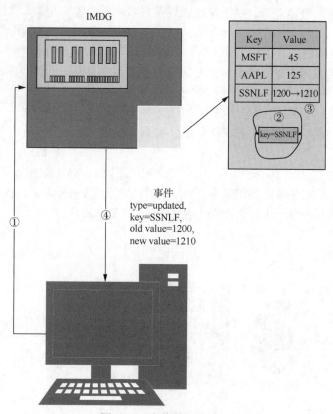

图 3-44　事件通知模型

使用 IMDG 来存储股票价格，这里键属性为股票的标志，而值属性为股票的价格（考虑到可读性，这里显示为文本）。①一个客户发布一系列的查询（key=SSNLF），②这些查询被登记在 IMDG 中，③当 SSNLF 股票的价格变动时，④一个包含详细信息的更新事件被发送给订阅客户。

从功能的角度上看，IMDG 和分布式缓存类似，因为它们都对需要频繁访问的数据提供基于内存的数据访问方式。但是，不像分布式缓存，IMDG 对复制和高可用性提供内置的支持。

实时处理引擎可以利用 IMDG，高速的数据一旦到达就可以被存放在 IMDG 中，并且在被送往磁盘存储设备保存之前就可以在 IMDG 中处理或将数据从磁盘存储设备复制到 IMDG 中。这样就使得数据处理速度更快，并且进一步使得数据能够在多个任务间实现重复利用，或者实现相同数据的迭代算法。

IMDG 也支持内存 MapReduce 以帮助减少磁盘 MapReduce 带来的延迟，尤其是当相同的工作需要被执行多次时。

如图 3-45 所示，IMDG 可被部署到基于云的环境中。它可以根据存储需求的增加，自动地水平扩展以提供灵活的存储方案。

IMDG 可以被引入现有的大数据解决方案中，具体来说，我们只需要在磁盘存储设备和数据处理应用中直接加入它即可。但是 IMDG 的引入通常需要修改应用程序的代码以实现 IMDG 的 API。

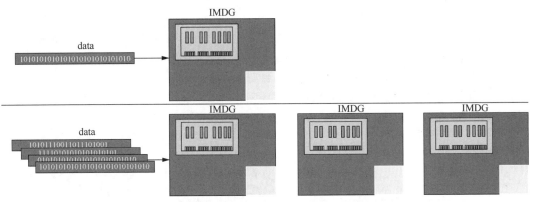

图 3-45　部署在云环境中的 IMDG 随着对数据存储需求的增加自动水平扩展

一些 IMDG 实现可能也对 SQL 提供部分或全部支持,例如 In-Memory Data Fabric、Hazelcast 和 Oracle Coherence。在大数据环境下,IMDG 通常与磁盘存储设备部署在一起来使用,且磁盘存储设备用作后端存储设备,其具体可以通过如下方式实现。针对这些方式,我们可以根据需求来使用,以满足读写性能、一致性和简洁性的要求。

① 同步读。

如果在 IMDG 中没有找到被请求的键,那么就将从后端磁盘存储设备(如数据库)中同步读取。一旦从后端磁盘存储设备中成功读取数据,就向 IMDG 中插入键值对,并且将请求的值返回给客户端。随后针对相同键的请求都将由 IMDG 直接应答,而不再由后端磁盘存储设备响应。尽管这是一个简单的方法,但是其同步化的本质可能会引入读取延迟。图 3-46 所示为一个同步读的例子。客户 A 尝试读不存在于 IMDG 中的键 K3①。结果,数据从后端磁盘存储设备中被读出来②,然后被插入 IMDG 中③,最后被送给客户 A④。随后客户 B 对相同键的请求⑤由 IMDG 直接应答⑥。

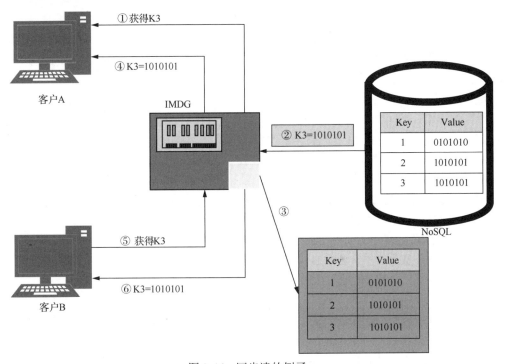

图 3-46　同步读的例子

② 同步写。

任何对 IMDG 的写操作（插入、更新、删除）都在事务中同步地被写入后端磁盘存储设备中，例如数据库。如果对后端磁盘存储设备的写操作失败，IMDG 的更新将回滚，根据事务性的特性，立即在两次数据存储之间获得数据一致性。但是，对事务性的支持是以写延迟为代价换来的，因为任何写操作只有从后端磁盘存储设备中接收到反馈（成功或失败）时，才被认为是完整的，如图 3-47 所示。

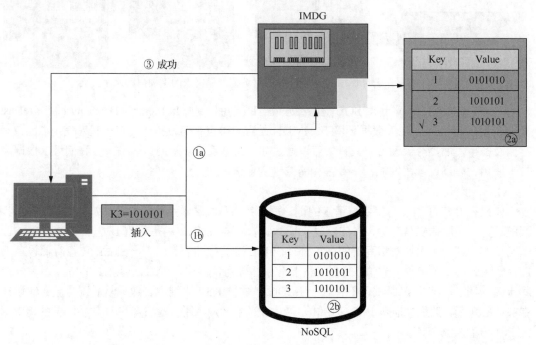

图 3-47　同步写的例子

客户在一种交易方式中插入一个新的键值对(K3,V3)，这个键值对被插入 IMDG①a 和后端磁盘存储设备中①b，并成功插入 IMDG②a 和后端磁盘存储设备中②b 后，通知该客户这条插入命令被成功执行了。

③ 异步写。

任何对 IMDG 的写操作都是以批处理的方式异步地写入后端磁盘存储设备中的，例如数据库。在 IMDG 与后端磁盘存储设备之间有一个队列保存着需要对后端磁盘存储设备进行的改变，我们可以设置队列在不同的时间间隔内将数据写入后端磁盘存储设备中。

异步的本质通常提高了写性能（因为一旦数据被写入 IMDG 中，写操作就被认为是完整的）、读性能（数据一旦被写入 IMDG 就可以从中读出）、扩展性和可用性。但是异步的本质也会引入不一致性，直到后端磁盘存储设备在特定的时间间隔内被更新。

如图 3-48 所示，客户 A 更新 K3，该值在 IMDG 中被更新①a，也被送入队列①b。但是，在后端磁盘存储设备被更新前，客户 B 请求相同的值，会返回旧值。在设置的时间间隔之后，后端磁盘存储设备最终被更新。客户 C 请求相同的值，新值被返回。

④ 异步刷新。

异步刷新是一种主动的操作方式。如果值在 IMDG 中配置的到期时间前被访问，那么这些频繁访问的值在 IMDG 中被自动地、异步地更新；如果值在其到期时间后被访问，那么与同步读一样，值将被同步地从后端磁盘存储设备中读出并在返回给用户之前在 IMDG 中更新。

由于其具有异步和超前的特性，该方式有较好的读性能，并且在相同值被频繁访问或者被大量客户访问时表现尤其出色。

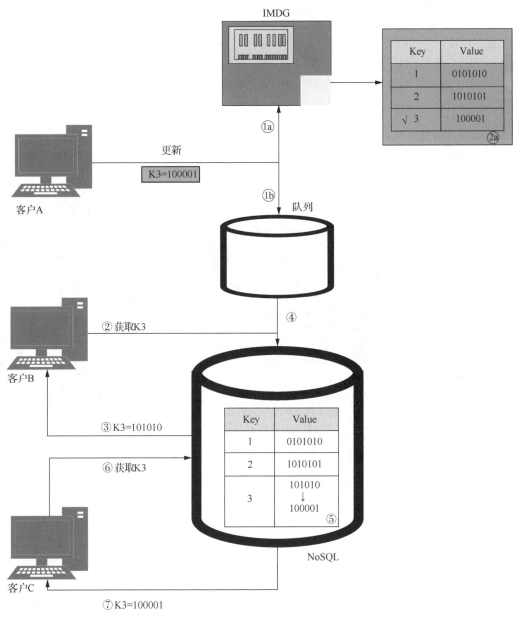

图 3-48　异步写的例子

在同步读中，数据将从 IMDG 中被获取，直到过期。与其相比，异步读在数据到期前不停地更新，所以异步读在 IMDG 与后端磁盘存储设备之间的数据不一致性更小。

如图 3-49 所示，客户 A 在到期时间前请求 K3，当前值从 IMDG 中返回，值被后端磁盘存储设备更新，在 IMDG 中的值被同步更新。到期时间过后，键值对从 IMDG 中被取出。客户 B 请求 K3，因为键不存在于 IMDG 中，它将异步地从后端磁盘存储设备中取出，更新键值对，值被返回给客户 B。

IMDG 存储设备适用于如下几种情况。

- 数据需要易于访问的形式，且延迟最小。
- 存储的数据是非关系的，例如半结构化和非结构化数据。
- 对现有的、使用磁盘存储设备的大数据解决方案增加实时支持。
- 现有的存储设备不能被替换，但是数据访问层可以被修改。
- 扩展性比关系存储更重要。尽管 IMDG 比 IMDB 更容易扩展（IMDB 是功能完全的数据库），但 IMDG 不支持关系存储。

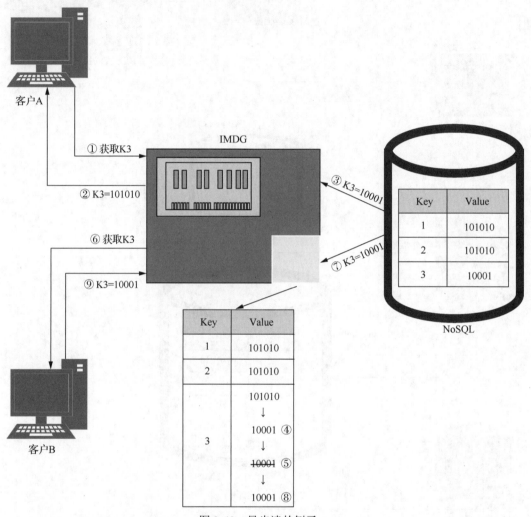

图 3-49　异步读的例子

　　IMDG 存储设备包括 Hazelcast、Infinispan、Pivotal GemFire 和 GigaSpaces XAP。
　　（2）内存数据库
　　内存数据库（IMDB）是内存存储设备，它采用了数据库技术，并充分利用 RAM 的性能优势，以解决困扰磁盘存储设备的运行延迟问题。图 3-50 所示为用来代表 IMDB 的标志。
　　在图 3-51 所示的例子中，关系数据集被存入 IMDB 中。客户通过 SQL 语句请求顾客记录（id=2），相关的顾客记录被 IMDB 返回。该过程直接由客户操作，不需要任何反序列化手段。

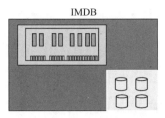

图 3-50　用来代表 IMDB 的标志

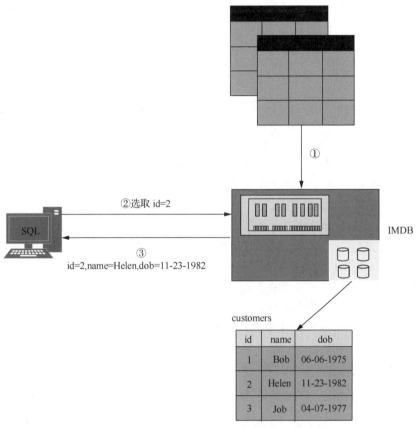

图 3-51　从一个 IMDB 中进行数据检索的例子

IMDB 在存储结构化数据时，本质上可以存储关系数据（关系 IMDB），也可以利用 NoSQL 技术（非关系 IMDB）来存储半结构化或非结构化数据。

不像 IMDG 那样通常提供基于 API 的数据访问，关系 IMDB 采用人们更加熟悉的 SQL，这样更方便暂不具备高级编程能力的数据分析人员或数据科学家开展工作。

基于 NoSQL 的 IMDB 通常提供基于 API 的数据访问，其操作与 put、get、delete 等操作一样简单。根据具体实现的不同，有些 IMDB 通过水平扩展方式进行扩展，有些 IMDB 通过垂直扩展方式进行扩展。并不是所有的 IMDB 实现都直接支持耐用性，而是充分利用不同的策略以应对计算机故障或内存损坏。

与 IMDG 一样，IMDB 也支持持续性查询，例如当一个具有"查询感兴趣的数据"形式的过滤器被注册到 IMDB 中后，IMDB 即会用迭代的方式持续地执行查询。当查询的结果随插入、更新、删除操作而改变时，订阅的客户会随增加、移除、更新事件被异步地通知，通知中带有记录的值信息，如旧值和新值。

在图 3-52 所示的例子中，IMDB 为不同的传感器存储文档数据。

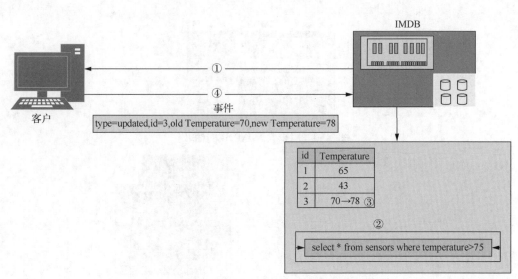

图 3-52　支持持续查询语句的 IMDB 的一个例子

其步骤如下：客户执行持续查询语句（select * from sensors where temperature >75）；查询语句被注册到 IMDB 中；当任意一个传感器的温度超过 75℉，更新事件被发送到订阅的客户，并包含事件的具体细节。

IMDB 主要被用于实时分析，并且可以被进一步地用于开发需要全部 ACID 事务支持（关系 IMDB）的低延迟应用。与 IMDG 相比，IMDB 提供了相对更容易实现的设置内存数据存储方式的选择，因为 IMDB 不总是需要后端磁盘存储设备。

向大数据解决方案中引入 IMDB 通常需要替换一些磁盘存储设备，包括 RDBMS。在用关系 IMDB 取代 RDBMS 的过程中，需要调整的代码很少或者几乎没有，因为关系 IMDB 提供了对 SQL 的支持。但是，当用 NoSQL IMDB 代替 RDBMS 时，因为要实现 IMDB 的 NoSQL API，所以可能需要调整一下代码。

当用关系 IMDB 取代磁盘 NoSQL 数据库时，通常需要调整代码以建立基于 SQL 的数据访问。但是，当用 NoSQL IMDB 代替磁盘 NoSQL 数据库时，可能需要为实现新的 API 而改变代码。

关系 IMDB 通常不如 IMDG 那样容易扩展，因为关系 IMDB 需要提供分布式查询支持和跨集群的事务支持。一些 IMDB 的实现可能从垂直扩展中获益，因为垂直扩展可以帮助解决在水平扩展环境中执行查询或事务带来的延迟。

IMDB 包括 Aerospike、MemSQL、ALTIBASE HDB、eXtremeDB 和 Pivotal GemFire XD。

IMDB 存储设备适用于：需要在内存中存储 ACID 支持的关系数据；需要对正在使用磁盘存储的大数据解决方案增加实时支持；现有的磁盘存储设备可以被一个内存等效技术来代替；需要最小化地改变数据访问层的应用代码，例如当应用包含基于 SQL 的数据访问层时；关系存储比可扩展性更重要时。

3.4　大数据可视化

数据可视化是一种涉及数据的图形表示方式。当数据很多（例如时间序列）时，这种图形表示方式特别有效。

►►► 3.4.1　数据可视化概念

从学术角度来看，数据可视化可以被看作原始数据（通常是数字）和图形元素（例如图表中的线或点）之间的映射。这种映射决定了图形元素的属性如何根据数据的变化而变化。例如，条形图是图的长度到变量大小的映射。由于图表的可读性受映射方式的影响，因此映射是数据可视化的核心。

数据可视化源于统计学领域，因此被认为是统计学的一个分支。然而，为了有效地实现数据可视化，既需要设计技巧又需要统计与计算技巧，所以有些学者认为数据可视化既是一门艺术又是一门科学。

研究不同情况下人们对于图表的正确解读和错误解读有利于确定什么类型和功能的可视化能够正确和高效地传递信息。数据可视化的起源可以追溯到 20 世纪 50 年代的计算机图形学。数据可视化技术的基本思想是将数据库中每一个数据项作为单个图元素表示，大量的数据集构成数据图像，同时将数据的各个属性值以多维数据的形式表示，以便从不同的维度观察数据，从而对数据进行更深入的观察和分析。通俗来讲，数据可视化就是用视觉形式向人们展示数据重要性的一种方法。下面先介绍研究数据时常见的几个概念。

数据空间：由 n 维属性、m 个元素共同组成的数据集所构成的多维信息空间。

数据开发：利用一定的工具及算法对数据进行定量推演及计算。

数据分析：对多维数据进行切片、分块、旋转等操作以剖析数据，从而实现多角度、多方面地观察数据。

数据可视化：将大型数据集中的数据用图形、图像方式表示，并利用数据分析和开发工具发现其中的未知信息。

为了实现信息的有效传达，数据可视化应兼顾美学与功能，同时应直观地传达出关键的特征，便于挖掘数据背后隐藏的价值。

数据可视化技术应用标准应该包含以下 4 个方面：直观化，将数据直观、形象地呈现出来；关联化，突出地呈现出数据之间的关联性；艺术性，使数据的呈现更具有艺术性，更加符合审美；交互性，实现用户与数据的交互，方便用户控制数据。

►►► 3.4.2　大数据可视化方法

大数据可视化技术是指利用计算机科学技术，将计算产生的数据以更易理解的形式展示出来，使冗杂的数据变得直观、形象。大数据时代利用数据的可视化技术可以有效提高海量数据的处理效率，挖掘出数据隐藏的信息，给企业带来巨大的商业价值，如电信运营商通过挖掘用户的使用习惯和消费偏好，实现精准营销。

1. 基于图形的可视化方法

大数据的复杂性和多样性意味着需对更多的多维数据进行处理和分析。基于图形的可视化方法将数据各个维度之间的关系在空间坐标系中以直观的方式表现出来，更便于数据特征的发现和信息传递。

（1）树状图

树状图通常用于表示层级、上下级、包含与被包含关系。其用法几乎与集群图完全相同，如图 3-53 所示。

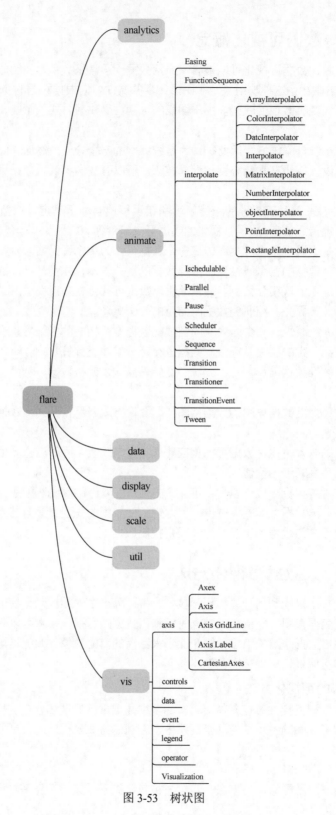

图 3-53　树状图

树状图主要是将分类总单位摆在树的根部，然后根据需要，从总单位中分出几个分支，这些分支可以作为独立的单位，继续向下分类，以此类推。从树状图中，可以很清晰地看出分支与总单位之间的部分和整体关系，以及这些分支之间的相互关系。如果我们想处理的数据存在整体和部分的关系，那么采用树状图会是一个很好的选择。

（2）桑基图

桑基图是一种特定类型的流程图，始末端的分支宽度总和相等，数据从始至终的流程很清晰。桑基图中延伸的分支宽度对应的数据流量随着时间推移而变化的情况，它通常应用于能源、材料成分、金融等数据的可视化分析。

（3）弦图

弦图用于表示数据间的关系和流量。外围不同颜色的圆环表示数据节点，弧长表示数据量大小。内部不同颜色的连接带表示数据关系流向、数量级和位置信息，连接带颜色还可以表示第三维度信息。首尾宽度一致的连接带表示单向流量（从与连接带颜色相同的外围圆环流出），而首尾宽度不同的连接带表示双向流量。外层通过加入比例尺，还可以一目了然地发现数据流量所占比例。弦图包含的信息量大、视觉冲击力强，但普及度较低。

（4）散点图

散点图将数据在空间坐标系中以点的形式呈现，人们通过观察散点的分布规律和趋势，发现变量之间的相关关系、相关方向（正相关、负相关）以及相关关系的强弱程度，进而选择相应的函数进行回归或者拟合。散点图主要包括以下 4 种。

① 简单散点图用于观察两变量之间的关系，如电信用户语音消费与流量消费之间的关系。

② 矩阵散点图用于挖掘多变量之间的两两关系；假设共有 n 个变量，那么散点图矩阵对应 n 行 n 列，并且每个表示变量 x 对 y 的相互关系。

③ 重叠散点图用于发现多变量与某个变量之间的关系。

④ 三维散点图用于发现变量在三维空间中的相互关系。

（5）折线图

折线图主要应用于时间序列数据，描述相等时间间隔下连续数据随时间变化的趋势，通常 x 表示时间，y 表示连续变量，如移动互联网用户数随时间的变化、移动用户各个月份 ARPU 值的变化等。

（6）条形图和柱形图

条形图用直条的长度表示数量或比例，并按时间、类别等一定顺序排列，主要用于表示数量、频数、频率等。条形图包括单式条形图和复式条形图，单式条形图表示一个群体数据的频数分布，复式条形图用于表示多个群体数据分布的比较。柱形图和条形图在本质上是相同的，只是在 x、y 坐标轴上分布不同，也就是说在延伸方向上，条形图水平延伸，而柱形图垂直延伸。在数据呈现方式上，条形图和柱形图的各个数据集采用不同颜色标注，以进行数据组之间的直观对比。

（7）分布图

分布图用于表示数据之间的分布规律，以及一个变量与另一个变量之间如何相互关联，如通过 P-P、Q-Q 分布图检验样本是否服从正态分布。

（8）箱式图

箱式图用于描述数据的分散情况，主要数据节点包括均值、中值等中心值的度量，标准偏差、方差等可变性值的度量。除基本的描述统计量，箱式图还便于有效地发现数据集中的异常值。

（9）饼图

饼图以二维或者三维的形式表示某一数据相对于数据总量的大小，用于数据所占比例的比较。

2. 基于平行坐标法的可视化技术

大数据时代海量的非结构化数据，如 Web 文档、用户评分数据、文档词频数据等都是高维数据。平行坐标法可以实现高维数据的有效降维，将高维数据在二维直角坐标系中以更加直观的形式展示，便于挖掘数据中隐藏的信息。平行坐标法的基本原理是将 n 维数据映射到二维空间的 n 个坐标纵轴，每两个坐标轴之间的线段表示一个空间点，n 条折线与 n 条坐标轴的 n 个交点代表了数据的 n 维空间。

平行坐标法可以清楚、直观地表示数据关系。相较于其他矢量图，平行坐标法可视化图更为简单、生成更为快捷，但是数据维度的显示会受到屏幕宽度的制约。随着数据维度的增加，纵轴间距会不断缩小，进而影响数据可视化效果。

3. 其他数据可视化技术

基于图标的可视化技术，其基本原理是用图标来表示高维数据，也就是用图标特征来表示高维数据的属性；面向像素的可视化技术是将各个数据项对应的数据值映射成屏幕上的像素，并用一个独立的窗口展示某一属性的数据值；基于层次的可视化技术适用于数据库系统中层次结构清晰的数据，如文件目录、组织结构，比较典型的有 N-Vision 技术等。

▶▶▶ 3.4.3 可视化工具

有许多可视化工具可用于创建漂亮的数据图表。由于数据经常需要在绘图之前进行处理，因此，一些常用的可视化工具实际上是建立在一些可用于统计以及提供矩阵或数据框架的语言之上的。

下面提供了一些数据科学家经常使用的可视化环境。除此之外，还有其他可用的工具，如电子表格的图形功能等，这里不赘述。

1. R 语言

R 语言是用于统计计算和图形的编程语言及软件环境，深受科学家、统计学家和数据分析师的欢迎。R 语言本是 R 基金会为统计计算所进行的一个 GNU 项目，但如今它常用于数据分析和演示（图表和图形）。

R 语言在其核心组件中包含一个 base 安装包，这个安装包是在 R 语言中提供可视化支持的基本包，包含开发者所需的大部分图表类型。基本图形软件包存在一些问题，主要包括复杂的自定义、难以处理的工作流程，以及对图形中附加信息编码的内置支持。多年来还有其他软件包可用，包括如下几种。

（1）由 Deepayan Sarkar 撰写的 lattice 安装包是基本图形的首个替代方案，现在它与 R 语言的基本发行版一起提供。它支持多面板（例如，在一个界面上有多个散点图）和其他有用的功能。与基本软件包相比，它可简化用户的工作流程。

（2）由 Hadley 撰写的 ggplot2 软件包很快成为大多数 R 语言用户的首选软件包。它基于图形语法，支持多种功能，如多面板、将变量映射到面或图层等。

2. Python 的 Matplotlib、Seaborn

Python 是许多领域中非常流行的交互式编程语言。Python 的 Matplotlib 库是一个二维绘图库，利用它可以在多种平台上以各种硬复制格式和交互式环境创建出印刷质量的绘图。Matplotlib 拥有多种功能，可在 Python 脚本中被使用，它被认为是 Python 中可视化工具的"祖父"。随着其功能日趋复杂，我们可以用 Matplotlib 做任何事情，但要弄清楚如何做并不是那么容易。

Seaborn 是另一个基于 Matplotlib 的可视化库，旨在使默认的数据可视化更具视觉吸引力，并使复杂的图形更简单。

3. SAS

统计分析系统（SAS）是由 SAS 软件研究所开发的商业软件套件，用于高级分析、多变量分析、商业智能、数据管理和预测分析。SAS 有如下几个可用于创建图表的组件。

（1）Graph-N-Go 主要用于报告。图表可以以各种格式保存，包括标准图形格式和 HTML 格式。它只支持一组基本的图表类型。

（2）Insight 是另一个可用于探索变量与变量之间关系的软件包。它提供了许多关于变量的详细信息，如单变量统计。它的交互性为以图形和分析方式探索数据提供了一个很好的工具。

（3）Analyst 支持探索和报告。它提供了很多类型的图形方案，还提供了可用于生成新图形等的可定制 SAS 代码。

（4）Proc 提供了创建更复杂图表的选项（包括基于文本的字母数字图）。

4. MATLAB 系统

MATLAB 系统是由 Mathworks 公司开发的多泛型数值计算环境。MATLAB 支持矩阵操作、函数和数据的绘制、算法的实现、用户界面的创建以及与由其他语言（包括 C、C++、Java、FORTRAN 和 Python）编写的程序连接。

5. Julia

Julia 是一款科学计算环境。作为一个开源应用，Julia 可以生成具有多种渲染后端的各种类型的图形。该语言类似于 MATLAB，易于使用、可交互且交互快速。其交互功能可以添加到图形和图表。

6. 其他可视化工具

除了上述可视化工具外，Tableau 和 QlikView 也是比较流行的商业软件包。它们不仅提供了一些商业智能功能，还提供了图形处理和绘图工具。这些工具对新用户具有很强的吸引力，因为它们提供了一种易于使用且操作便捷的方法，用户无须建模或编程即可将数据可视化。

传统的数据可视化工具仅将数据加以组合，通过不同的展现方式提供给用户，用于发现数据之间的关联信息。新型的数据可视化工具必须满足互联网爆发的大数据需求，必须快速地收集、筛选、分析、归纳、展现决策者所需要的信息，并根据新增的数据进行实时更新。因此，在大数据时代，数据可视化工具必须具有以下特性。

（1）实时性。数据可视化工具必须适应大数据时代数据量的爆炸式增长需求，必须能够快速地收集和分析数据，并对数据信息进行实时更新。

（2）操作简单。数据可视化工具要具有快速开发、易于操作的特性，能满足互联网时代信息多变的特点。

（3）更丰富的展现方式。数据可视化工具需具有更丰富的展现方式，能充分满足数据展现的多维度要求。

（4）多种数据集成支持方式。数据的来源不局限于数据库，数据可视化工具需支持团队协作数据、数据仓库、文本等多种方式，并能够通过互联网进行展现。

为了进一步让读者了解如何选择合适的数据可视化产品，下面就来介绍全球备受欢迎的可视化工具。

3.5　典型大数据计算平台

随着互联网和 IT 的不断发展，大数据的应用平台越来越多，种类越来越丰富，并且大数据的应用也逐渐渗透到各行各业当中，尤其是数据体量庞大的互联网、金融、制造、物联网和信息物理融合等领域。

▶▶▶ 3.5.1　Hadoop

Hadoop 是一个开源的且基于 Java 的分布式计算平台。虽然构建 Hadoop 的初衷是扩展搜索索引，但显然 Hadoop 的核心概念更为通用。经过多年的使用和更新，Hadoop 已成为一个生态系统，且成为数据中心操作系统的主心骨（用于初期可扩展的数据处理和分析）。

容错是 Hadoop 自构建以来一直秉承的核心原则之一。为了实现扩展性，系统被设计为允许节点或组件发生故障（如硬盘驱动器失效），同时底层系统会在发生故障后重试失败的作业。这种有弹性的软件设计带来一些不错的经济回报，例如，可在系统内使用较可靠且较便宜的硬件，但总体上因软件层的弹性设计而变得非常可靠。此外，也允许下游系统运维人员批量维修设备而不必立即响应并马上维修。

Hadoop 使用多台计算机组成的网络来解决涉及大量数据和计算的问题。它使用 MapReduce 编程模型为分布式存储和大数据处理提供了一个软件框架。Hadoop 最初是为计算机集群而设计的，由普通硬件构建而成，现在仍然是常用的。此后，它也在高端硬件集群中得到了应用。Hadoop 中的所有模块都基于一个基本假设设计，即硬件故障是常见的，并应该由框架自动处理。

Hadoop 的核心包括一个存储部分，称为 Hadoop 分布式文件系统（HDFS），以及一个处理部分，称为 MapReduce 编程模型。Hadoop 将文件分割成大块，并将它们分布在集群中的节点上。然后，它将打包的代码传输到节点，并行处理数据。这种方法利用了数据局部性，节点得以操作它们所访问的数据。与传统的依赖于并行文件系统、计算和数据通过高速网络进行分布的超级计算机架构相比，数据集处理数据更快、更高效。

基本的 Hadoop 框架由以下模块组成。

（1）Common：包含其他 Hadoop 模块所需的库和工具。

（2）HDFS：一个分布式文件系统，在普通服务器上存储数据，在集群中提供非常高的聚合带宽。

（3）YARN：一个负责管理集群中的计算资源并使用它们来承载用户应用程序的平台。

（4）MapReduce：用于大规模数据处理的 MapReduce 编程模型实现。

（5）Ozone：Hadoop 的对象仓库。

Hadoop 通常用于基础模块和子模块，也可以用于生态系统，还可以用于安装在 Hadoop 之上或者与 Hadoop 一起安装的附加软件包集合，比如 Apache Pig、Apache Hive、Apache HBase、Apache Phoenix、Apache Spark、Apache ZooKeeper、Cloudera Impala、Apache Flume、Apache Sqoop、Apache Oozie 和 Apache Storm。

Hadoop 里的核心技术自 2005 年第一次提交以来已大大扩展，但核心部分只有少数的几个：HDFS、资源管理器和调度程序、分布式数据处理框架。

1. HDFS

虽然 Hadoop 可兼容多个分布式文件系统，但从一开始使用并留存下来的是 HDFS。HDFS 是作为 GFS 的开放版本而设计的。HDFS 是一种分布式、可扩展的文件系统，提倡内置冗余的理念。HDFS 是设计在许多节点之上的分布式文件系统，其中每个节点只需要一个常规的文件系统就可以了。HDFS 可扩展和保存 PB 级别的数据。因此，系统设计中有一些假设：数据的序列读取应该能够快速地支持全面的数据扫描，文件系统设计应该能全面感知每个数据块的位置（以便计算过程可以在数据存储节点上进行，从而减少数据传输），系统应该容忍节点故障。

数据在 HDFS 内部是以数据块的形式存储的，用户能轻松地复制这些数据块。复制是智能的，因为软件系统使用各种策略来确保数据不仅存储在多个节点上，而且存储在多个机架中。该策略能确保单个节点，甚至单个机架发生故障不会导致数据丢失。

因为整个系统知道数据块的位置并可优化计算任务在哪个节点执行，所以可以高概率地在离数据块较近的位置执行任务。这个优化使得将数据流从存储节点传输到计算节点的网络消耗更少，从而达到加速的目的。冗余数据块和就近计算数据这两个特性相结合，使 HDFS 成为高可靠和聚合带宽的系统，也让 HDFS 成为规模化计算的理想选择。

在图 3-54 中，可以看到整体架构以及各节点是如何在 HDFS 中交互的。如图 3-54 所示，希望从分布式文件系统进行读写的客户端或单个程序会根据其目标与子系统的适当部分进行交互。也就是说，客户端如果只是想要查看文件列表，这种元数据请求将直接与 NameNode 进行通信，进而查询结果。而想要读写数据的客户端将从 NameNode 请求获取数据块位置（很小的数据量），然后直接与存储数据块的节点通信（图 3-54 中的实线）。该体系结构的绝妙之处在于，分拆不同子系统，从而让不同部分各司其职，又不至于造成性能瓶颈（如果通过 NameNode 传递所有数据，就会造成极大的性能瓶颈）。

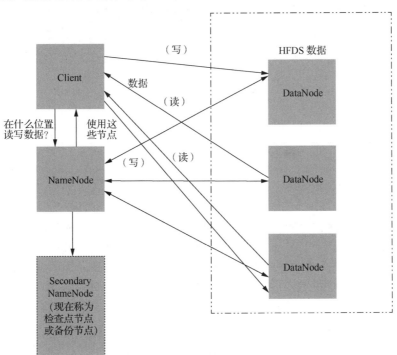

图 3-54　HDFS 架构（其中元数据和数据用实线标注，文件系统和节点状态都用虚线标注）

在几乎所有 Hadoop 架构中，都有一个从节点（Secondary NameNode），现在称为检查点节点。虽然 NameNode 没有明确要求必须有从节点，但强烈建议添加。它并不是完整的故障切换节点，并且在发生故障时无法替换 NameNode 主节点。NameNode 从节点的目的是执行定期检查，如果失败，则保留 NameNode 的状态。

2. 资源管理器和调度程序

资源管理器和调度程序是良好分布式系统的关键。因此，Hadoop 有一个组件可以指导计算资源的分配并以最有效的方式调度用户应用程序。这个组件叫作 YARN（Yet Another Resource Negotiator）。

资源管理器需要调度任务，尽可能地让数据本地化，这样计算大型作业时资源也不会空闲。YARN 是一个可插拔的系统，它在协调过程中会充分考虑到用户限制、队列容量以及在共享资源系统上运行的调度任务的正常配置。

YARN 将资源分为不同容器，基本单元为一个 CPU 内核和一定量的内存空间。额外的资源（额外的 CPU、内核、GPU）都可以作为容器的一部分。YARN 还监测运行中的容器，以确保不超过任务请求的资源（内存、CPU、磁盘和网络带宽）限制。与许多其他工作流调度器不同，YARN 支持数据本地化。也就是说，YARN 作业（例如 MapReduce）可以在托管数据服务器的计算容器上运行或者在尽可能靠近数据驻留位置的计算容器上运行。这种控制级别极其重要，因为其可以确保分布式系统流畅运行、资源以公平的方式共享、计算容器私有（与其他用户隔离）、任务能够及时调度。图 3-55 所示为 YARN 组件的示意图。

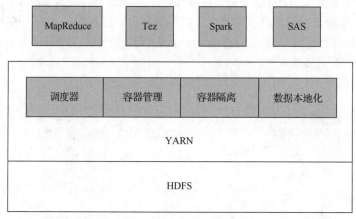

图 3-55　YARN 组件的示意图

3. 分布式数据处理框架

能够高效地读写数据是构建一个分布式系统的必要基础，但单 I/O 这一项就不一定使分布式系统特别有用。YARN 在计算机集群中实现分布式计算，并以可扩展的方式处理 HDFS 中保存的数据。YARN 是如何实现分布式计算的则是本章后续部分的重点介绍内容。

Hadoop 支持的第一个数据处理模式是 MapReduce，MapReduce 原本是谷歌公司倡导的计算模式。这种计算模式的关键点是：MapReduce 理念适用于解决许多问题；MapReduce 模型很简单，即使没接受过分布式系统培训的人员也可以使用它来解决问题，且无须构建分布式系统的软件基础架构，从而能够专注于数据本身的问题。

并行 MapReduce 被定义为分布式处理模型，其中计算任务可以分为 3 个阶段：map 阶段、shuffle 阶段和 reduce 阶段。MapReduce 依赖于 HDFS 的数据位置特征与 YARN 的任务管理和资源管理，以有效地执行前述这 3 个阶段的运算。在 map 阶段，通过集群并行处理输入数据，将原始数据转换为键和值。接着，键被按照常用的方式进行排序并 shuffle 到对应的桶中（即具有相同键的所有值都保证转到相同的 reducer 节点上）。然后，reducer 节点处理每个键的值，通常将结果存储在 HDFS 或其他持久存储器上。

MapReduce 的显著特点是每个阶段都是无状态的或状态非常有限。例如，由于不确定每个阶段的每个工作节点运行在哪些服务器上，因此处理每条输入的数据记录时不考虑之前的任何输入记录。然而，reduce 阶段保证具有相同键的所有值都是可以访问的。这些设计上的保证虽显微不足道，但对许多任务来说已经足够了。

MapReduce 的典型例子是在大量文本语料库中计算出词频。为了透析词频计算的过程，下面来看看 MapReduce 进程的每个计算阶段。首先，当文本数据加载到 HDFS 中时，数据被自动"切片"，然后被复制并分布到 HDFS 服务器中。接下来，每个切片被平行地扫描以使用键值对来对单词计数（即为每一个单词创建了一个形如<word,1>的键值对，<word,1>代表 word 已经发现 1 次，这个键值映射会为每次出现的"word"生成计数值）。当计数完成时，所有相同的键都将从 map 进程中 shuffle 到 reducer 进程中。reducer 进程的输入都是特定单词的键值对。在词频计算中，reducer 只是将与该词对应的值求和。最后，reducer 将输出某个单词及其词频总和。map 阶段通常如图 3-56 所示，reduce 阶段通常如图 3-57 所示。

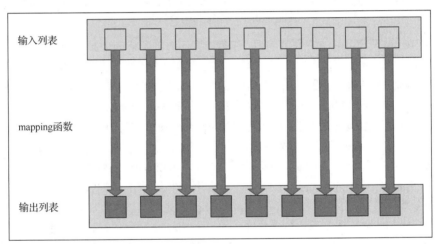

图 3-56　map 阶段（加载到 HDFS 中时，输入列表被分成独立的块。接着并行地对每个块执行映射函数。输出列表也就是键值对的集合）

事实证明，许多计算问题都符合 MapReduce 的基本假设。显而易见，代数方法可以将结果分解为部分结果并将这些部分结果组合成最终结果（如求和、求平均值、计数等）。这种方法可以很容易地被构造为 map 和 reduce 任务。没那么明显的就是，其他更复杂的任务可以被构造为一组 MapReduce 作业。

并不是所有的任务都可以被轻松、有效地分解为一系列 MapReduce 作业。作业启动开销加上中间结果必须在每个步骤结束时写到磁盘，同时需要处理多步工作流的容错，这给程序员带来冗长且令人沮丧的体验。在科学计算领域的编程和需要多次迭代收敛的机器学习算法中，这种情况经常发生。这样的算法在线性代数[例如用于找到特征向量的幂法（The Power Method）]和机器学习的优化问题（例如梯度下降）中是非常常见的。

YARN 的出现让资源分配从计算模型中独立出来并得到推广，Hadoop 开辟了 MapReduce 以外的计算模型和数据处理引擎的可能性。YARN 是 Hadoop 的一个相对较新的成员，也将支持许多类型的模型，例如库的传统集群计算模型使用的消息传递接口（MPI）。一些新秀（如

Apache Tez、Apache Spark 和 Apache Flink）说明了这些新通信模型的处理引擎如何赋能以扩展 Hadoop 的功能。

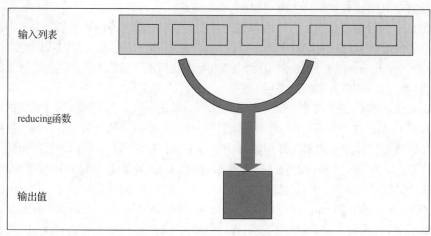

图 3-57　reduce 阶段[map 阶段的输出列表将成为 reduce 阶段的输入列表。如果使用多个 reducer，则将输入列表通过键值分组，并等 map 处理后 shuffle 到特定的 reducer 进程中去。reducer 将输入列表组合（减少）而得到输出值]

Apache Tez 被设计以解决下面的问题：许多计算任务需要将一个 MapReduce 进程扩展到多个 reduce 阶段，而且有时不需要在这些阶段之间让数据保持有序。Apache Tez 被创建的目的是使执行这种计算任务更有效。设计 Apache Tez 的主要动因是需要更有效地接入复杂的数据流，更有效地加入原生 Hadoop SQL、Hive 中的数据集。一般来说，Apache Tez 不是最终用户使用的工具，而更多地用于其他项目较低层的 API 调用。Apache Tez 模型能够直接将作业的一个 reducer 结果转移到另一个 reducer，而不必将中间数据写入 HDFS。此外，多步联合计算可以更好地表示为 reducer 的有向无环图（DAG），而不是 mapper 和 reducer 的线性流程图。

Apache Spark 是一种内存数据处理引擎，具有函数式语言的特性和功能丰富的语法，这些都有利于数据科学中的常见迭代式计算。Apache Spark 是在美国加利福尼亚大学（简称加州大学）伯克利分校的 AMPLab 实验室创建并成长为一个 Apache 项目的，其中包括除了 Spark SQL、Spark MLlib 和流处理等基本处理功能之外的其他组件。Apache Spark 的基本数据结构是弹性分布式数据集（Resilient Distributed Dataset，RDD），RDD 通常是存储在 RAM 中的分布式对象序列，具有容错支持的隐性机制。为了重建缺少的部分数据，Apache Spark 可以重新执行数据子集上的操作。Apache Spark 的编程范例提供了内置于模型中的关系运算符，如 union、distinct、filter 和 join，它们都适用于 RDD。

与 Apache Spark 类似，Apache Flink 也是内存处理引擎，但 Apache Flink 更注重实时流处理。

▶▶▶ 3.5.2　Apache Spark

Apache Spark 是一种用于在单节点机器或集群上执行数据工程、数据科学和机器学习任务的多语言引擎。

作为一种用于大规模数据处理的统一分析引擎，Apache Spark 提供了 Java、Scala、Python 和 R 语言等的高级 API，以及支持通用执行图的优化引擎。它还支持一组丰富的高级工具，包括 SQL 和结构化数据处理的 Spark SQL、机器学习的 Apache MLlib、图形处理的 Apache GraphX

以及增量计算和流处理的结构化流。

1. Apache Spark 简介

2009 年，Apache Spark 并未达到取代 Hadoop 的地步。直到 2014 年 Apache Spark 1.0.0 发布，云计算的相关研究者才逐渐发现了 Apache Spark 在云计算方面的优势。Apache Spark 不同于 MapReduce（Hadoop 的核心编程模型），它是基于内存的大数据并行计算框架，这一优化很大程度上提高了 Apache Spark 对大数据处理的实时性，而且在大数据的批量计算和迭代计算方面，也比 MapReduce 有了上百倍的提升。

Apache Spark 同 Hadoop 一样，也是一个开源分布式云计算平台，都包含文件系统、数据库、数据处理系统、机器学习库等。

Apache Spark 有广义和狭义之分，广义的 Apache Spark 指 Spark 生态系统，采用了 4 层架构，如图 3-58 所示。Apache Spark 利用了 Hadoop 的 HDFS 作为文件系统，不同的是，Apache Spark 的设计考虑了集群计算中并行操作直接重用工作数据集的工作负载，通过引进内存集群计算，对工作负载进行了优化，将数据集缓存在内存中，以缩短访问延迟；基于这个思想，同样开发了一套吞吐量比 HDFS 高 100 倍的 Tachyon 内存文件系统，同时在数据处理系统中增加了 RDD 的抽象，且具有容错功能。

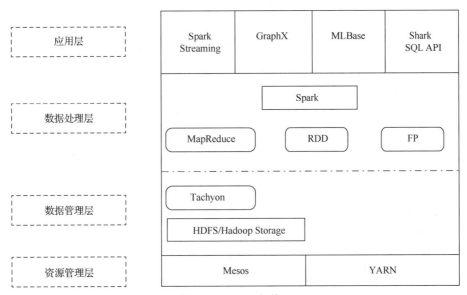

图 3-58　Spark 架构

狭义的 Apache Spark 指数据处理层的计算框架。其核心计算部分是引入了 RDD 的基于内存的 MapReduce，底层依赖于 HDFS、YARN、Mesos，上层有 Spark Streaming、GraphX、MLBase、Shark SQL API 等组件。

Mesos：它是美国加州大学伯克利分校开发的一个集群管理框架，为不同的分布式应用框架提供了高效的资源隔离和共享功能。Mesos 上可以运行 Hadoop、Jenkins、Spark、Aurora 以及其他在动态共享节点池上的应用框架。通过 Mesos，一个集群计算机上面可以根据不同的需求同时运行 Hadoop、Spark 等计算框架，以提高资源利用率和降低运营的成本。

YARN：与 Mesos 一样，YARN 也是集群管理框架且与 Hadoop 2.0 同时发布。通过 YARN，一个集群可以同时运行 Hadoop、MPI、Spark 等计算框架。

HDFS：它是 Apache 开源项目 Hadoop 的分布式文件系统，有着高容错的特点，可以部署到低廉的硬件（如 PC）上，适合大数据集的应用程序用来存储数据。

Tachyon：它是 AMPLab 实验室开发的分布式文件系统，属于 Spark 集群框架，具有高容错和高可用性的特点。高可用性则是通过"血统"信息（类似操作日志）以及积极使用内存来获得的。Tachyon 会缓存工作集文件来避免从磁盘加载频繁读取的数据集。因为实现了 Hadoop文件系统接口，Hadoop、MapReduce 和 Spark 可以直接在 Tachyon 上运行。此外，底层文件系统可插拔，支持 HDFS、Amazon S3 以及单机运行，还具有支持原始数据表的功能，并对多列数据提供了原生的支持。

Spark SQL API：Spark 集群平台核心计算框架，它可以独立运行（不需要 Hadoop 文件系统），也可以运行于 Mesos、YARN、Amazon EC2 上。其中包括基于内存的 MapReduce 和 RDD。FP（Function Program）指的是函数式编程。由于 Spark 整个架构都是用 Scala 语言编写的，而Scala 是函数式编程语言，精简了很多代码，因此 FP 是 Spark 的一个重要特性。

Spark Streaming：作为 Spark 集群平台的流计算，该技术提供了实时处理的功能。

2. 核心思想与编程模型

Apache Spark 的编程模型与 MapReduce 的编程模型非常相似。Apache Spark 的亮点是充分利用内存承载工作集，而且能保证容错。Apache Spark 有两个抽象：一个是 RDD；另一个是共享变量。

（1）RDD

简单来说，RDD 是一种自定义的可并行数据容器，可以存放任意类型的数据。弹性是指具有容错的机制，若一个 RDD 分片丢失，Apache Spark 可以根据粗粒度的日志数据更新记录的信息（Apache Spark 中称为"血统"）进行重构；分布式指的是能对其进行并行的操作。除了这两点，它还能通过 persist() 或者 cache() 函数将数据缓存在内存里或磁盘中，共享给其他计算机，以避免 Hadoop 那样存取带来的开销。

RDD 的创建主要来自两种途径：一种是从内存创建，通过 parallelize() 方法从已经存在的 Scala集合创建而来，称为并行集合（Parallelized Collection）；另一种是从文件创建，通过 textFile()、hadoopFile() 方法从 HDFS、HBase 等文件存储系统创建而来，称为 Hadoop 数据集。这两种 RDD都可以在创建时指定切片个数。这两种方式创建的 RDD 都会被复制成多份，变成一个分布式的数据集，可被进行并行操作。

RDD 提供两种操作：转换（Transformation）和动作（Action）。转换就是由 RDD 创建新的RDD，例如，map()（对每个元素进行操作）、filter()（过滤一些元素）、join()（连接两个数据集）等函数。动作就是将 RDD 数据集上的运行结果传回驱动程序或写到存储系统里，例如，reduce()（约简所有元素）、saveAsTextFile() 和 count() 等函数的作用。RDD 实际编程的一个例子如图 3-59所示。

```
Val sc=new sparkContext("spark://.."MyJob",home.jars)//初始化
Val file=sc.textFile("hdfs://...")//从文件创建RDD
Val infos=file.filter(.size>5)//转换RDD为另一个RDD（保留长度为5以上的行）
Infos.cache()//RDD缓存动作
Infos.count()//RDD计数动作
```

图 3-59　RDD 实际编程的一个例子

图 3-59 中，第 1 行代码通过新建一个 sparkContext，进入 Apache Spark 环境，然后第 2 行代码通过 Apache Spark 环境从文件创建 RDD，第 3 行代码对 RDD 进行转换，第 4 行代码对RDD 进行缓存，以便迭代执行，然后对 RDD 进行后续的不同转换，最后用 Action 对产生的结果RDD 进行持久化存储等。

RDD 在转换时，有一个惰性计算（Lazy Evaluation）的过程，其间会不断记录元数据（DAG），没有发生真正的计算，只是不停地向前转换。其就像父子相传一样，有一个世系（Apache Spark 中称为 Lineage，代表了容错机制的日志更新）。遇到"动作"时，所有的转换才执行一次。当 Lineage 很长时，可以主动使用 checkpoint 动作把数据写入存储系统。

在 Apache Spark 中，数据空间有 3 种：存储系统、原生数据空间、RDD 空间。RDD 在这 3 种数据空间的转换如图 3-60 所示。正如图 3-60 所示，RDD 可以由 Scala 集合类型和 HDFS 创建得到，转换、缓存都在 RDD 空间中进行，触发动作时则从 RDD 空间转换为其他空间。

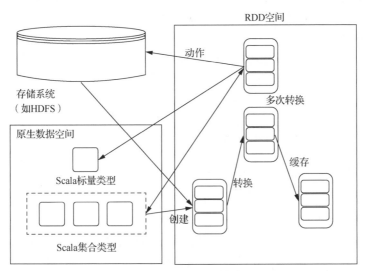

图 3-60　数据空间的转换

图 3-61 中，RDD 数据集层面视图表示了编码中的情景，分区层面视图表示数据被分片到各个节点的情景。第一次运行时，RDD 不在缓存中，那么就从文件创建；第二次运行时，就直接利用本地缓存好的 RDD 进行运算。

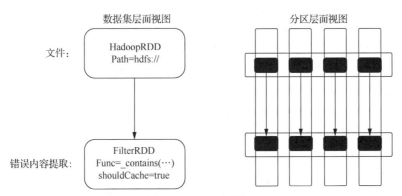

图 3-61　RDD 视图

（2）共享变量

共享变量是各个节点都可以共享的变量。需要这种变量是因为在并行化的时候，函数的所有变量在每个节点都被做了复制，自身节点对变量的修改不会影响另一个节点的变量。为了方便某种需要，Apache Spark 提供了两种共享变量：一个是广播变量；另一个是累加器。

广播变量是广义的全局变量，通过 SparkContext.broadcast(v)方法创建，其中 v 是只读的初始值。广播变量可被集群的任意函数调用，不会重复传递到节点，且在每台机器都有缓存。广播变量是只读的，广播后是不能被修改的。广播变量如同 Hadoop 的 DistributedCache。

累加器是一种可高效并行化且支持加法操作的变量，通过 SparkContext.accumulator(v)方法创建，其中 v 是初始值。计算任务只能增加累加器的值，不能进行读取，只有驱动程序才能进行读取（在 Apache Spark 上编写的程序主要含有一个驱动程序，这个驱动程序用于执行 main()函数，然后把各种算子分布到集群中）。累加器如同 Hadoop 中的 Counter。

3. 工作原理

Apache Spark 的每个应用程序都有一套自己的运行环境，避免了应用程序之间的相互影响。Apache Spark 运行时的环境有 4 个过程，即初始化、转换、调度执行、终止。Apache Spark 的工作原理如图 3-62 所示。

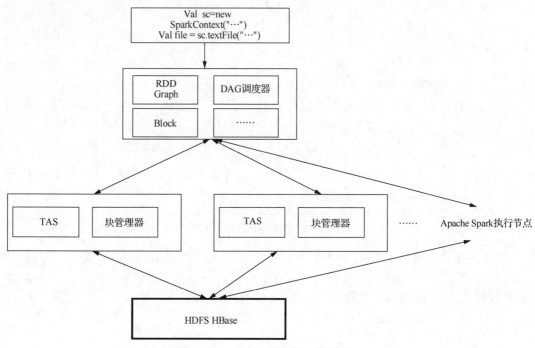

图 3-62　Apache Spark 的工作原理

第一个过程：通过客户端启动，进入初始化过程，就是 Spark 通过与 Mesos 等资源管理系统交互，根据应用程序所需的资源来构建它运行时的环境。这里有粗粒度和细粒度两种构建方式：粗粒度是一次性配置好所申请的所有资源，后面不再申请；细粒度是凑够一个任务能够执行的资源，然后就开始执行该任务。

第二个过程：转换过程，就是以增量的方式构建 DAG。构建 DAG 方便了后面的并行化执行，以及故障恢复。执行程序时，Apache Spark 会利用贪婪算法将程序分成几个 Stage，每个 Stage 都有一定数量的任务做并行处理。这里，RDD 存在窄依赖和宽依赖两种依赖。窄依赖是指父 RDD 的每块分区最多被一块子 RDD 的分区所依赖；宽依赖是指子 RDD 分区依赖所有的父 RDD 分区。窄依赖 map 操作是一块父 RDD 的分区对应一块子 RDD 分区。其中，Co-Partitioned 是协同划分，指分区划分器产生前后一致的分区。没有协同划分，就产生宽依赖。Apache Spark 通过 partitionBy 操作设定划分器（如 HashPartitioner）。Apache Spark 对分区要求是本地优先。

划分窄、宽依赖有两个好处。第一个好处就是，如果为窄依赖，就可以将对应操作划分到 Stage，具体划分过程是 DAG 调度器从当前的操作往前回溯依赖关系图，遇到宽依赖，就新建一个 Stage，并把回溯到的操作放进新建的 Stage，每个 Stage 都可以实施流水线优化，然后又从遇到的宽依赖处开始继续回溯。如果连续的转换都是窄依赖，就可以合并很多操作，直到遇到宽依赖。这样就可以实现流水线优化，因为 RDD 的操作都是一个 fork 和 join。fork 得以进行分区计算，完成后要执行 join 操作，接着执行下一个 RDD 操作。不合并这些操作，就得一个个 join，而 join 是瓶颈操作。合并很多 RDD 操作就只有一个 join，而且中间结果 RDD 也不必存储后又提取，省时、高效。第二个好处就是，窄依赖的情况下，一个节点失败了，恢复会非常高效，只需要并行地重新计算丢失的父分区就可以了。而宽依赖就可能得把所有分区都重新计算一遍。

第三个过程：DAG 调度器按依赖关系调度执行 DAG。首先执行不依赖任何阶段的 Stage0、Stage1、Stage2，执行后，就执行 Stage3。每个 Stage 都会配备一定数量的 Task，并行地执行。这里有两个优化：一是任务的调度依照本地优先原则；二是如果同类任务中有个任务执行得比其他任务慢，那就执行推测机制，启动备用任务，先完成的作为最后结果。

最后一个过程就是释放资源，执行操作与第一个过程的相反。

4. Apache Spark 的优势

Apache Spark 作为现今流行的分布式云平台技术之一，与 Hadoop 云平台技术相比，有以下优势。

（1）内存管理中间结果。MapReduce 作为 Hadoop 的核心编程模型，将处理后的中间结果输出并存储到磁盘上，依赖 HDFS 存储每一个输出的结果。Apache Spark 运用内存缓存输出中间结果，便于提高中间结果再度使用的读取效率。

（2）优化数据格式。Apache Spark 使用 RDD，这是一种分布式内存存储结构，支持读写任意内存位置，运行时可以根据数据存放位置进行任务的调度，提高任务调度效率，支持数据批量转换和创建相应的 RDD。

（3）优化执行策略。Apache Spark 支持基于散列函数的分布式聚合，不需要针对 shuffle 进行全量任务的排序，调度时使用 DAG 能够在一定程度上减少 MapReduce 在任务排序上耗费的大量时间，这一点成为了一个优化的创新点。

（4）提高任务调度速率。Apache Spark 启动任务采用事件驱动模式，尽量复用线程，减少线程启动和切换的时间开销。Hadoop 是以处理庞大数据为目的而设计的，在处理小规模的数据时会出现任务调度上时间开销的增加。

（5）通用性强。Apache Spark 支持多语言（Scala、Java、Python）编程，支持多种数据形式（流式计算、机器学习、图计算）的计算处理，通用性强且在一定程度上方便开发人员对平台代码的复用和重写。

▶▶▶ 3.5.3 Apache Storm

Apache Storm 是一款开源的分布式实时计算系统。利用 Apache Storm 可以很容易、可靠地处理无边界的数据流；就像利用 Hadoop 进行批处理一样，利用 Apache Storm 可以进行实时处理。Apache Storm 很简单，可以与几乎任何编程语言一起使用。

Apache Storm 有很多用例：实时分析、在线机器学习、连续计算、分布式 RPC、ETL 等。Apache Storm 是快速的：一个基准测试显示，每个节点每秒处理的元组超过 100 万个。它具有扩展性、容错性，保证数据能被处理，并且易于设置和操作。

Apache Storm 集成了已经使用的队列和数据库技术。Apache Storm 拓扑消耗数据流，并以任意复杂的方式处理这些流，在计算所需的每个阶段之间重新分区。

Apache Storm 是一个分布式流处理计算框架，主要用 Clojure 编程语言编写而成。这个项目最初是由 Nathan Marz 和 BackType 的团队创建的，在被 Twitter 收购后，成了开源项目。它使用自定义创建的流生产者（Spouts）和操作（Bolts）来定义信息源和操作，以允许对流数据进行批处理和分布式处理。该系统首次发布于 2011 年 9 月 17 日。

Apache Storm 应用程序被设计成一个 DAG 形状的"拓扑结构"，流生产者和操作充当图的顶点。图上的边被命名为流和从一个节点到另一个节点的直接数据。总之，拓扑就像数据转换管道。从表面上看，拓扑结构类似于 MapReduce；两者主要区别在于数据是实时处理的，而不是单个批处理的。另外，Apache Storm 拓扑会一直运行到被终止，而 MapReduce DAG 最终必须终止。

3.6　本章小结

本章详细介绍了大数据技术，主要内容包括大数据采集、大数据预处理、大数据存储与管理、大数据可视化以及典型大数据计算平台几个方面。在数据采集部分，本章从来源、采集设备、采集方法几个方面详细介绍了大数据采集技术；在大数据预处理部分，本章主要讲解了数据预处理技术的概念和流程两个方面内容；在大数据存储与管理部分，本章主要讲解了大数据存储的概念和技术两个方面内容；在大数据可视化部分，本章主要从可视化概念、可视化方法和工具几个方面介绍了大数据可视化技术；在典型大数据计算平台部分，本章介绍了几个常用的大数据平台，包括 Hadoop、Apache Spark、Apache Storm 等。

通过对本章的学习，读者可以掌握大数据技术的概念、流程、应用和平台等知识。对大数据技术生态形成整体的认知后，可以为后续大数据技术的学习奠定基础。

3.7　习题

（1）大数据的来源有几种？来源不同的数据各有什么特点？

（2）大数据采集设备的设计依据是什么？

（3）为什么要进行数据预处理？简述数据预处理的过程。

（4）NoSQL 与 NewSQL 和传统关系数据库相比有什么不同？

（5）试分析数据仓库在大数据存储方面有什么优势。

（6）简述什么是数据可视化以及数据可视化系统的主要目的。

（7）请举例说明数据可视化的流程和方法。

（8）数据可视化有哪些应用？

（9）请描述 Hadoop 的主要功能模块及其对应的功能。

（10）请比较 Hadoop 和 Apache Spark 平台的优缺点。

（11）调研目前国内流行的云平台及其应用。

第4章
人工智能技术

本章学习目标:
(1)了解有哪些人工智能技术;
(2)了解自然语言处理的定义与原理;
(3)了解语音识别的定义与原理。

4.1 人工智能技术的概念

人工智能技术是建立在计算机应用基础上的先进技术,指计算机"拥有"人类思想,并且能进行模拟、延伸以及拓展人类智能的操作,这种操作不需要人类过多干涉。也可以说,人工智能就是让机器可以做一些只有"人"才做得了的事情。代替或减少人类操作是人们想要应用人工智能技术实现的目标。互联网需求不断驱动新一代人工智能技术的发展,其对传统产业的渗透广度和深度前所未有,同时也面临着与产业发展广泛相结合的问题。我国互联网产业基础位居世界前列,互联网作为"传输机"可以应用于各种具体行业,为传统产业提高效率奠定了基础。作为建设现代经济体系的动力,人工智能将为各行业尤其是实体经济的转型提供新的动力。

人工智能技术主要涉及计算机方面的知识,但其也综合了很多其他学科的知识。可以说,人工智能技术具有综合性的特点。人工智能主要应用于自然语言处理、机器视觉、语音识别、机器学习等领域。

4.2 自然语言处理

语言是人类区别于其他动物的本质特性,是同种生物或不同生物之间需要沟通而制定的标准指令。对于人类来说,语言是人类传递思维的重要工具。人类的一切行为或活动几乎都与语言有着千丝万缕的联系。随着社会不断发展,人类逐步进入信息化时代,信息化时代的人类同样离不开语言。在信息化时代,衡量一个国家是否步入信息化社会的标准之一就是语言的信息化处理水平是否高。语言的信息化处理也是人工智能的一个重要部分,甚至是核心部分。

自然语言处理

进入信息化时代以来,人类开始追求通过自然语言与计算机进行通信,自然语言处理这一方向由此而得到发展。通过人为对人类的自然语言进行处理，计算机可以读取并理解自然语言。在人机交互的过程中，自然语言处理具有十分重要的理论与实际意义。人类可以用自然语言操作计算机，节省大量学习不同计算机语言的时间。随着自然语言处理的不断发展，人类将不断突破人机交互的限制。

▶▶▶ 4.2.1　自然语言处理的定义

自然语言处理是人工智能和语言学领域的交叉学科，主要研究计算机如何运用自然语言在机器语言与人类语言之间架起沟通的"桥梁"，以实现人机交流的目的，以及在此基础上，实现各种理论和方法。自然语言处理是人工智能领域中的一个重要部分。自然语言处理并不是简单地研究自然语言，而是注重研究使计算机能够更高效处理自然语言的技术，特别是处理大规模的文本。

▶▶▶ 4.2.2　自然语言处理的原理

自然语言处理技术需要融合语言学、计算机科学、数学、心理学以及认知学等多个学科的知识。严格来说，自然语言处理可分为以下两个部分。

（1）自然语言理解是指让计算机能理解自然语言文本的含义，即希望机器像人一样，具备正常人的语言理解能力。

（2）自然语言生成（Natural Language Generation，NLG）是指把计算机数据转换为自然语言，是为了跨越人类与计算机之间不同种类的天然交流鸿沟，而将非语言格式的数据转换成人类可理解的语言格式的一种技术。

自然语言理解与自然语言生成是互逆过程。自然语言理解是从人类发出信息并传递到计算机，由计算机来处理人类的自然语言；自然语言生成是从计算机发出信息并传递到人类，由人类理解计算机传出的信息。

自然语言处理的主要对象就是人类的自然语言，其表现形式多种多样，比如语音或文本。

▶▶▶ 4.2.3　自然语言处理的发展历史

大多数人认为，自然语言处理是从 1950 年前后开始的。在第二次世界大战中参与密码破译的科学家，如图灵（Turing）等人已开始思考自然语言与计算机之间的联系。1950 年，图灵提出著名的图灵测试，作为判断智能的条件，这是人工智能领域的开端，并且图灵还发表了论文《计算机器与智能》。

20 世纪 80 年代末以前，关于自然语言处理的研究主要集中在西方国家，我国在该领域的研究相对较少。在这一时期，西方国家的自然语言处理研究主要集中在语言理解、机器翻译等方面，发展了基于规则、基于逻辑和基于统计的方法，建立了多种自然语言语法理论，并出现了一些经典的自然语言处理算法，如诺姆·乔姆斯基（Noam Chomsky）的语法理论、Earley算法、CYK 算法等。如今，我国在自然语言处理领域的研究已经取得了相当不错的成就。以下是关于我国在自然语言处理领域的几个关键阶段。

20 世纪 90 年代初，国内开始关于中文信息处理的研究，但主要是基于规则的方法，而不是基于统计机器学习的方法。这一时期，我国的自然语言处理研究主要以中文分词、词性标注、句法分析等为主，研究者主要采用基于规则的方法，如中国科学院自动化所的"现代汉语词典""现代汉语语法大全"等都是代表性的成果。

20 世纪 90 年代中后期，随着统计机器学习方法在自然语言处理领域兴起，国内开始采用这种方法研究中文信息处理。其中，一个重要的里程碑是清华大学发布的中文分词工具。这一时期，我国的自然语言处理研究主要采用基于统计机器学习的方法，研究者开始大量收集中文语料库，利用机器学习算法对语料库进行训练，以实现中文信息处理的自动化。此外，还出现了一些具有代表性的中文信息处理系统，如北京大学的语言计算与机器学习实验室发布的SIGHAN Bakeoff 竞赛中获奖的中文分词工具 pkuseg。

2000 年后，随着中文互联网的发展和网络文本数据的爆炸式增长，国内开始大规模进行中文信息处理研究。其中，一个重要的进展是哈尔滨工业大学发布的中文信息处理系统。这一时期，国内的自然语言处理研究开始涉及更广泛的任务，如命名实体识别、关键词提取、文本分类、信息抽取等，研究方法也开始向深度学习算法转变。同时，一些重要的中文语料库也陆续建立，如新浪新闻语料库、人民日报语料库等。

2010 年至今是我国自然语言处理发展的一个关键时期，这一阶段取得了相当不错的成就。例如，中文分词技术水平得到了很大的提升，特别是针对微博、评论等非规范化文本的分词效果有了明显提高；中文命名实体识别技术得到了快速发展；中文自然语言处理技术开始应用于社交媒体分析领域；中文预训练模型快速发展，我国的自然语言处理界相继发布了 BERT 的中文版——BERT-WWM、RoBERTa 的中文版——RoBERTa-WWM 等中文预训练模型，这些模型以其强大的性能、高质量的词向量表示和更丰富的语义信息表示，成为我国自然语言处理研究的重要基石；中文自然语言处理技术已经广泛应用于搜索引擎、在线教育、智能客服、智能广告等多个领域；我国自然语言处理研究在国际上的影响力得到了进一步提升，在国际会议 ACL 2020 上，我国的研究者携多篇高水平论文和重要技术方案亮相，其中多篇论文获得了"最佳论文""最佳长论文"等奖项。这些成果的产生不仅展现了我国自然语言处理研究领域的实力，也推动了我国自然语言处理技术在国际上的推广和应用。

自然语言理解的核心在于用自然语义分析来理解人类日常的自然语言。经过不断的发展，人工智能系统通过运用自然语言处理技术，在确定句子语法结构方面的能力已经接近人类能力的 94%。

近年来，自然语言处理处于快速发展阶段。各种词汇、语义语法词典、语料库等数据资源不断增加，词序、词性注释、句法分析等技术发展迅速，各种新理论、新方法、新模式促进了自然语言处理研究的蓬勃发展。在互联网技术的普及和全球经济与社会一体化的背景下，社会对自然语言处理技术的迫切需求为自然语言处理的研发提供了强大的市场推动力。自然语言处理的研究成果不仅有助于应用，而且促进了生物信息学等新领域的发展。此外，自然语言处理推动了计算机体系结构的变化，改进自然语言处理功能将成为下一代计算机追求的重要目标。

▶▶▶ 4.2.4　自然语言处理的前景

自然语言处理领域一直依赖于基于规则和基于统计的研究方法。这两项研究方法在达到一定阶段后都遇到了瓶颈，传统的基于规则的机器学习方法很难在计算得到改进之前取得重大进展。计算机的计算能力和数据存储功能的提升极大地推动了自然语言处理的发展。如今自然语言处理技术已经涉及生活的很多方面，我们在不知不觉中已经在享受该技术所带来的便利，例如，百度翻译、有道翻译等翻译软件都采用了机器翻译技术；很多电商平台、银行、保险公司等都在使用智能客服技术，实现智能问答、自动回复，从而帮用户更快速地解决问题；语音助手（如小度、天猫精灵等）基于语音识别和语音合成技术将人类语音转换为计算机能够理解的文字；利用自然语言处理技术对邮件、短信等垃圾文本进行过滤，有效地防止垃圾邮件对用户的骚扰。除了以上几个应用，自然语言处理技术在金融、医疗、智能家居等领域也有广泛的应用。

自然语言处理技术是人工智能领域的重要分支。近年来，随着大数据和深度学习的发展，自然语言处理技术已经取得了许多令人瞩目的进展；其未来的发展前景也非常广阔，主要有以下几个方面。

（1）深度学习技术的应用：随着深度学习技术的不断发展，自然语言处理技术也将进一步发展。例如，通过更深层次的神经网络结构、更丰富的语言模型等手段，可以提高自然语言处理系统的准确性和效率。

（2）多语言处理技术的发展：随着全球化的不断加深，多语言处理技术也将变得越来越重要。未来，自然语言处理技术将更加关注多语言处理技术的研究和开发，更好地实现跨语言交流和跨文化交流。

（3）融合其他技术：自然语言处理技术和其他技术的融合也是未来发展的一个趋势。例如，结合计算机视觉技术可以实现与图像的交互，结合知识图谱技术可以实现语义理解和推理。

（4）应用场景的拓展：自然语言处理技术将进一步拓展到更多的应用场景中。例如，在物联网、智能家居、医疗等领域，自然语言处理技术将为人们带来更多的便利和效益。

总之，随着技术的不断进步和应用场景的不断拓展，自然语言处理技术将为人们的生产、生活带来越来越多的实际应用和商业价值。

4.3 机器视觉

根据统计，人类可以通过视觉获取83%的外部信息。人类的视觉主要依靠眼睛和大脑完成对物体的观察和理解。视觉是人类观察世界、认识世界的重要手段。随着信息技术的发展，人们不停地努力试图将人类的视觉能力赋予计算机、机器人或各种智能设备。因为人工智能需要像人一样思考和行动，所以开发人工智能首先需要帮助机器"理解世界"。

机器视觉

随着计算机视觉技术的快速发展和应用的广泛推广，机器人需要像人类一样感知和判断周围环境，因此机器视觉市场正在迅速扩大。

4.3.1 机器视觉的定义

机器视觉是人工智能的一个分支。简单来说，机器视觉就是用机器代替人眼来做测量和判断。我们知道，人类的视觉是人类认识和理解世界最重要的途径，同时人类的视觉涉及大量信息。对于机器来说，拥有与人类一样的视觉来获取信息是十分困难的。

什么是机器视觉？机器视觉是一项专注于开发计算机视觉的技术，该技术可以使用硬件捕获图像以控制相对应的行为。它很容易被理解为一个机器的视觉系统，可以为执行计算机视觉功能提供传感器模型、系统结构和实现工具。从某种意义上说，机器图像处理系统是一种自动捕捉目标物体的一个或多个图像，对捕捉图像的各种特征进行处理、分析和测量，并可基于测量结果进行定量解释的机器，从而对目标有一些理解并做出适当的决定。

机器视觉基于计算机对环境的感知，具有类似于大脑的图像处理和识别功能，以及进行图像处理后评估和采取适当行动的功能。因此，机器视觉可以被认为是一个系统，它发出与特定的环境感知相对应的判断和行动。

▶▶▶ 4.3.2 机器视觉的原理

机器视觉的原理类似于人类的视觉系统，人们通过眼睛观察目标，然后在大脑中进行处理并做出相应的判断，最后发出指令，让身体采取适当的行动。在工业中，镜头、相机和图像采集器是眼睛的代名词，图像处理系统是大脑和控制机制的代名词，执行器是手和脚等的代名词。机器视觉系统具体的工作过程是图像采集、图像传输和图像处理，并且根据图像处理结果选择决策。

机器图像处理的一项重要技术是图像处理技术。图像处理的重点是进行图像分割、图像识别、图像恢复等。第一个是图像分割，图像表示为只有长度和宽度的二维图像，而目标图像通常与其他图像重叠，为了识别目标图像，计算机必须单独对其进行分割，因此，计算机必须分析和提取目标区域的颜色、形状、大小、位置等属性。第二个是图像识别，其要求计算机在识别图像的期间，要准确地识别整个图像中的所有对象，包括背景。第三个是图像恢复，其主要是考虑到图像的丢失和损坏，或者在原始记录过程中相机效果不理想，导致图像质量差，甚至可能无法识别，此时使用图像恢复可以自动恢复图像，改变图像颜色，提高图像分辨率。

▶▶▶ 4.3.3 机器视觉的发展历史

机器视觉的研究是从 20 世纪 60 年代中期，美国学者劳伦斯·罗伯茨（Lawrence Roberts）关于计算机程序从图像中提取多面体组成开始的。这一研究对物体形状及物体的空间关系进行描述，后来一直在机器视觉中应用。1977 年，大卫·马尔（David Marr）提出了不同的计算机视觉理论——马尔视觉理论，该理论在 20 世纪 80 年代成为机器视觉研究领域中的一个十分重要的理论框架。从 20 世纪 80 年代开始，掀起了全球性的机器视觉研究热潮，不仅出现了基于感知特征群的物体识别理论框架、主动视觉理论框架、视觉集成理论框架等概念，还产生了很多新的研究方法和理论。此外，无论是对一般的二维图像还是对三维图像进行处理的模型及算法都有了很大的发展。

机器视觉正式发展的初级阶段为 1990—1997 年，该阶段是实际市场测绘系统销量最低的一个阶段。此时国际主要机器视觉厂商尚未进入我国市场。1990 年以前，研究图像处理和模式识别的大学和研究所还很少。在 20 世纪 90 年代初，已有一些研究所的工程师成立了自己的第一代图像处理产品设计公司，让人们进行基本的图像处理和分析。这些公司已经成功解决了多媒体处理、印花布面识别、车牌识别等与未来技术相关的几个实际问题，但软硬件功能和产品本身的可靠性还不足。工业应用受到限制的重要因素是市场需求低。很多行业的工程师没有机械设备的概念，很多企业也没有认识到质量管理的重要性。

第二个阶段是从 1998 年到 2002 年，这一阶段被称为视觉概念的引入阶段。自 1998 年以来，电子和半导体工厂一直位于广东和上海。此时，我国引进了完整的机器视觉生产线和一系列先进设备。随着这种趋势的发展，一些厂家开始希望开发自己的视觉检测设备，这是真正的市场对机器视觉产生需求的开始。此时，设备制造商需要更多的技术开发支持和产品选择指南。一些自动化企业（国际机器设备供应商、分销商和系统集成公司）抓住这个机会，选择了不同的发展路径。这些企业从美国和日本进口尖端和成熟的产品，为用户提供专业的教育咨询服务，有时还与业务合作伙伴开发全系列的视觉检测设备。

第三个阶段是从 2003 年开始，这一阶段被称为机器视觉的发展期。这一时期，各个行业越来越多的客户开始寻求视觉检测方案。2005 年，由纳夫尼特·达拉勒（Navneet Dala）和比尔·特里格斯（Bill Triggs）提出的方向梯度直方图（Histogram of Oriented Gradient，HOG）被应用到行人检测上，这是目前计算机视觉、模式识别领域很常用的一种描述图像局部纹理的特征方法。由于机器视觉可以解决精确的测量问题，进而更好地提高产品质量，因此越来越多的本土企业开始将机器视觉引入自己的业务中，其中有的是普通工控产品的代理，有的是自动化系统集成商，还有的是新兴的视觉公司。虽然在当时绝大多数企业没有收获足够的回报，但其一致认为机器视觉市场潜力巨大，而缺乏高级视觉工程师和项目经验是机器视觉研究面临的主要问题。国内外"巨头"纷纷布局计算机视觉领域，开设机器视觉研究实验室，并且以机器视觉新系统和技术赋能原有的业务，开拓"战场"。

》》》4.3.4　机器视觉的前景

回顾机器视觉的发展历史，可以得出结论：机器视觉技术水平将在未来几年内显著提高。

（1）模块化结构：机器视觉系统在通用性上形成端口连接和各种机械部件的集成，更有利于系统集成，实现的功能越来越多，操作简单，可靠性高。

（2）产品小型化：随着电荷耦合器件（Charge Coupled Device，CCD）相机和传感器的增多，产品小型化可以减轻成像产品的重量和减小产品的体积，便于携带，使其适应狭窄的检测空间，扩大使用场合，节约生产成本，便宜又实用。

（3）前端处理：面对数据量的不断增加，通过图像识别和人脸识别提升感知技术，进入应用市场，尤其是在交通、医疗、工业、农业、金融和贸易等领域，带动一系列新业态、新模式、新产品的开创性发展，也带来深刻的产业变革。

如今，我国智能装备制造业结构变革和技术进步，市场存在巨大差距，这一现状使得机器视觉行业极为受益。"十三五"期间，我国进一步调整产业结构，提升制造业创新和制造智能化水平，着力从事业向创新驱动转变。产业结构的变化和升级，以及制造智能化的提升，带动机器视觉产业的发展。

下游应用的快速增长正在推动市场的增长。目前，机器视觉在我们日常生活的诸多方面已经被广泛使用。

（1）社会安全领域。机器视觉技术可应用于边境管控、公安安防、校园安全等领域，也可应用于商业领域，如门禁、支付等。其中，人脸识别技术可以准确、快速地识别人脸信息，实现自动化、高效化的管理。

（2）自动驾驶领域。自动驾驶技术是将机器视觉、传感器技术与人工智能技术相结合，实现车辆自动驾驶的一种新兴技术。自动驾驶技术可以提高行车安全性和减少交通事故，也可以提高驾驶的舒适度和便利度。

（3）工业机器人领域。工业机器人是一种能够代替人类完成一系列生产制造任务的机器人，机器视觉技术被广泛应用于机器人的视觉感知、工件定位、视觉引导等方面。工业机器人可以提高生产效率、保证产品质量，还可以减少人力成本和安全隐患。

（4）智能家居领域。智能家居是一种通过互联网和智能终端设备，实现家居设备自动化控制的系统。机器视觉技术可以应用于智能门锁、智能灯具、智能电器等方面，使得家居设备更加智能化、人性化。

（5）医疗领域。机器视觉技术在医疗领域也有广泛应用，如医学影像诊断、手术导航、智能辅助诊断等方面。机器视觉技术可以提高医疗诊断的效率和准确性，也可以降低医疗成本，改善医疗资源的分配。

总之，机器视觉技术在日常生活中的应用越来越广泛，可为人们带来更加智能化、高效化、便利化的生活体验。随着机器视觉技术的进步，机器视觉产品的应用场景越来越广泛，从而进一步推动机器视觉行业的整体发展。

4.4　语音识别

语音识别技术对人类很重要。在人与人的交流以及传播知识过程中，大约 70% 的信息来自语音。与机器进行语音交流，让机器明白自己在说什么，这是人们长期以来梦寐以求的事情。语音识别技术作为人工智能的主要研究方向和人机语音通信的关键技术，一直受到各国科学界的广泛关注。语音识别技术主要包括特征提取技术、模式匹配准则及模型训练技术 3 个方面。未来，语音识别将必然成为智能生活里重要的一部分，它可以为个人语音助手、语音输入、智能音箱等应用场景提供相关必不可少的技术基础，而且还会成为未来一种新的人机交互方式。

语音识别

▶▶▶ 4.4.1　语音识别的定义

语音识别也被称为自动语音识别（Automatic Speech Recognition，ASR）、计算机语音识别（Computer Speech Recognition）、语音转文本识别（Speech To Text，STT）。简单地说，语音识别是以语音为研究对象，目标是实现一种将人类语音处理为书面格式的功能。语音识别是一项融合多学科知识的前沿技术，与数学、统计学、语音学、语言学、模式识别理论学以及神经生物学等学科都有非常密切的关系。

语音识别技术的应用包括语音拨号、语音导航、室内设备控制、语音文档检索、简单的听写数据录入等。实现这些技术的语音识别系统由语音输入、特征提取、特征向量、解码器和单词输出等模块组成。

▶▶▶ 4.4.2　语音识别的原理

图 4-1 所示为语音识别系统的典型模型。语音识别系统主要由 4 个部分组成：信号处理与特征提取、声学模型（AM）、语言模型（LM）和解码搜索。

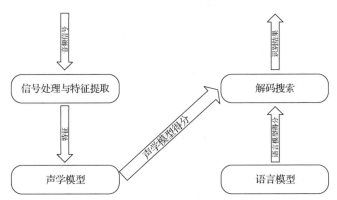

图 4-1　语音识别系统的典型模型

信号处理与特征提取和声学模型可以看作前端，音频信号被传入后，进行信号处理与特征提取，通过消除噪声、预滤波、采样和量化、加窗、端点检测、预加重等对语音进行增强，将信号从时域转换到频域，并为后面的声学模型提取合适的、有代表性的特征向量。声学模型将声学和发音学的知识进行整合，以特征提取部分生成的特征为输入，并为可变长特征序列生成声学模型得分，每个词条得到一个模型，并保存为模型库。简单来说，声学模型就是识别这些数值，给出识别结果。语言模型估计结果又叫语言模型得分，语言模型通过训练语料（通常是文本形式）学习词之间的相互关系来估计、假设词序列的可能性，可以在很多先验知识的帮助下，提高识别的准确率。解码搜索对给定的特征向量序列和若干假设词序列计算声学模型得分和语言模型得分，将总体输出得分最高的词序列当作识别结果。

▶▶▶ 4.4.3　语音识别的发展历史

早在计算机发明之前，自动语音识别的设想就已经提上了议事日程。早期的声码器可被视作语音识别及合成的雏形。最早的基于电子计算机的语音识别系统是由 AT&T 贝尔实验室开发的 Audrey 语音识别系统，该系统通过使用模拟的电子器件，实现了针对特定说话人说的英文数字孤立词进行语音识别的功能。

我国的语音识别研究从 20 世纪 80 年代左右开始，经历了以下几个阶段。

20 世纪 80 年代，我国开始在语音识别领域进行研究和探索。当时，中国科学院自动化研究所研制出了基于谱分析的汉语语音识别系统，为今后的语音识别技术发展奠定了基础。

20 世纪 90 年代，我国在语音识别领域的研究开始进入实用化阶段。当时，中国科学院声学研究所研制出了基于隐马尔可夫模型（HMM）的语音识别系统，并在实际应用中取得了一定的成果。此外，我国的一些大型企业和高校也开始研究和应用语音识别技术。

21 世纪初，我国在语音识别领域的研究和应用开始迎来爆发式增长。随着大数据和深度学习技术的发展，我国的语音识别技术得到了快速提升。2008 年，百度公司成立了语音识别团队，并推出了百度语音搜索和百度语音输入法等应用。此外，科大讯飞、腾讯等公司也开始大力投入语音识别技术的研究和应用。

2010 年后，我国在语音识别领域取得了一系列重要的成果。2012 年，科大讯飞的语音识别技术在国际语音识别比赛中获得冠军，显示了我国语音识别技术的强大实力。此外，我国在声纹识别、情感识别等方面也有了一定的研究和应用进展。

当前，随着人工智能的全面普及和深度学习技术的不断推进，我国的语音识别技术在应用场景和技术水平上都有了更广阔的发展前景。未来，语音识别技术将广泛应用于智能家居、智能客服、智能驾驶等领域，并有望进一步推动我国人工智能产业的发展。

▶▶▶ 4.4.4　语音识别的前景

语音识别技术在实际应用中已经有了许多进展，并逐渐落地到生活的各个领域。下面列举一些语音识别技术的实际应用和前景。

（1）语音助手：语音助手已经成为日常生活的一部分，如小爱同学、天猫精灵等能够通过语音识别与人进行交互，帮助人们完成各种任务。

（2）语音翻译：随着全球化的发展，越来越多的人需要进行跨语言交流，语音翻译技术能够将说话者的语音实时翻译成目标语言，极大地方便了人们的交流。

（3）智能语音客服：智能语音客服已经成为各个行业的标配，如银行、保险、电商等能够通过语音识别技术实现语音自助服务，提高服务效率和用户体验。

（4）语音识别在交通领域的应用：语音识别技术也被应用于交通领域，如交通导航、智能语音控制等能够为人们提供更加便捷的交通出行服务。

（5）字幕生成：字幕生成技术可以自动将视频或音频内容转换为文字，大大减少手动制作字幕的工作量，提高字幕制作的效率，同时也可以为听障人士提供更加便利的观看体验。

未来，随着语音识别技术的不断发展和普及，将会有更多的应用场景涌现。例如，基于语音识别技术的智能家居、智能车载系统、智能教育等，都有着广阔的市场前景。

语音识别主要向远距离、融合方向发展，但目前语音识别系统难以消除各种环境等因素的影响。在日常生活中，人类语音的随机性和不确定性给语音识别系统带来了很大的困难，这种情况下就迫切需要人类语音分离技术。为了用新技术彻底解决这些问题，各项研究使机器听觉远远超出了人类的感知。这不仅代表着算法的优化，而且代表着整个产业链的技术进步，包括发明出先进的传感器和计算能力更强大的芯片。

在当前的语音识别系统中，声学模型和语言模型的数量都非常有限。为了减少语音识别系统的词汇量约束，有必要改进系统建模方法，提高搜索算法的效率，实现无限词汇量和多语言混合。

语音识别系统使通信更加自由，使人们能够轻松地享受更多的社会信息资源和现代服务。这一愿景也必将成为语音识别技术研究和应用的一个重要发展趋势。

21世纪，随着信息和网络的飞速发展，信息和网络时代已经到来。随着互联网和移动网络的连接和普及，人们之间的"距离"越来越近，信息资源的传播速度也在加快，人机交互变得尤其重要。语音识别技术的研究和应用使人们能够随时随地通过语音交互处理几乎任何事情。因此，将语音识别技术可靠、廉价地应用于商业和日常生活是语音识别技术的发展方向和趋势。

4.5　本章小结

本章是关于人工智能技术的概述，分为4个部分，包括人工智能技术的概念、自然语言处理、机器视觉和语音识别。其中第2～4个部分都分别介绍了该技术的定义、原理、发展历史以及前景。通过对本章的学习，读者可以初步了解人工智能技术的相关概念、主要技术和发展历程，以及该领域的研究热点和未来发展趋势。

4.6　习题

（1）人工智能技术有哪些特点？
（2）自然语言可以分成哪两个部分？它们之间的关系是什么？
（3）简述什么是机器视觉。
（4）简述什么是语音识别。
（5）思考还有哪些人工智能技术。

第5章
机器学习

本章学习目标：
（1）从定义、发展历史中了解什么是机器学习；
（2）掌握机器学习的分类与关键术语；
（3）了解几种基本的机器学习算法。

5.1 机器学习概述

人类如何思考？人脑如何运作？智能的基本含义是什么？这些都是几千年来世界各地哲学家和科学家在探索和研究的问题。根据早期专家的说法，逻辑曾被认为是人类的一种独特品质。一方面，许多早期的人工智能研究人员试图使人工智能程序的计算机设置遵循逻辑规律，并对其进行各种操作、归纳或推理。另一方面，研究人员随后发现，人类的进化、思考的过程实际上仅涵盖少量逻辑基础，更多的是直觉和下意识的"操作经验"。基于知识库和逻辑规则的人工智能系统只能解决一个小领域的问题，很难应用到更广泛的领域和日常生活中。

机器学习概述

人类的智力是基于人通过与现有智力的相似性推断未知挑战的能力。机器学习是一种基于大量样本数据的计算机程序，可以教计算机从已知数据中创建适当的模型，然后使用该模型在新场景中做出决策，目的是对未来输入的内容提供准确的反馈。训练程序的目标是通过适当的试错来调整参数，从而降低错误率。当错误率低到足以满足预期时，就可以应用它到实际场景中了。

20 世纪 80 年代和 20 世纪 90 年代的神经网络研究催生了深度学习，2006 年深度学习的突破是机器学习的一个重大成功。深度学习模型基于人脑的视觉皮层和人们的学习方式，同时以系统的方式简化它们的功能。深度学习模型是否正确地复制了人脑的工作方式仍有争议，但这项技术突破首次使机器能够在语音和图像识别方面具有与人类同等甚至超过人类的感知水平。

机器学习的兴起是由以下 3 个基本因素共同推动的。
① 深度学习算法的不断突破。
② 海量数据的不断扩展。
③ 机器学习计算加速。

▶▶▶ 5.1.1 机器学习的定义

机器学习通常可以定义为人工智能的一个分支。它利用计算机算法和统计模型，让计算机能够从数据中学习，而不是依靠程序员手动编码。以下是机器学习的几种常见定义。

（1）机器学习是人工智能的一门学科，主要研究对象是人工智能，特别是如何在经验学习中改善具体算法的性能。

（2）机器学习是对能通过经验自动改进的计算机算法的研究。

（3）机器学习是用数据或以往的经验优化计算机程序的性能标准。

（4）一种经常引用的英文定义是：A computer program is said to learn from experience E with respect to some class of tasks T and performance measure P, if its performance at tasks in T, as measured by P, improves with experience E.

▶▶▶ 5.1.2 机器学习的发展历史

1949 年，唐纳德·赫布（Donald Hebb）利用神经心理学学习原理开创了机器学习，提出了赫布学习规则。赫布学习规则是一种无监督情况下的学习规则。根据该学习规则，网络能够提取训练集的统计特性，并根据相似程度将输入数据分成许多组。人类对世界的观察和理解与这一点极为一致。在很大程度上，人类对世界的观察和理解是根据事物的统计特性来实现的。

机器学习的发展是一条漫长而曲折的道路。在某种程度上，机器学习为人工智能研究不可避免的一部分。人工智能研究从 20 世纪 50 年代到 20 世纪 70 年代初经历了一个"推断期"。当时人们认为，如果计算机具有逻辑思维能力，就可以被称为智能计算机。

随着研究的深入，人们迅速意识到人工智能远不是仅通过逻辑思维能力来发展的。要创造一台智能机器，必须先弄清楚如何给它知识。20 世纪 70 年代中期以来，由于相关研究人员的努力，人工智能研究进入了"知识阶段"。在此期间，研究人员开发了大量专家系统，并在各个领域取得了重大成功。然而，人们逐渐发现，专家系统面临一个"知识工程瓶颈"。简单地说，即总结知识并将其传授给计算机对人们来说是极其困难的。

图灵在 1950 年设计了图灵测试来测试机器是否智能。根据图灵测试，如果计算机能够与人通信而不被识别，那么它就是智能的。图灵之所以能够证明"思维机器"是可行的，就是因为这种简化。

IBM 公司的科学家阿瑟·塞缪尔（Arthur Samuel）在 1952 年创建了一个跳棋程序。该程序可以观察当前的位置，并学习一个隐式模型，这样将有助于它更好地指导未来的行动。阿瑟·塞缪尔发现，随着游戏程序运行时间的增加，该程序能够提供越来越好的后续指导。通过这种方法，阿瑟·塞缪尔驳斥了约翰·冯·诺依曼（John von Neumann）的理论，即机器不能像人类那样编码或学习。阿瑟·塞缪尔提出了"机器学习"一词，并将其定义为"一个不需要显式编程就能提供计算机能力的研究领域"。

弗兰克·罗森布拉特在 1957 年提出了基于神经传感科学的模型，该模型与当今的机器学习算法非常接近。这在当时是一个巨大的突破，比唐纳德·赫布的建议实际得多。弗兰克·罗森布拉特基于这一想法创建了第一个计算机神经网络——感知机，用来模拟人脑的功能。3 年后，亚历山德罗·维达尔（Alessandro Vidal）在感知机训练步骤中首次采用了增量学习规则。

马文·李·明斯基（Marvin Lee Minsky）在 1969 年将感知机推向了顶峰，他提出了著名的异或问题和感知机数据的线性不可分离性。明斯基还将人工智能与机器人技术相结合，创造了机器人 C——这是世界上第一个能够模拟人类行为的机器人，从而将机器人技术推向了新的高度。

从 20 世纪 60 年代中期到 20 世纪 70 年代末，机器学习的发展速度急剧放缓。尽管帕特里克·温斯顿（Patrick Winston）的结构学习系统和海斯·罗斯（Hays Roth）的基于逻辑的归纳学习系统在此期间取得了重大进展，但他们只能吸纳一个概念并将其付诸实践。此外，由于理论计算结果未能达到预期效果，神经网络学习器的进展陷入低谷。这一时期的研究目标是通过使用逻辑或图形结构作为机器的内部描述来模仿人类的想法、学习过程。机器可以学习使用符号来描述概念，并对所学内容进行各种假设。

20 世纪 70 年代末，人们开始从学习单一的概念转向学习众多的概念，尝试其他学习策略和方法。1980 年，首届机器学习国际研讨会在 CMU 举行，预示着机器学习研究的全球化。从那时起，机器归纳学习就被用于各种应用中。

保罗·韦伯斯（Paul Werbos）在 1981 年提出了神经网络误差逆传播（Back Propogation，BP）技术中的多层感知机（Multi-Layer Perceptron，MLP）。当然，BP 算法在今天的神经网络拓扑中仍然很重要。由于这些新概念的提出，神经网络的研究得以再次加速。

1983 年，Tioga 出版社出版了沙尔德·米哈尔斯基（Ryszard Michalski）、海梅·吉列尔莫·卡尔博内尔（Jaime Guillermo Carbonell）和汤姆·米切尔（Tom Mitchell）主编的《机器学习：一种人工智能途径》，对当时的机器学习研究工作进行了总结。1986 年第一种人工智能领域的权威期刊 *Artificial Intelligence* 创刊。同年，昆兰在 1986 年提出了一个著名的 ML 算法，我们称之为决策树算法，或者更准确地说，即 ID3 算法。这是主流机器学习的又一缕希望。1989 年，期刊 *Artificial Intelligence* 推出机器学习专辑，刊登了当时一些比较活跃的机器学习研究工作进展情况。

总的来看，20 世纪 80 年代是机器学习成为一个独立的学科领域、各种机器学习技术百花初绽的时期。

20 世纪 80 年代以来，"示例学习"（广义上的归纳学习），包括有监督和无监督学习，一直是研究最多、使用最广泛的学习方法。下面了解相关主流技术的演变。

符号学习包括决策树和基于逻辑的学习，20 世纪 80 年代以来一直是"示例学习"的重要组成部分。标准的决策树学习算法基于信息论，目的是在模拟人类想法与判断的树状过程中最小化信息。归纳逻辑编程（Inductive Logic Programming，ILP）是机器学习与逻辑编程的交叉技术，是基于逻辑学习的一个著名示例。它用一阶逻辑（即谓词逻辑）表示知识，并通过改变和扩展逻辑短语（如 Prolog 表达式）来完成数据归纳。

符号学习的主流地位与整个人工智能的发展密不可分。如前所述，在 20 世纪 50 年代和 20 世纪 80 年代，人工智能经历了"推断期"和"知识阶段"。在"推断期"，人们通过演绎推理技术在符号知识表示上取得了巨大成就；在"知识阶段"，人们通过获取和使用领域知识来构建专家系统，在符号知识表示上取得了许多成就。因此，在学习阶段开始时，符号知识表示自然备受青睐。

实际上，在 20 世纪 80 年代，机器学习被誉为"解决知识工程瓶颈问题的关键"。决策树学习系统由于简单、易用，至今仍是最常用的学习系统。机器学习是其中一种技术。ILP 具有很强的知识表示能力，可以轻松地表示复杂的数据关系，领域知识通常使用逻辑表达式表示。ILP 不仅可以帮助学习，还可以通过学习来提炼和增加领域知识。由于它具有过于强大的表现能力，因此太多的假设在学习过程中表现得复杂性极高。如果难度稍大一些，则成功地完成学习就困难了。20 世纪 90 年代中后期以来，该领域的研究一直处于低潮期。

基于神经网络的连接主义学习是 20 世纪 90 年代中期之前的另一种流行"示例学习"技术。当时，连接主义学习的研究没有被纳入人工智能研究的主流行列，因为人工智能研究人员对符号学习表示有强烈的偏好。同时，连接主义学习的研究也面临重大挑战。

1990 年，罗伯特·舍皮尔（Robert Schapire）通过构建多项式级算法并证明其正确性，创建了最初的 Boosting 算法。一年后，约舍·弗洛伊德（Yoav Freund）提出了一种更有效的 Boosting 算法。然而，这两种算法都有一个缺陷，即它们都需要事先知道弱学习算法学习正确率的下限。约舍·弗洛伊德和罗伯特·舍皮尔在 1995 年创建了 AdaBoost（自适应 Boosting）算法，该算法改进了 Boosting 算法。该算法的效率几乎与 1991 年约舍·弗洛伊德的 Boosting 算法相同，但它不需要任何关于弱学习的先验知识，实施起来也就容易多了。

统计学习在 20 世纪 90 年代中期首次亮相，并很快崛起。支持向量机（Support Vector Machine，SVM）和更广泛的"核技术"（核方法）是统计学习的代表性技术。统计学习理论建立于 20 世纪 60 年代和 20 世纪 70 年代，但统计学习直到 20 世纪 90 年代中期才成为机器学习研究的主流。一方面，有效的支持向量机技术的改进性能直到 20 世纪 90 年代中期才被应用到文本分类中，因为它是在 20 世纪 90 年代初才被提出的。另一方面，连接主义学习技术的局限性凸显之后，人们就把注意力转移到了统计学习理论直接支持的统计学习技术上。事实上，统计学习和连接主义学习是密切相关的。支持向量机被广泛采用以来，核技术已经应用于机器学习的几乎每个角落，其也逐渐成为机器学习的重要内容之一。

令人惊讶的是，连接主义学习在 21 世纪初重新出现，引发了一股被称为深度学习的热潮。它是机器学习增长过程的两个组成部分之一，另一个是浅层学习。从严格意义上讲，"深度学习"指的是多层的神经网络。深度学习技术在许多测试和竞赛中表现出色，尤其是在涉及语音和图像等复杂项目的应用中。

过去，人们期望深度学习技术在用户期望较高的应用中表现良好。但深度学习技术中的模型复杂度非常高，如果努力并有效地调整参数，那么性能通常是好的。因此，虽然深度学习缺乏坚实的理论基础，但它大大降低了机器学习用户的进入成本，使机器学习技术在工程实践中更加有用。

那么，为什么深度学习现在才被越来越多的人所熟知？这主要有两个原因：数据量和计算机能力。当数据样本很小时，很容易"过度拟合"。如此复杂的模型和庞大的数据集，如果缺乏强大的计算设备，就不可能解决这个问题。因为人类已经进入了大数据时代，数据储备和计算机设备都有了显著的改进，使得连接主义学习技术再次大放异彩。

深度学习目前的状态与神经网络发展初期的状态极其相似。神经网络在 20 世纪 80 年代中期开始流行，大约与英特尔 x86 系列 CPU 和内存技术同步。由于英特尔 x86 系列 CPU 和内存技术的广泛使用，神经网络的计算能力和数据访问效率大大提升。

人工智能的出现对人类的生产和生活方式产生了重大影响，并引发了激烈的哲学角度讨论。人工智能的发展与其他一般事物的发展并无不同，它也可以从哲学的角度来被审视。机器学习的发展并非没有挫折，它也经历了一个曲折上升的过程，成功与挫折并存。其间，大量研究人员的成就造就了人工智能今天的非凡成功。这是一个从量变到质变的过程，受到内部和外部影响。

▶▶▶ 5.1.3　机器学习算法分类

机器学习算法根据训练方法大致可以分为 3 类：监督学习、无监督学习和强化学习。

监督学习通过学习或建立模式（函数/学习模型），从标记的训练集中推断新的事件。训练集是训练样本的集合，每个样本都有一个输入变量（自变量 X）和一个预期输出（因变量）。函数的输出可以是连续值（称为回归分析）或分类标签预测（称为分类）。

无监督学习用于发现数据中的模式。无监督学习算法使用未标记的输入数据，这意味着数据只提供输入变量（自变量 X），而不提供匹配的输出变量（因变量）。在无监督学习中，算法会自己在数据中发现有趣的模式。

训练集的标签区分了有监督学习和无监督学习。它们都有输入和输出，以及训练集。与监督学习不同，无监督学习在训练集中没有人类标记的结果。生成对抗网络（GAN）和聚类是两种常见的无监督学习策略。

强化学习通过与环境交互来学习如何做出决策，以最大化预期的回报。在训练过程中，算法会根据其行动获得的奖励或惩罚来调整其策略，以便在未来做出更好的决策。强化学习通常用于游戏、机器人控制等领域。

5.2 机器学习基本概念

数学模型通常可以解释任何问题，比如 $y = f(x)$。

$P(y|x)$ 常用于统计学习方法。为了帮助读者理解，我们可能要不严谨地把 P 视为一个特殊的 $f(x)$。随着问题变得越来越复杂，科学研究人员开始从不同的角度来思考这些问题，希望通过分析各种数据即一些样本(x,y)或仅仅知道 x 来得到所需的结论，并希望分析这些样本以得到对象的模型 $f0$，然后再次得到一个 x 时，可以得到想要的 y。

所以在执行机器学习任务之前，首先要了解机器学习任务中的关键术语。

▶▶▶ 5.2.1 样本数据、数据集和特征

当我们拥有一些样本(x,y)时，(x,y)就是样本数据，其中 x 叫作输入数据（Input Data），y 叫作输出数据（Output Data）。

输出数据 y 称为因变量。在机器学习中，它有一个更加专业的名字——标签（Label）或者目标（Target）。

输入数据与输出数据通常都是高维矩阵，例如

$$x = \left(x_{\_1}, x_{\_2}, x_{\_3}, \cdots, x_{\_i} \right)$$
$$x_{\_i} = \left(x_{\_i^1}, x_{\_i^2}, x_{\_i^3}, \cdots, x_{\_i^n} \right)$$

其中 $x_{\_i}$ 表示第 i 个输入样本，$x_{\_i^n}$ 表示 $x_{\_i}$ 的第 n 个元素的值。

标签 y 因需求不同有各种形式，以最简单的 n 分类问题为例，y_i 就是一个 n 维的 One-Hot，其中一个值为 1，其余的元素都为 0，第几个元素为 1 就表明属于第几个类别。

如集合 $D = \{(x_1,y_1),(x_2,y_2),(x_3,y_3),\cdots,(x_i,y_i)\}$ 称为一个"数据集"（Data Set），其中每条记录是关于一个事件或对象的描述，称为一个"示例"（Instance）或"样本"（Sample）；反映事件或对象在某方面的表现或性质的事项，称为"特征"（Feature）。

从数据中学得模型的过程称为"学习"（Learning）或"训练"（Training），这个过程通过执行某个学习算法来完成。

对于一个学习模型而言，给定包含 m 个样本的数据集，在模型评估与选择过程中由于需要留出一部分数据进行评估、测试，事实上只使用一部分数据训练模型。因此，在模型选择完成后，学习算法和参数配置已选定，此时应该用数据集 D 重新训练模型，这个模型在训练过程中使用了所有的 m 个样本，这才是最终提交给用户的模型。

另外，需注意的是，我们通常把学得的模型在实际应用中使用的数据称为测试数据（Test Data）；为了加以区分，将模型评估与选择过程中用于评估、测试的数据集称为"验证集"（Validation Set）。例如，在研究、对比不同算法的泛化性能时，我们用测试集上的判别效果

来估计模型在实际使用时的泛化能力，把训练数据划分为训练集（Training Set）和验证集，基于验证集上的性能来进行模型选择和调参。

训练集：顾名思义，训练集用于训练学习模型，通常其数据量比例不低于总数据量的一半。

验证集：验证集用于衡量训练过程中模型的好坏。因为机器学习算法大部分都不是通过解析法得到的，而是通过不断迭代来慢慢优化模型，所以验证集可以用来监视模型训练时的性能变化。

测试数据：在模型训练好了之后，测试数据用于衡量最终模型的性能。该验证指标只能用于监视和辅助模型训练，不能用来代表模型好坏，所以哪怕验证的准确度是100%，而测试的准确度是10%，模型也是不能被认可的。

▶▶▶ 5.2.2　分类、回归与聚类

3种常用的机器学习方法包括分类、回归和聚类。它们分别适用于不同的场景，如预测连续数据、分类不同的数据点和对相似的数据进行聚类。这些方法都是通过学习数据集中的规律来进行预测和决策的，可以帮助我们更好地理解和利用数据。在现实生活中，这些方法已经被广泛应用于各种领域，如市场营销、金融风控等。因此，掌握这些方法对于从事数据分析和决策的人员来说，尤为重要。

1. 分类与回归

分类是一种监督学习策略，旨在根据之前的观察结果预测新样本的分类标签。这些分类标签是离散的、无序的值，代表样本组成员之间的关系。所以说，如果机器学习模型的输出是离散值，我们称其为分类模型。

常见的分类算法有以下几种。

（1）决策树：基于对数据集的分割来构建一个树状结构，每个内部节点表示对某个属性的判断，每个叶节点表示一个类别。

（2）朴素贝叶斯：基于贝叶斯定理，假设属性之间相互独立，利用先验（Prior）概率和条件概率进行分类。

（3）支持向量机：通过寻找超平面将数据集分割成两个类别，并最大化边界，可以实现非线性分类。

（4）K近邻算法（K-Nearest Neighbors，KNN）：通过计算待分类样本与训练样本之间的距离，取距离最近的k个样本的类别进行投票决定待分类样本的类别。

（5）逻辑回归（Logistic Regression）：通过对数据进行拟合，得到一个线性回归方程，并通过Sigmoid函数将结果映射到[0,1]，用于解决二分类问题。

（6）神经网络：通过多层神经元（Neuron）的组合，实现对非线性数据的分类。常用的神经网络模型包括MLP、卷积神经网络（Convolutional Neural Network，CNN）和循环神经网络（Recurrent Neural Network，RNN）等。

相反，如果机器学习模型的输出是连续的值，称为回归模型。

常见的回归算法有以下几种。

（1）线性回归：线性回归是最基本的回归算法之一。它假设输入变量与输出变量之间存在线性关系，并且使用最小二乘法（Least Square Method）来拟合一个线性模型（Linear Model）。它的优点是简单易懂，容易实现，并且在某些情况下可以提供良好的结果。

（2）支持向量回归：支持向量回归是一种基于支持向量机的回归算法。它通过寻找一个超

平面来拟合数据，使得所有数据点到超平面的距离最小化。与线性回归不同，支持向量回归可以使用核函数来处理非线性问题。

（3）决策树回归：决策树回归是一种基于决策树的回归算法。它将数据集分成多个子集，每个子集对应决策树上的一个节点。通过对每个节点进行拟合，最终得到一个回归模型。它的优点是易于理解和解释，可以处理非线性关系，并且不需要对数据进行任何假设。

（4）随机森林（Random Forest）回归：随机森林回归是一种基于随机森林的回归算法。它通过随机选择数据集的子集和特征集，构建多个决策树，并对这些决策树进行平均或投票来预测结果。与决策树回归不同，随机森林回归可以处理高维数据，并且具有更好的泛化性能。

（5）神经网络回归：神经网络回归是一种基于神经网络的回归算法。它通过多个神经元和层来模拟复杂的非线性关系，并使用 BP 算法来训练模型。它的优点是可以处理非线性问题，并且在大规模数据集上具有较好的性能。

2. 聚类

聚类是一种常见的无监督学习策略，用于根据项目的特征将数据分类。聚类是将一组对象分组到类似对象的类中的过程。聚类方法用于在数据中发现隐藏的模式或分组，聚类算法构成的分组或类中的数据具有更高的相似度。欧几里得距离、概率距离和其他度量可用于定义聚类建模相似性度量。

常见的聚类算法有以下几种。

（1）K-means 聚类算法：该算法是最常见的聚类算法之一，将样本分为 K 个簇，每个簇的中心是该簇内所有样本的平均值。该算法的优化目标是最小化样本到簇中心的距离平方和。

（2）层次聚类算法：该算法是将样本逐步分解为一些小的簇，并且在每一步将相似的簇组合起来，形成较大的簇。该算法有两种形式：自下而上（凝聚）和自上而下（分裂）。

（3）密度聚类算法：这类算法将簇视为高密度区域，通过寻找高密度区域来确定聚类，而不是在样本之间划定边界。

（4）谱聚类算法：该算法通过对样本之间的相似度矩阵进行特征分解，得到一个低维度的特征空间，并在该空间中进行聚类。

（5）均值漂移聚类算法：该算法是一种基于密度的聚类算法，其主要思想是从一个样本点出发，通过不断向密度估计函数最高的方向移动来寻找局部密度最大的区域。

5.3 机器学习模型评估与性能度量

机器学习模型评估是指对训练好的机器学习模型进行性能测试和比较，以确定其预测准确性、泛化能力和健壮性等重要性能指标。通过评估模型，可以帮助我们了解模型在新数据上的表现，并提出改进模型的建议。

性能度量（Performance Measure）则是评估模型性能的具体指标。不同类型的机器学习任务需要使用不同的性能度量，例如分类问题可以使用精确度、召回率、F1 得分和 ROC（Receiver Operating Characteristic，受试者操作特性）曲线等度量指标，回归问题则可以使用均方误差、平均绝对误差和 R2 分数等指标来衡量模型性能。

常见的机器学习模型评估方法包括将数据集划分为训练集和测试集、交叉验证（Cross Validation）、混淆矩阵等。同时，还可以使用不同的评估指标对模型进行多方面的评估，以全面地了解模型的性能。

▶▶▶ 5.3.1　模型评估

下面利用实验来评估学习器的泛化错误，然后做出决定。为此，我们必须先利用测试集来评估学习器区分新样本的能力，然后使用测试误差作为泛化误差的粗略近似。通常，我们假设测试样本与样本的真实分布是独立同分布的。应该强调的是，测试集和训练集应该尽可能相互排斥。也就是说，测试样本不应该尽可能多地存在于训练集中，也不应该在训练过程中使用。

在实际项目中，我们往往只知道包含 m 个样本的数据集 D，$D = \{(x_1, y_1),(x_2, y_2),(x_3, y_3),\cdots,$ $(x_m, y_m)\}$ 既要用于训练，又要用于测试，所以可以通过对数据集 D 进行适当的处理，将其划分为训练集 S 和测试集 T。

1．留出法

留出（Hold-Out）法直接将数据集划分为两个互斥的集合，其中一个集合作为训练集 S，另一个作为测试集 T，即 $D = S \cup T$，$S \cap T = \varnothing$。在训练集 S 上训练出模型后，用测试集 T 来评估其测试误差，作为对泛化误差的估计。

应该强调的是，在划分训练集与测试集时，数据分布应尽可能保持一致，以尽量减少数据划分过程中引入的额外偏差对最终结果造成的任何影响。例如，在分类任务中，样本的类别比例应始终保持相似。从抽样的角度对数据集进行分区时，保持类别比例的抽样策略称为"分层抽样"。例如，通过对数据集 D 的分层抽样，可以获得包含 70%样本的训练集 S 和包含 30%样本的测试集 T。如果数据集 D 有 500 个正例样本和 500 个反例样本，则通过分层抽样获得的训练集 S 应该有 350 个正例样本和 350 个反例样本，测试集 T 中只有 150 个正例样本和 150 个反例样本；如果样本类别在训练集 S 和测试集 T 中的比例存在显著差异，则由于训练数据与测试数据分布存在差异，误差估计将发生偏差。

留出法的另一个问题是，训练集 S 和测试集 T 是从数据集 D 中随机选择的，使用一次留出法的估计结果往往不稳定且不可靠。为了减少偶然性因素，多次采用留出法计算每个测试的错误率，然后求每个测试的平均错误。在使用留出法时，通常的做法是将样本随机分割多次，重复实验以进行评估，然后将平均值作为放样方法的评估结果。例如，进行 100 次随机分组，每次生成一个用于实验评估的训练集与测试集，在 100 次分组之后，收集到 100 个结果，再求使用留出法产生 100 个结果的平均值。

此外，我们希望评估的是用数据集 D 训练出的模型的性能，但留出法需划分训练集与测试集，这样就会导致一个窘境：若令训练集 S 包含绝大多数样本，则训练出的模型可能更接近于用数据集 D 训练出的模型，但由于测试集 T 比较小，评估结果可能不够稳定、准确；若令测试集 T 多包含一些样本，则训练集 S 与数据集 D 的差别更大了，被评估的模型与用数据集 D 训练出的模型相比可能有较大差别，从而降低了评估结果的保真性（Fidelity）。这个问题没有完美的解决方案，常见做法是将 2/3～4/5 的样本用于训练，剩余样本用于测试。

2．交叉验证法

交叉验证法可能是估计预测误差最简单、使用最广泛的方法。我们如果有足够的数据，可以建立一个验证集，用它来评估预测模型有多好。但由于缺乏数据，这种策略通常不可行。为了巧妙地解决这个问题，交叉验证法使用一部分可用数据来拟合模型，然后使用另一部分数据进行测试，以便很好地处理这个问题。

交叉验证法将样本数据集分成两个互补的子集：一个子集用于训练分类器或模型，被称为训练集；另一个子集用于验证训练出的分类器或模型是否有效，被称为测试集。测试结果可作为分类器或模型的性能指标，我们的目的是得到高预测精确度和低预测误差。

交叉验证法的第一阶段是将数据集 D 划分为大小相似的 k 个相互排斥的子集，每个子集 D_i 保持数据分布尽可能一致，即通过分层抽样从数据集 D 中得出。第二阶段用 $k-1$ 个子集的并集作为训练集，其余子集用作第二阶段的测试集；通过这种方式，获得 k 组训练集与测试集，允许进行 k 次训练和测试，最后返回的是这 k 个测试结果的均值。我们就可以获得 k 个模型及其评估结果。

显然，K 值对交叉验证法评估结果的稳定性和保真度有重大影响。因此，交叉验证法通常又被称为"k 折交叉验证"。最常用的 K 值是 10，因此这个方法又被称为 10 折交叉验证。10 折交叉验证示意图如图 5-1 所示。

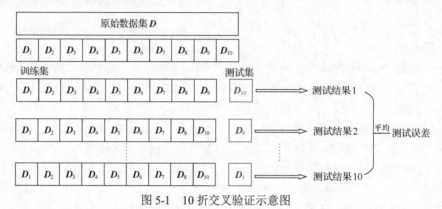

图 5-1　10 折交叉验证示意图

有几种划分方法可将数据集 D 划分为 k 个子集，类似于留出法。为了消除不同样本划分产生的差异，k 折交叉验证通常随机使用不同的划分方法重复 p 次，评估结果是 k 折交叉验证结果的 p 次平均值。

数据集 D 有 m 个样本，将数据集 D 划分为 m 个子集，即 $k=m$，此时得到了交叉验证法的一个特殊情况：留一法（Leave-One-Out，LOO）。当 k 等于样本量 m 时，该交叉验证可以被认为是 m 折交叉验证。这时表明每个数据点都经过了测试，剩下的 $m-1$ 个数据点代表测试集。在这种情况下，留一法不受随机样本划分方法的影响。因为只有一种方法可以将 m 个样本划分为 m 个子集，将留一法的训练集与原始数据集进行比较，训练集的样本只少了一个，所以实际使用留一法测试的模型与应该评估的模型非常相似。故留一法的评估结果通常被认为比较精确。然而，留一法也有一些缺点：当数据集较大时，训练 m 个模型的计算开销可能会很大。

3. 自助法

在统计学中，自助法（Bootstrap Method，也称 Bootstrap 或自助抽样法）是一种从给定训练集中有放回的均匀抽样方法。这意味着，无论何时选择样本，都可能再次选择该样本并将其添加到训练集中。Bootstrap 技术是一种评估统计准确性的技术。

通过学习留出法与交叉验证法，我们知道，希望评估用数据集 D 训练的模型，但实际评估模型时使用留出法和交叉验证法，因为保留了一部分数据用于测试，所以实际评估的模型所使用的训练集比数据集 D 小，造成训练样本大小的不同，会有一些估计偏差。训练样本大小的变化对留一法的影响较小，但计算成本太高。这时，我们就需要采用一种方法，这种方法可以在减小训练样本规模不同而造成影响的同时提高实验估计的效率。

基于自助采样的"自助法"是一个比较好的解决方案。我们对包含 m 个样本的数据集 D 进行采样，以创建一个训练集 D'。对数据集进行 m 次有放回的采样，将每次抽取的样本复制并放入训练集 D'。这种过程可以进行 m 次，以获得 m 个样本的训练集 D'，这是自助采样的结果。显然，这样原始数据集中的某些样本很可能在训练集中出现多次。没有进入该训练集的样本最终形成检验集（测试集）。

由此可知，每个样本被选中的概率是 $1/m$，未被选中的概率就是 $1-1/m$，这样一个样本在训练集中没有出现的概率就是 m 次都未被选中的概率。此时可以做一个简单的估计，样本在 m 次采样中始终不被采到的概率是 $\left(1-\dfrac{1}{m}\right)^{m}$，取极限得到

$$\lim_{m\to\infty}\left(1-\frac{1}{m}\right)^{m}\to\frac{1}{e}\approx 0.368$$

当 m 接近无穷大时，这个概率接近 $\dfrac{1}{e}\approx 0.368$，因此，留在训练集中的样本约占原始数据集中样本总数的 63.2%。也就是说，通过自助采样，原始数据集 D 中约有 36.8%的样本没有出现在采样数据集 D' 中。因此，我们可以使用 D' 作为训练集，使用 $D\backslash D'$ 作为测试集。通过这种方式，模型和期望评估模型的实际评估都使用了 m 个样本，仍然有大约 1/3 的总数据样本不在训练集中进行测试。这些测试结果被称为包外估计（Out-of-Bag Estimate）。

一方面，当数据集很小且划分训练集与测试集有问题时，自助法是有效的；此外，自助法可以用原始数据集生成许多替代训练集，这对集成学习（Ensemble Learning）等方法有利。另一方面，自助法改变了原始数据集的分布，引入了估计偏差。因此，当初始数据量足够时，通常会使用留出法和交叉验证法。

4. 调参与最终模型

在大多数学习方法中，学习模型的性能往往因参数组合的不同而显著不同。因此，在进行模型评估和选择时，还需要设置算法参数，这一操作被称为"参数调整"或"调参"（Parameter Tuning）。

调参指调整参数以获得更好的效果的过程，目的是获得更好的模型，修正误差并提高神经网络训练的准确性。许多场景会影响模型的理想设置。除了选择算法，还需要在评估和选择模型时设置参数。目前的标准做法是选择一个参数范围和变化步长，例如[0,0.2]以 0.05 为步长，这样便有 5 个参数值可选择，并从这 5 个参数值中选择最佳值。尽管这种方法获得的参数值可能不是最佳值，但可在计算开销与性能估计之间折中。

▶▶▶ 5.3.2 性能度量

评估学习器的泛化性能不仅需要一种有效的实验评估方法，还需要衡量学习器泛化能力的评估标准，即性能度量。这种评估标准被用于判定机器学习结果的好坏程度。在比较不同模型的性能时，不同的性能度量会产生不同的比较结果。因此，模型性能的评估结果与使用的性能度量有关，而使用什么性能度量则取决于实际的任务需求。

1. 均方误差

均方误差是一种反映估计值与被估计值之间差异程度的度量，通常用于评估数据的变化程度，并预测数据的准确性。对于回归问题，给定样本集 $D=\left\{(x_1,y_1),(x_2,y_2),(x_3,y_3),\cdots,(x_m,y_m)\right\}$，其中 y_i（$i=1,2,\cdots,m$）是示例 x_i 的真实标签。为了评估学习器 f 的表现，我们需要将学习器预测结果 $f(x)$ 与示例的真实标签 y 进行比较。

回归任务中最常用的性能度量是均方误差，其表达式为

$$E(f;D)=\frac{1}{m}\sum_{i=1}^{m}\left(f(x_i)-y_i\right)^2$$

即均方误差对误差进行的平方，意味着误差值越大，其平方值越大，这使其对大误差值会十分敏感。

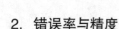

2. 错误率与精度

分类是监督学习的一个核心问题。在监督学习中，当输出变量 Y 取有限离散值时，预测问题就变成了一个分类问题。此时，输入变量 X 可以是连续的，也可以是离散的。分类任务中最常用的性能指标是错误率和精度，这对于二分类和多分类都是可以接受的。

错误率是分类错误的样本数占样本总数的比例。

对于样本集 $\boldsymbol{D}$，分类错误率被定义为

$$E(f;\boldsymbol{D}) = \frac{1}{m}\sum_{i=1}^{m}\prod\left(f(x_i) \neq y_i\right)$$

精度是分类正确的样本数占样本总数的比例，其表达式为

$$\mathrm{acc}(f;\boldsymbol{D}) = \frac{1}{m}\sum_{i=1}^{m}\prod\left(f(x_i) = y_i\right) = 1 - E(f;\boldsymbol{D})$$

其中，$\Pi(\cdot)$ 表示指示函数，在 $\cdot$ 为真和假时分别取值 1 和 0。

3. 查准率、查全率与 F1

错误率和精度不足以满足所有任务中的需求。对于二分类任务，样本可以分为真正例（True Positive）、假正例（False Positive）、真反例（True Negative）和假反例（False Negative）4 个场景。

分类结果的混淆矩阵（Confusion Matrix）如表 5-1 所示。

表 5-1　分类结果的混淆矩阵

真实情况	预测结果	
	正例	**反例**
正例	TP（真正例）	FN（假反例）
反例	FP（假正例）	TN（真反例）

查准率 P（Precision）与查全率 R（Recall）的定义分别如下。

$$P = \frac{\mathrm{TP}}{\mathrm{TP} + \mathrm{FP}}$$

$$R = \frac{\mathrm{TP}}{\mathrm{TP} + \mathrm{FN}}$$

简单来说，查准率就是在我们认为是对的样例中，到底有多少真是对的。查全率就是针对所有对的样例，我们找出了多少，或者说我们判断对了多少。

很明显，查准率和查全率是分类器性能的两个相互矛盾的评价指标。总体而言，查准率高时，查全率往往偏低；而查全率高时，查准率往往偏低。如果模型是"贪婪"的，并且想覆盖更多的样本，那么它的情况可能更糟糕，很有可能犯错误，这将导致很高的查全率，较低的查准率。如果模型是"保守"的，并且只预测了一个非常肯定的样本，那么它的查准率会很高，查全率会相对较低。

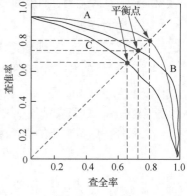

图 5-2　P-R 图

在许多情况下，我们可以使用学习器的预测结果对样本进行排序。对每一个测试样本设置不同的阈值，分类器对样本的预测结果大于该阈值则判为正例，小于该阈值则判为负例，每个阈值对应一个(查全率,查准率)数据点。以查准率为纵轴、查全率为横轴作图。所有阈值的对应点就组成了查准率-查全率曲线，简称 P-R 曲线，显示该曲线的图称为 P-R 图，如图 5-2 所示。

P-R 图直观地显示出学习器在样本总体上的查全率、查准率。在进行比较时，若一个学习器的 P-R 曲线被另一个学习器的 P-R 曲线完全"包住"，则可断言后者的性能优于前者，例如图 5-2 中学习器 A 的性能优于学习器 C；如果两个学习器的 P-R 曲线发生了交叉，例如图 5-2 中的 A 与 B，则难以简单地断言两者孰优孰劣，只能在具体的查准率或查全率条件下进行比较。然而，在很多情形下，人们往往希望学习器 A 与 B 能比较出结果，这时一个比较合理的判据是比较 P-R 曲线截面积的大小，它在一定程度上表征了学习器在查准率和查全率上取得相对"双高"的比例。但这个值不太容易估算，因此，人们设计了一些综合考虑查准率、查全率的性能度量。

盈亏平衡点（Break-Even Point，BEP）就是这样一个度量，它是"查准率=查全率"时的取值。但 BEP 还是过于简化了，更常用的是 $F1$ 度量。

$$F1 = \frac{2 \times P \times R}{P + R} = \frac{2 \times \text{TP}}{\text{样本总数} + \text{TP} - \text{TN}}$$

$F1$ 度量的一般形式——F_β，能让我们表达出对查准率与查全率的不同偏好，它被定义为

$$F_\beta = \frac{\left(1 + \beta^2\right) \times P \times R}{\left(\beta^2 \times P\right) + R}$$

其中，$\beta > 0$ 度量了查全率对查准率的相对重要性，$\beta = 1$ 时退化为标准的 $F1$；$\beta > 1$ 时查全率有更大影响；$\beta < 1$ 时查准率有更大影响。

4. 偏差与方差

偏差-方差分解（Bias-Variance Decomposition）是统计学派看待模型复杂度的观点，它是解释学习算法泛化性能的一种重要工具，也是一种重要的机器学习分析技术。给定学习目标和训练集，偏差-方差分解可以把一种学习算法的期望误差分解为 3 个非负项的和，即样本真实噪声、偏差与方差。

算法在不同训练集上获得的结果很可能不同，即便这些训练集来自同一个分布区域。对测试样本 x，令 y_D 为 x 在数据集中的标签，y 为 x 的真实标签，$f(x;D)$ 为训练集 D 上获得模型 f 在 x 中的预测输出。以回归任务为例，学习算法的期望预测为

$$\bar{f}(x) = E_D[f(x;D)]$$

方差度量了在面对同样规模的不同训练集时，学习算法的估计结果发生变动的程度。方差代表一个学习算法的精确度，高方差意味着这个学习算法与该训练集是不匹配的。

使用样本数相同的不同训练集产生的方差为

$$\text{var}(x) = E_D[(f(x;D) - \bar{f}(x))^2]$$

真实噪声是任何学习算法在该训练集上的期望误差的下界，是无法消除的误差。使用学习算法产生的真实噪声为

$$\varepsilon^2 = E_D[(y_D - y)^2]$$

期望输出与真实标签的差别称为偏差（Bias），度量了某种学习算法的平均估计结果所能逼近学习目标的程度，即

$$\text{bias}^2(x) = (\bar{f}(x) - y)^2$$

模型的训练不可避免地会出现噪声，使得收集到的数据样本中的部分类别与实际真实类别不相符。这里我们假定噪声期望为 0，即 $E_D[y_D - y] = 0$。通过简单的多项式展开与合并，可对算法的期望泛化误差进行分解。

$$E(f;\boldsymbol{D}) = E_{\boldsymbol{D}}[(f(x;\boldsymbol{D}) - y_{\boldsymbol{D}})^2]$$
$$= E_{\boldsymbol{D}}[(f(x;\boldsymbol{D}) - \overline{f}(x) + \overline{f}(x) - y_{\boldsymbol{D}})^2]$$
$$= E_{\boldsymbol{D}}[(f(x;\boldsymbol{D}) - \overline{f}(x))^2] + E_{\boldsymbol{D}}[(\overline{f}(x) - y_{\boldsymbol{D}})^2]$$
$$+ E_{\boldsymbol{D}}[2(f(x;\boldsymbol{D}) - \overline{f}(x))(\overline{f}(x) - y_{\boldsymbol{D}})]$$
$$= E_{\boldsymbol{D}}[(f(x;\boldsymbol{D}) - \overline{f}(x))^2] + E_{\boldsymbol{D}}[(\overline{f}(x) - y_{\boldsymbol{D}})^2]$$
$$= E_{\boldsymbol{D}}[(f(x;\boldsymbol{D}) - \overline{f}(x))^2] + E_{\boldsymbol{D}}[(\overline{f}(x) - y + y - y_{\boldsymbol{D}})^2]$$
$$= E_{\boldsymbol{D}}[(f(x;\boldsymbol{D}) - \overline{f}(x))^2] + E_{\boldsymbol{D}}[(\overline{f}(x) - y)^2] + E_{\boldsymbol{D}}[(y - y_{\boldsymbol{D}})^2]$$
$$+ 2E_{\boldsymbol{D}}[(\overline{f}(x) - y)(y - y_{\boldsymbol{D}})]$$
$$= E_{\boldsymbol{D}}[(f(x;\boldsymbol{D}) - \overline{f}(x))^2] + (\overline{f}(x) - y)^2 + E_{\boldsymbol{D}}[(y_{\boldsymbol{D}} - y)^2]$$

于是，

$$E(f;\boldsymbol{D}) = \text{bias}^2(x) + \text{var}(x) + \varepsilon^2$$

也就是说，泛化误差可分解为偏差、方差与真实噪声之和。

偏差-方差分解说明，泛化性能是由学习算法的能力、数据的充分性以及学习任务本身的难度共同决定的。给定学习任务，为了取得好的泛化性能，则需使偏差较小，即能够充分拟合数据，并且使方差较小，即使得数据扰动产生的影响小。

一般来说，偏差与方差是有冲突的，这称为偏差-方差窘境（Bias-Variance Dilemma）。给定学习任务，假定我们能控制学习算法的训练程度，则在训练程度不足时，学习器的拟合能力不够强，训练数据的扰动不足以使学习器产生显著变化，此时偏差主导了泛化误差；随着训练程度的加深，学习器的拟合能力逐渐增强，训练数据发生的扰动渐渐能被学习器学到，方差逐渐主导了泛化误差；在训练程度充足后，学习器的拟合能力已非常强，训练数据发生的轻微扰动都会导致学习器发生显著变化，若训练数据自身的、非全局的特性被学习器学到了，则将发生过拟合。泛化误差与偏差、方差的关系示意图如图 5-3 所示。

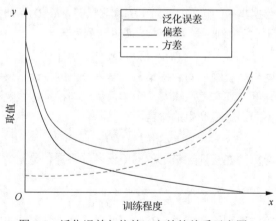

图 5-3　泛化误差与偏差、方差的关系示意图

机器学习算法

5.4　机器学习算法

机器学习算法是一种通过学习数据来构建预测模型的方法。它利用特定的算法和统计技术，自动从数据中发现规律和模式，并用这些规律来进行预测或分类等。

▶▶▶ 5.4.1 线性模型

给定由 d 个属性描述的样本 $x=(x_1,x_2,\cdots,x_d)$，其中 x_i（$i=1,2,\cdots,d$）是 x 在第 i 个属性上的取值，线性模型试图学得一个通过属性的线性组合来进行预测的函数，即

$$f(x) = w_1 x_1 + w_2 x_2 + \cdots + w_d x_d + b \tag{5.1}$$

一般用向量形式写成

$$f(x) = w^{\mathrm{T}} x + b \tag{5.2}$$

其中 $w = (w_1, w_2, \cdots, w_d)$。学得 w 和 b 之后，模型就得以确定。

线性模型形式简单、易于建模，却蕴含着机器学习中一些重要的基本思想。许多功能更为强大的非线性模型（Nonlinear Model）可在线性模型的基础上通过引入层级结构或高维映射而得。此外，由于 w 直观表达了各属性在预测模型中的重要性，因此线性模型有很好的可解释性（Comprehensibility）。

1. 线性回归

给定数据集 $D = \{(x_1,y_1),(x_2,y_2),\cdots,(x_m,y_m)\}$，其中 $x_i = (x_{i1}, x_{i2}, \cdots, x_{id})$，$y_i \in \mathbf{R}$，线性回归试图学得一个线性模型以尽可能准确地预测实值输出标记。

我们先考虑一种最简单的情形：输入属性的数量只有一个。为便于讨论，此时忽略关于属性的下标，即 $D = \{(x_i, y_i)\}_{i=1}^{m}$，其中 $x_i \in \mathbf{R}$。对离散属性，若属性值间存在"序"（Order）关系，可通过连续化将其转换为连续值。

线性回归试图学得 $f(x_i) = wx_i + b$，使得

$$f(x_i) \approx y_i \tag{5.3}$$

如何确定 w 和 b？显然，关键在于如何衡量 $f(x)$ 与 y 之间的差别。均方误差是回归任务中常用的性能度量，因此我们可试图让均方误差最小化，即

$$
\begin{aligned}
(w^*, b^*) &= \arg\min_{(w,b)} \sum_{i=1}^{m} (f(x_i) - y_i)^2 \\
&= \arg\min_{(w,b)} \sum_{i=1}^{m} (y_i - wx_i - b)^2
\end{aligned}
\tag{5.4}
$$

均方误差有非常好的几何意义，它对应了常用的欧几里得距离，简称欧氏距离（Euclidean Distance）。基于均方误差最小化来进行模型求解的方法称为最小二乘法。在线性回归中，最小二乘法试图找到一条直线，使所有样本到直线上的欧氏距离之和最小。

更一般的情形是已知数据集 D，样本由 d 个属性描述，此时试图学得 $f(x_i) = w^{\mathrm{T}} x_i + b$，使得 $f(x_i) \approx y_i$，这称为"多元线性回归"。

2. 对数概率回归

前文讨论了如何使用线性模型进行回归学习，但若要做的是分类任务，该怎么办呢？其实只需找一个单调可微函数将分类任务的真实标签 y 与线性回归模型的预测值联系起来即可。

考虑二分类任务，其输出标签 $y \in \{0,1\}$，而线性回归模型产生的预测值 $z = w^{\mathrm{T}} x + b$ 是实值，于是，我们须将预测值 z 转换为 0/1 值，最理想的是单位阶跃函数（Unit-Step Function）

$$
y = \begin{cases} 0 & z < 0 \\ 0.5 & z = 0 \\ 1 & z > 0 \end{cases}
\tag{5.5}
$$

即若预测值 z 大于 0 就判为正例，预测值小于 0 则判为反例，预测值为 0 则可任意判别，如图 5-4 所示。

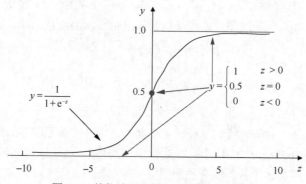

图 5-4　单位阶跃函数与对数概率函数

但从图 5-4 可看出，单位阶跃函数不连续，因此不能直接用作式 $y = g^{-1}\left(\boldsymbol{w}^{\mathrm{T}}\boldsymbol{x}+b\right)$ 中的 $g^{-1}()$，于是我们希望找到能在一定程度上近似单位阶跃函数的替代函数，并希望它单调可微。对数概率函数正是这样一个常用的替代函数：

$$y = \frac{1}{1+\mathrm{e}^{-z}} \tag{5.6}$$

从图 5-4 可看出，对数概率函数是一种 Sigmoid 函数，它将 z 值转换为一个接近 0 或者 1 的 y 值，并且其输出值在 $z=0$ 附近的变化很陡。将对数概率函数作为 $g^{-1}()$，代入式 $y = g^{-1}\left(\boldsymbol{w}^{\mathrm{T}}\boldsymbol{x}+b\right)$，得到

$$y = \frac{1}{1+\mathrm{e}^{-\left(\boldsymbol{w}^{\mathrm{T}}\boldsymbol{x}+b\right)}} \tag{5.7}$$

可变化为

$$\ln\frac{y}{1-y} = \boldsymbol{w}^{\mathrm{T}}\boldsymbol{x}+b \tag{5.8}$$

若将 y 视为样本 $\boldsymbol{x}$ 作为正例的可能性，则 $1-y$ 是其反例的可能性，两者的比值为

$$\frac{y}{1-y} \tag{5.9}$$

称为概率（Odds），反映了 $\boldsymbol{x}$ 作为正例的相对可能性。对概率取对数则得到对数概率（Log Odds，亦称 Logit），即

$$\ln\frac{y}{1-y} \tag{5.10}$$

由此可看出，式（5.7）实际上是在用线性回归模型的预测结果去逼近真实标记的对数概率，因此，其对应的模型称为对数概率回归。需注意，虽然它的名字是"回归"，但实际却是一种分类学习方法。这种方法有很多优点，例如它是直接对分类可能性进行建模，无须事先假设数据分布，这样就避免了假设分布不准确所带来的问题；它不是可预测出类别，还可得到近似概率预测，这对许多需利用概率辅助决策的任务很有用；此外，对数概率函数是任意阶可导的凸函数，有很好的数学性质，现有的许多数值优化算法都可直接用于求取最优解。

3. 线性判别分析

一种经典的线性学习方法是线性判别分析（Linear Discriminant Analysis，LDA）。因为它是费舍尔（Fisher）在二分类问题上首次引入的，所以也被称为"Fisher 判别分析"。LDA 利用统

计学、模式识别和机器学习技术，试图识别表征、区分两类对象或事件的线性数据组合。得到的组合可以用作线性分类器，或者在分类之前降低维数。

当对自变量的每次观察都是一个连续的量时，LDA 起作用。判别反应分析是处理分类自变量时与 LDA 相对应的技术。LDA 类似于方差分析（ANOVA）和回归分析，两者都试图使用属性或测量值的线性组合来表示因变量。然而，LDA 使用连续自变量和类别因变量，方差分析使用类别自变量和连续因变量。

LDA 背后的原理很简单：给定一个训练集，目标是将样本投影到一条直线上，相似样本之间的投影点尽可能接近，不同样本之间的投影点尽可能远离；对新样本进行分类时，将其投影到同一条线上，然后根据投影点的位置对其进行分类。LDA 的二维示意图如图 5-5 所示。

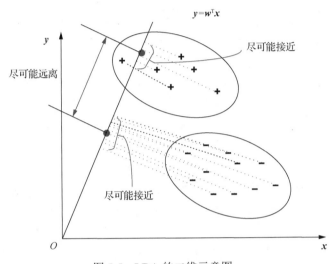

图 5-5　LDA 的二维示意图

图 5-5 中 "**+**" "**−**" 分别代表正例和反例，椭圆表示数据簇的外轮廓，虚线表示投影，实心圆表示两类样本投影后的中心点。

4. 多分类学习

现实中常遇到多分类学习任务。有些二分类学习方法可直接推广到多分类学习任务，但在许多情形下，需基于一些基本策略，利用二分类学习器来解决多分类问题。

在一般情况下，考虑 N 个类别 $c_1, c_2, \cdots, c_N$，多分类学习的本质是"拆解法"，即将多分类任务拆为若干个二分类任务求解。具体来说，先对问题进行拆分，然后为拆出的每个二分类任务训练一个分类器；在测试时，对这些分类器的预测结果进行集成以获得最终的多分类结果。这里的关键是如何对多分类任务进行拆分，以及如何对多个分类器进行集成。下面主要介绍拆分策略。

经典的拆分策略有 3 种：一对一（One vs One，OvO）、一对其余（One vs Rest，OvR）和多对多（Many vs Many，MvM）。

给定数据集 $D = \{(x_1, y_1), (x_2, y_2), \cdots, (x_m, y_m)\}, y_i \in \{c_1, c_2, \cdots, c_N\}$。OvO 将这 N 个类别两两配对，从而产生 $N(N-1)/2$ 个二分类任务，例如 OvO 将为类别 c_i 和 c_j（$j=1,2,\cdots,N$）训练一个分类器，该分类器把 D 中的 c_i 类样例作为正例，将 c_j 类样例作为反例。在测试阶段，新样本将同时被提交给所有分类器，于是将得到 $N(N-1)/2$ 个分类结果，最终结果可通过投票产生，即把被预测得最多的类别作为最终分类结果。图 5-6 所示为 OvO 与 OvR 示意图。

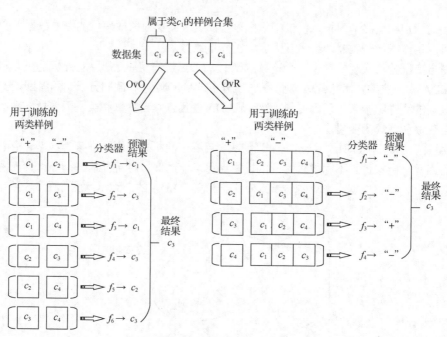

图 5-6　OvO 与 OvR 示意图

OvR 则是每次将一个类的样例作为正例、其他所有类的样例作为反例来训练 N 个分类器。在测试时，若仅有一个分类器预测为正类，则对应的类别标签作为最终分类结果，如图 5-6 所示。若有多个分类器预测为正类，则通常考虑各分类器的预测置信度，选择置信度最大的类别标签作为分类结果。

容易看出，OvR 只需训练 N 个分类器，而 OvO 需训练 $N(N-1)/2$ 个分类器。因此，OvO 的存储开销和训练时间开销通常比 OvR 的更大。但在训练时，OvR 的每个分类器均使用全部训练样例，而 OvO 的每个分类器仅用到两个类的样例，因此，在类别很多时，OvO 的训练时间开销通常比 OvR 的更小。至于预测性能，则取决于具体的数据分布，在多数情形下两者性能差不多。

MvM 是每次将若干个类作为正类，若干个其他类作为反类。显然，OvO 和 OvR 是 MvM 的特例。MvM 的正、反类构造必须有特殊的设计，不能随意选取。

5. 类别不平衡问题

前面介绍的分类学习方法都有一个共同的基本假设，即不同类别的训练样例数量相当。如果不同类别的训练样例数量稍有差别，通常影响不大，但若差别很大，则会对学习过程造成困扰。例如有 998 个反例，但正例只有 2 个，那么学习方法只需返回一个永远将新样本预测为反例的学习器，就能达到 99.8%的精度；然而这样的学习器往往没有价值，因为它不能预测出任何正例。

类别不平衡（Class-Imbalance）就是指分类任务中不同类别的训练样例数量差别很大的情况。在一般情况下，假定正例较少，反例较多。在现实的分类学习任务中，我们经常会遇到类别不平衡的情况，例如在通过拆分法解决多分类问题时，即使原始问题中不同类别的训练样例数量相当，在使用 OvR、MvM 策略后产生的二分类任务仍可能出现类别不平衡现象，因此有必要了解处理类别不平衡的基本方法。

从线性分类器的角度讨论可能更容易被理解，即在用 $y = \boldsymbol{w}^{\mathrm{T}}\boldsymbol{x} + b$ 对新样本 $\boldsymbol{x}$ 进行分类时，事实上是在用预测出的 y 值与一个阈值进行比较，例如通常在 $y = \boldsymbol{w}^{\mathrm{T}}\boldsymbol{x} + b$ 时将其判别为正例，否则为反例。y 实际上表达了正例的可能性，概率 $y > 0.5$ 则反映了正例可能性与反例可能性的

比值，阈值设置为 0.5 表明分类器认为真实正、反例可能性相同，即分类器决策规则为

$$\frac{y}{1-y}>1 \qquad (5.11)$$

预测为正例。

然而，当训练集中正、反例的数量不同时，令 m^+ 表示正例数量、m^- 表示反例数量，则观测概率是 $\frac{m^+}{m^-}$。由于我们通常假设训练集是真实样本总体的无偏采样结果，因此观测概率就代表了真实概率。于是，只要分类器的预测概率高于观测概率就应判定为正例，即

$$\frac{y}{1-y}\times\frac{m^-}{m^+}>1 \qquad (5.12)$$

预测为正例。

但是，我们的分类器是基于式（5.11）进行决策的，因此，需对其预测值进行调整，使其在基于式（5.11）决策时，实际是在执行式（5.12）。要做到这点很容易，只需令

$$\frac{y'}{1-y'}=\frac{y}{1-y}\times\frac{m^-}{m^+} \qquad (5.13)$$

这就是类别不平衡学习的一个基本策略——重放（Rescaling）。

重放的基本思想虽简单，但实际操作却并不简单，主要是因为"训练集是真实样本总体的无偏采样结果"这个假设往往并不成立。也就是说，我们未必能有效地基于训练集观测概率来推断出真实概率。现有技术大体上有 3 类做法：第一类是直接对训练集里的反例进行欠采样（Undersampling），即去除一些反例使得正、反例数量接近，然后进行学习；第二类是对训练集里的正例进行过采样（Oversampling），即增加一些正例使得正、反例数量接近，然后进行学习；第三类则是直接基于原始训练集进行学习，但在用训练好的分类器进行预测时，将式（5.13）嵌入其决策过程中，称为阈值移动（Threshold-Moving）。

▶▶▶ 5.4.2 决策树

决策树是机器学习中的一种预测模型，表示对象属性与对象值之间的映射关系。决策树只有一个输出，如果需要多个输出，我们可以创建一棵独立的决策树来处理不同的输出。决策树可用于检查数据和创建数据预测。

决策树通常由一个根节点、几个内部节点和多个叶节点组成；叶节点对应决策结果，其他节点对应属性测试；每个节点都包含有关选择的信息，我们可以根据属性测试结果，将样本集划分为子节点；根节点包括整个样本集。决策测试序列对应从根节点到每个叶节点的路径，决策树学习的目标是提出新的决策树。代码 5-1 所示为构建具有良好泛化能力决策树的基本过程，即处理未知情况的强大能力，其采用了一种简单、直观的分而治之（Divide-And-Conquer）技术。

代码 5-1

```
输入：训练集 D={(x₁,y₁),(x₂,y₂),…,(xₘ,yₘ)};
      属性集 A={a₁,a₂,…,a_d}
过程：函数 TreeGenerate(D,A)
1: 生成节点 node;
2: if  D中样本全属于同一类别 c then
3:      将 node 标记为 c 类叶节点;return
4: end if
5:    A=∅ OR D中样本在 A 上取值相同 then
```

```
6:      将 node 标记为叶节点，其类别标记为 D 中样本数最多的类；return
7: end if
8: 从 A 中选择最优划分属性 a*；
9: for a* 的每一个值 aᵛ do
10:      为 node 生成一个分支；令 Dᵥ 表示 D 中在 a* 上取值为 aᵛ 的样本子集；
11:      if  Dᵥ 为空 then
12:          将分支节点标记为叶节点，其类别标记为 D 中样本最多的类；return
13:      else
14:          以 TreeGenerate(Dᵥ,A\{a*}) 为分支节点
15:      end if
16: end for
输出：以 node 为根节点的一棵决策树
```

显然，决策树的生成是一个递归过程。在决策树基本构建中，有以下 3 种情形会导致递归返回：

① 训练集不断被划分，划分到样本属于同一类别时，无须划分；

② 没有可以用于划分的属性，或者所有样本在所有属性上的取值一样，无法划分；

③ 划分到节点包含的训练集为空，不能划分。

在第②种情形下，我们把当前节点标记为叶节点，并将其类别设置为该节点所含样本最多的类别；在第③种情形下，同样把当前节点标记为叶节点，但将其类别设置为其父节点所含样本最多的类别。注意这两种情形的处理实质上是不同的：第②种情形利用当前节点的后验分布，第③种情形则是把父节点的样本分布作为当前节点的先验分布。

1. 划分选择

由代码 5-1 可看出决策树学习的关键是第 8 行，即如何选择最优划分属性。一般而言，随着划分过程不断进行，我们希望决策树的分支节点所包含的样本尽可能属于同一类别，即节点的纯度（Purity）越来越高。

（1）信息增益

信息熵（Information Entropy）是度量样本集合纯度最常用的一种指标。假定当前样本集合 D 中第 k 类样本所占的比例为 $P_k (k = 1, 2, \cdots, |y|)$，则 D 的信息熵定义为

$$\text{Ent}(D) = -\sum_{k=1}^{|y|} p_k \log_2 p_k \qquad (5.14)$$

$\text{Ent}(D)$ 的值越小，则 D 的纯度越高。

假定离散属性 a 有 V 个可能的取值 $\{a^1, a^2, \cdots, a^V\}$，若使用 a 来对样本集 D 进行划分，则会产生 V 个分支节点，其中第 v 个分支节点包含了 D 中所有在属性 a 上取值为 a^v 的样本，记为 D^v。我们可根据式（5.14）计算出 D^v 的信息熵，考虑到不同的分支节点所包含的样本数不同，给分支节点赋予权重 $|D^v|/|D|$，即样本数越多，其分支节点受到的影响越大，于是可计算出用属性 a 对样本集 D 进行划分所获得的信息增益，即

$$\text{Gain}(D, a) = \text{Ent}(D) - \sum_{v=1}^{V} \frac{|D^v|}{|D|} \text{Ent}(D^v) \qquad (5.15)$$

一般而言，信息增益越大，则意味着使用属性 a 来进行划分所获得的"纯度提升"越大。因此，我们可用信息增益来进行决策树的划分属性选择，即在代码 5-1 算法第 8 行选择属性 $a_* = \arg\max_{a \in A} \text{Gain}(D, a)$。

（2）增益率

信息增益准则对可取值数量较多的属性有所偏好。为减少这种偏好可能带来的不利影响，著名的 C4.5 决策树算法不直接使用信息增益，而是使用增益率（Gain Ratio）来选择最优划分属性。采用与式（5.15）相同的符号表示，增益率定义为

$$\text{Gain\_ratio}(\boldsymbol{D}, a) = \frac{\text{Gain}(\boldsymbol{D}, a)}{\text{IV}(a)} \tag{5.16}$$

其中

$$\text{IV}(a) = -\sum_{v=1}^{V} \frac{|\boldsymbol{D}^v|}{|\boldsymbol{D}|} \log_2 \frac{|\boldsymbol{D}^v|}{|\boldsymbol{D}|} \tag{5.17}$$

称为属性 a 的固有值（Intrinsic Value）。属性 a 的可能取值数量越多（即 V 值越大），则 $\text{IV}(a)$ 的值通常会越大。

需注意的是，增益率准则对可取值数量较少的属性有所偏好，因此，C4.5 决策树算法并不是直接选择增益率最大的候选划分属性，而是使用了一个启发式：先从候选划分属性中找出信息增益高于平均水平的属性，再从中选择增益率最大的。

（3）基尼指数

CART 决策树使用基尼指数（Gini Index）来选择划分属性。采用与式（5.15）相同的符号，数据集 $\boldsymbol{D}$ 的纯度可用基尼值来度量。

$$\begin{aligned}
\text{Gini}(\boldsymbol{D}) &= \sum_{k=1}^{|y|} \sum_{k' \neq k} p_k p_{k'} \\
&= 1 - \sum_{k=1}^{|y|} p_k^2
\end{aligned} \tag{5.18}$$

直观来说，Gini($\boldsymbol{D}$)反映了从数据集 $\boldsymbol{D}$ 中随机抽取两个样本，其类别标记不一致的概率。因此，Gini($\boldsymbol{D}$)越小，则数据集 $\boldsymbol{D}$ 的纯度越高。

采用与式（5.15）相同的符号表示，属性 a 的基尼指数定义为

$$\text{Gini\_index}(\boldsymbol{D}, a) = \sum_{v=1}^{V} \frac{|\boldsymbol{D}^v|}{|\boldsymbol{D}|} \text{Gini}(\boldsymbol{D}^v) \tag{5.19}$$

于是，我们在候选属性集合 A 中，选择那个使得划分后基尼指数最小的属性作为最优划分属性，即 $a_* = \underset{a \in A}{\arg\min} \, \text{Gini\_index}(\boldsymbol{D}, a)$。

2. 剪枝处理

剪枝（Pruning）是决策树学习算法对付"过拟合"的主要手段。在决策树学习中，为了尽可能正确分类训练样本，节点划分过程将不断重复，有时会造成决策树分支过多，这时就可能因训练样本学得"太好"了，以至于把训练集自身的一些特性当作所有数据都具有的一般特性而导致过拟合。此时可通过主动去掉一些分支来降低过拟合的风险。

决策树剪枝的基本策略有预剪枝（Pre-Pruning）和后剪枝（Post-Pruning）。预剪枝是指在决策树生成过程中，在每个节点划分前先进行估计，若当前节点的划分不能带来决策树泛化性能的提升，则停止划分并将当前节点标记为叶节点；后剪枝则是先通过训练集生成一棵完整的决策树，然后自底向上地对非叶节点进行考察，若将该节点对应的子树替换为叶节点能带来决策树泛化性能提升，则将该子树替换为叶节点。

3. 连续值处理

到目前为止，我们只讨论了基于离散属性来生成决策树。现实学习任务中常遇到连续属性，

我们有必要讨论如何在决策树学习中使用连续属性。

由于连续属性的可取值数量不再有限，因此，不能直接根据连续属性的可取值来对节点进行划分。此时连续属性离散化技术可派上用场，最简单的策略是采用二分法（Bi-Partition）对连续属性进行处理，这正是 C4.5 决策树算法中采用的机制。

需要注意的是，与离散属性不同，若当前节点划分属性为连续属性，该属性还可作为其后代节点的划分属性。

4. 缺失值处理

现实任务中常遇到不完整样本，即样本的某些属性值缺失，尤其是在属性数量较多的情况下，往往会有大量样本出现缺失值。如果简单地放弃不完整样本，仅使用无缺失值的样本来进行学习，这样显然是对数据信息的极大浪费。

我们需要解决两个问题：（1）如何在属性值缺失的情况下进行划分属性选择？（2）给定划分属性，若样本在该属性上的值缺失，如何对样本进行划分？

▶▶▶ 5.4.3 神经网络

神经网络也称为人工神经网络或模拟神经网络，它是机器学习的一个子集，是深度学习方法的核心。它的名字和结构灵感来自机器学习和认知科学领域的人脑，它通过模拟生物神经网络（动物的中枢神经系统，尤其是大脑）的结构和功能的数学模型或计算模型，对函数进行估计或近似。

神经网络使用训练数据进行学习，并随着时间的推移提高其准确性。然而，一旦这些学习算法经过精确调整，它们就会成为强大的计算和人工智能工具，使我们能够快速对数据进行分类。与专家进行的人工识别相比，语音或图片识别任务可能需要几分钟而不是几个小时。谷歌的搜索算法是著名的神经网络之一。

神经网络由大量的人工神经元联结进行计算。在大多数情况下，人工神经网络能根据外部数据改变其内部结构。这是一个灵活的系统。一般来说，它是具备自我学习功能的工具。现代神经网络是一种非线性统计型数据建模工具，基于数理统计的学习方法，通常用于优化神经网络，使其可实际应用于数理统计。我们可以用常规的数理统计方法得到大量可用函数描述的局部结构空间。另外，在人工智能的人工感知领域，我们可以使用定量统计来做出有关人工感知的决策（也就是说，通过统计方法，人工神经网络可以具有与人类相同的简单决策能力），该方法在速度和简单性方面优于形式逻辑推理演算。

神经元模型是神经网络最基本的组成部分。生物神经网络中的每个神经元都与其他神经元相连，当一个神经元受到"刺激"时，它会对其连接的神经元做出反应，这种反应可以被看作向连接的神经元发送化学物质，改变神经元内的电位；如果一个神经元的电位超过一个"阈值"，它就会被激活或"刺激"，并向其他神经元发送化学物质。

沃伦·麦卡洛克（Warren McCulloch）和沃尔特·皮茨（Walter Pitts）在 1943 年将上述情况抽象为一个简单的模型，该模型是一直沿用到现在的 M-P 神经元模型，如图 5-7 所示，其中一个神经元从 n 个神经元获得输入，这些输入信号通过加权连接传输，神经元接收的总输入值与神经元的阈值进行比较，然后使用激

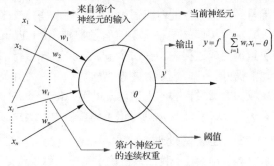

图 5-7 M-P 神经元模型

活函数（Activation Function）处理神经元的输出。

　　理想中的激活函数是图 5-8（a）所示的阶跃函数，它将输入值映射为输出值 0 或 1，显然 1 对应神经元兴奋，0 对应神经元抑制。然而，阶跃函数具有不连续、不光滑等性质，因此实际常将 Sigmoid 函数作为激活函数。典型的 Sigmoid 函数如图 5-8（b）所示，它把可能在较大范围内变化的输入值挤压到输出值范围(0,1)，因此有时也称其为挤压函数（Squashing Function）。

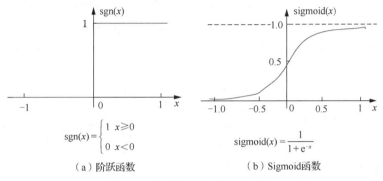

$$sgn(x) = \begin{cases} 1 & x \geq 0 \\ 0 & x < 0 \end{cases}$$

$$sigmoid(x) = \frac{1}{1+e^{-x}}$$

（a）阶跃函数　　　　　　　　　（b）Sigmoid函数

图 5-8　典型的神经元激活函数

把许多个这样的神经元按指定的层次结构连接起来，就得到了神经网络。

1.　单层神经元网络

　　单层神经元网络是最基本的神经元网络形式，由有限个神经元构成，所有神经元的输入向量都是同一个向量。由于每个神经元都会产生一个标量结果，因此单层神经元网络的输出是一个向量，向量的维数等于神经元的数量，如图 5-9 所示。

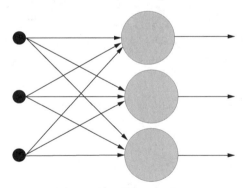

图 5-9　单层神经元网络

2.　多层神经元网络

　　通常来说，一个人工神经元网络是由一个多层神经元结构组成的，每一层神经元拥有输入（它的输入是前一层神经元的输出）和输出，每一层（用符号记作）Layer（i）是由 N_i（N_i 代表在第 i 层上的 Net）个网络神经元组成，每个 N_i 上的网络神经元把对应在 N_{i-1} 上的神经元的输出作为它的输入，我们把神经元和与之对应的神经元之间的连线叫作突触（Synapse），在数学模型中每个突触有一个加权数值，称作权重。那么要计算第 i 层上的某个神经元所得到的势能等于每一个权重乘以第 $i-1$ 层上对应的神经元的输出，然后全体求和得到第 i 层上的某个神经元所得到的势能，势能数值通过该神经元上的激活函数（以控制输出大小，因为其可微分且连续，方便差量规则（Delta Rule）处理），求出该神经元的输出。需要注意的是，该输出是一个非线性的数值，也就是说通过激活函数求得的数值，根据极限值来判断是否要激活该神经元，换句话说就是对一个神经元网络的输出是否线性不感兴趣。

一种常见的多层前馈神经网络（Multilayer Feedforward Neural Network）由3个部分组成。①输入层（Input Layer），众多神经元接收大量非线性输入消息。输入的消息称为输入向量。②输出层（Output Layer），消息在神经元连接中传输、分析、权衡，形成输出结果。输出的消息称为输出向量。③隐藏层（Hidden Layer），简称"隐层"，是输入层和输出层之间众多神经元连接组成的各个层面。隐藏层可以有一层或多层。隐藏层的节点（神经元）数量不定，但数量越多神经网络的非线性越显著，从而神经网络的健壮性（控制系统在一定结构、大小等参数的影响下，维持某些性能的特性）更显著。习惯上会选为输入节点1.2~1.5倍的节点。

这种网络一般称为感知机（对单隐藏层）或多层感知机（对多隐藏层），神经网络的类型已经演变出很多种，这种分层结构并不是对所有的神经网络都适用。

需注意的是，感知机只有输出层神经元要进行激活函数处理，即只拥有一层功能神经元（Functional Neuron），其学习能力非常有限。

3. BP 算法

BP算法的出现是神经网络发展的重大突破，是许多深度学习训练方法的基础。BP算法是一种典型的人工神经网络训练方法，可与梯度下降等优化方法结合使用。它是最有效的神经网络学习算法之一。

当神经网络用于实际活动时，通常使用BP算法对其进行训练。值得注意的是，BP算法不仅适用于多层前馈神经网络，还可以用来训练递归神经网络。然而，当我们谈到BP网络时，通常指的是使用BP算法训练的多层前馈神经网络。使用BP算法计算网络中所有权重的损失函数梯度，优化方法会使用这个梯度来更新权重，以最小化损失函数。

BP算法要求由对每个输入值想得到的已知输出来计算损失函数梯度。因此，它通常被认为是一种监督学习方法，虽然它也被用在一些无监督网络（如自动编码器）中。它是多层前馈神经网络的Delta规则的推广，可以用链式法则对每层迭代计算梯度。BP算法要求人工神经元（或"节点"）的激励函数可微。

BP算法主要由两个阶段组成：激励传播与权重更新。

第一阶段：激励传播。

每次迭代的传播环节包含以下两步。

（1）（前向传播阶段）将训练输入送入网络以获得激励响应。

（2）（反向传播阶段）将激励响应同训练输入所对应的目标输出求差，从而获得输出层和隐藏层的响应误差。

第二阶段：权重更新。

对于每个突触上的权重，按照以下步骤进行更新。

（1）将输入激励和响应误差相乘，从而获得权重的梯度。

（2）将这个梯度乘以一个比例并取反后加到权重上。

这个比例（百分比）会影响训练过程的速度和效果，因此称为"训练因子"。梯度的方向指明了误差扩大的方向，因此在更新权重的时候需要对其取反，从而减小权重引起的误差。

第一阶段和第二阶段可以反复循环迭代，直到网络对输入的响应达到满意的、预设的目标范围为止。

►►►5.4.4　支持向量机

在机器学习中，支持向量机又名支持向量网络，用以在分类与回归分析中分析数据的监督学习模型与相关的学习算法。给定一组训练实例，每个训练实例被标记为两个类别中的一个或另一个，支持向量机训练算法创建一个将新的实例分配给两个类别之一的模型，使其成为非概率二元线性分类器。支持向量机模型将实例表示为空间中的点，这样映射就使得每个类别的实例被尽可能宽的、明显的间隔分开。然后，将新的实例映射到同一空间，并基于它们落在间隔的哪一侧来预测所属类别。

当数据未被标记时，不能进行监督学习，需要用非监督学习，支持向量机会尝试找出数据到簇的自然聚类，并将新数据映射到这些已形成的簇。我们可以将支持向量机改进的聚类算法称为支持向量聚类，支持向量聚类经常在工业应用中用作分类步骤的预处理。

给定训练集 $\boldsymbol{D}=\{(x_1,y_1),(x_2,y_2),\cdots,(x_m,y_m)\}$，$y_i\in\{-1,+1\}$，分类学习最基本的思想就是基于训练集 $\boldsymbol{D}$ 在样本空间中找到一个超平面，将不同类别的样本分开，但能将训练样本分开的超平面可能有很多，如图 5-10 所示，我们应该努力去找哪一个呢？

直观上看，应该去找位于两类训练样本"正中间"的超平面，因为该超平面对训练样本局部扰动的"容忍"性最好。例如，由于训练集的局限性或噪声等因素，训练集外的样本可能比图 5-10 中的训练样本更接近两个类的边界，这样将使许多超平面出现错误，而图 5-10 中最粗的超平面受到的影响最小，换言之，这个超平面所产生的分类结果是最健壮的，对未见样本的泛化能力最强。

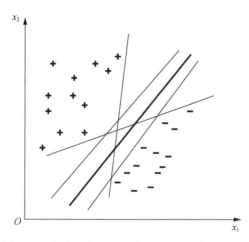

图 5-10　存在多个超平面将两类训练样本分开

在样本空间中，超平面可通过如下线性方程来描述。

$$\boldsymbol{w}^{\mathrm{T}}\boldsymbol{x}+b=0 \tag{5.20}$$

其中 $\boldsymbol{w}=(w_1,w_2,\cdots,w_d)$ 为法向量，决定了超平面的方向；b 为位移项，决定了超平面与原点之间的距离。显然，超平面可被法向量 $\boldsymbol{w}$ 和位移 b 确定，下面将其记为 $(\boldsymbol{w},b)$。样本空间中任意点 $\boldsymbol{x}$ 到超平面 $(\boldsymbol{w},b)$ 的距离可写为

$$r=\frac{|\boldsymbol{w}^{\mathrm{T}}\boldsymbol{x}+b|}{\|\boldsymbol{w}\|} \tag{5.21}$$

假设超平面 $(\boldsymbol{w},b)$ 能将训练样本正确分类，即对于 $(x_i,y_i)\in D$，若 y_i=+1，则有 $\boldsymbol{w}^{\mathrm{T}}\boldsymbol{x}_i+b>0$；若 y_i=−1，则有 $\boldsymbol{w}^{\mathrm{T}}\boldsymbol{x}_i+b<0$。令

$$\begin{cases} \boldsymbol{w}^{\mathrm{T}}\boldsymbol{x}_i + b \geqslant +1 & y_i = +1 \\ \boldsymbol{w}^{\mathrm{T}}\boldsymbol{x}_i + b \leqslant -1 & y_i = -1 \end{cases} \tag{5.22}$$

如图 5-11 所示，距离超平面最近的这几个训练样本点使式（5.22）的等号成立；它们被称
为支持向量，两个异类支持向量到超平面的距离之和为

$$\gamma = \frac{2}{\|\boldsymbol{w}\|} \tag{5.23}$$

它被称为间隔（Margin）。

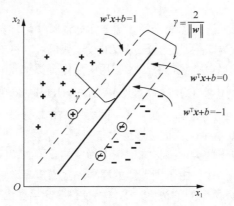

图 5-11　支持向量与间隔

欲找到具有最大间隔（Maximum Margin）的超平面，也就是要找到能满足式（5.22）中约
束的参数 $\boldsymbol{w}$ 和 b，使得 γ 最大，即

$$\max_{\boldsymbol{w},b} \frac{2}{\|\boldsymbol{w}\|} \tag{5.24}$$
$$\text{s.t.} \quad y_i\left(\boldsymbol{w}^{\mathrm{T}}\boldsymbol{x}_i + b\right) \geqslant 1 \quad i = 1,2,\cdots,m$$

显然，为了得到最大间隔，仅需最大化 $\|\boldsymbol{w}\|^{-1}$，这等价于最小化 $\|\boldsymbol{w}\|^2$，于是，式（5.24）可
重写为

$$\min_{\boldsymbol{w},b} \frac{1}{2}\|\boldsymbol{w}\|^2 \tag{5.25}$$
$$\text{s.t.} \quad y_i\left(\boldsymbol{w}^{\mathrm{T}}\boldsymbol{x}_i + b\right) \geqslant 1 \quad i = 1,2,\cdots,m$$

这就是支持向量机的基本型。

▶▶▶ 5.4.5　朴素贝叶斯

贝叶斯决策论（Bayesian Decision Theory）是概率框架下实施决策的基本方法。对分类任
务来说，在所有相关概率都已知的理想情形下，利用贝叶斯决策论考虑如何基于这些概率和误
判损失来选择最优的类别标记。

假设有 N 种可能的类标记，即 $y = \{c_1, c_2, \cdots, c_N\}$，$\lambda_{ij}$ 是将一个真实标记为 c_j 的样本误分类为
c_i 所产生的损失，基于后验概率 $P(c_i|x)$ 可获得将 x 分类为 c_i 所产生的期望损失（Expected Loss），
即在样本 x 上的条件风险（Conditional Risk）。

$$R\left(c_i \mid x\right) = \sum_{j=1}^{N} \lambda_{ij} P\left(c_j \mid x\right) \tag{5.26}$$

我们的任务是寻找一个判定准则 $h{:}x{\to}y$ 以最小化总体风险。

$$R(h) = E_x[R(h(x)|x)] \qquad (5.27)$$

显然，对每个样本 x，若 h 能最小化条件风险 $R(h(x)|x)$，则总体风险 $R(h)$ 将被最小化。于是，就产生了贝叶斯决策规则（Bayes Decision Rule）：为最小化总体风险，只需在每个样本上选择那个能使条件风险 $P(c|x)$ 最小的类别标记，即

$$h^*(x) = \arg\min_{c \in y} R(c|x) \qquad (5.28)$$

此时，h^* 称为贝叶斯最优分类器（Bayes Optimal Classifier），与之对应的总体风险 $R(h)$ 称为贝叶斯风险（Bayes Risk）。$1 - R(h^*)$ 反映了分类器所能达到的最好性能，即通过机器学习所能产生的模型精度的理论上限。

具体来说，若目标是最小化分类错误率，则误判损失 λ_{ij} 可写为

$$\lambda_{ij} = \begin{cases} 0 & i = j \\ 1 & \text{otherwise} \end{cases} \qquad (5.29)$$

此时条件风险为

$$R(c|x) = 1 - P(c|x) \qquad (5.30)$$

于是，最小化分类错误率的贝叶斯最优分类器为

$$h^*(x) = \arg\max_{c \in y} P(c|x) \qquad (5.31)$$

即为每个样本 x 选择能使后验概率 $P(c|x)$ 最大的类别标记。

基于贝叶斯定理 $P(c|x)$ 可写为

$$P(c|x) = \frac{P(c)P(x|c)}{P(x)} \qquad (5.32)$$

其中 $P(c)$ 是类先验概率；$P(x|c)$ 是样本相对于类标记 c 的类条件概率（Class Conditional Probability）或称为似然；$P(x)$ 是用于归一化的证据（Evidence）因子。对给定样本 x，证据因子 $P(x)$ 与类标记无关，因此估计 $P(c|x)$ 的问题就转换为如何基于训练数据 D 来估计先验概率 $P(c)$ 和似然 $P(x|c)$。

类先验概率 $P(c)$ 表示样本空间中各类样本所占的比例。根据大数定律，当训练集包含充足的独立同分布样本时，$P(c)$ 可通过各类样本出现的频率来进行估计。

对类条件概率 $P(x|c)$ 来说，由于它涉及关于所有属性的联合概率，因此直接根据样本出现的频率来估计会遇到很大的困难。例如，假设样本的 D 属性都是二值的，则样本空间将有 2^d 种可能的取值，在现实应用中，这个值往往远大于训练样本数 m，也就是说，很多样本取值在训练集中根本没有出现，直接使用频率来估计 $P(x|c)$ 显然不可行，因为"未被观测到"与"出现概率为 0"通常是不同的。

▶▶▶ 5.4.6　聚类

无监督学习的目的是通过学习未标记的训练样本来揭示数据的内在本质和原理，并通过学习未标记训练样本为后续的数据分析打下基础。此类学习任务中研究最多、应用最广的是"聚类"。

聚类是根据一组标准将数据集合划分为不同的类或簇的过程，目的是最大化同一簇中数据对象的相似性，同时尽可能保持不在同一簇中的数据项的多样性。也就是说，同类数据在聚类后应尽可能地聚在一起，不同类型的数据在聚类后应尽可能地分离。

由于这种划分，每个集群可能对应一些基本概念（类别）。然而，聚类算法事先不知道这

些概念，聚类过程只能自动形成聚类结构。用户必须掌握命名与簇相对应的概念的语义。

1. 性能度量

聚类性能度量亦称聚类的有效性指标（Validity Index）。与监督学习中的性能度量作用相似，一方面，对聚类结果，我们需通过某种性能度量来评估其好坏；另一方面，若明确了最终将要使用的性能度量，则可直接将其作为聚类过程的优化目标，从而更好地得到符合要求的聚类结果。

聚类性能度量大致有两类：一类是将聚类结果与某个参考模型（Reference Model）进行比较，称为外部指标（External Index）；另一类是直接考察聚类结果而不利用任何参考模型，称为内部指标（Internal Index）。

2. 原型聚类

原型聚类亦称基于原型的聚类（Prototype-Based Clustering），此类算法假设聚类结构能通过一组原型刻画，在现实聚类任务中极为常用。通常情形下，算法先对原型进行初始化，然后对原型进行迭代更新求解。采用不同的原型表示、采用不同的求解方式，将产生不同的算法。

3. 密度聚类

密度聚类亦称基于密度的聚类（Density-Based Clustering），此类算法假设聚类结构能通过样本分布的紧密程度确定。通常情形下，密度聚类算法从样本密度的角度来考察样本之间的可连接性，并基于可连接样本不断扩展聚类簇以获得最终的聚类结果。

4. 层次聚类

层次聚类（Hierarchical Clustering）试图在不同层次对数据集进行划分，从而形成树状的聚类结构。数据集的划分可采用"自底向上"的聚合策略，也可采用"自顶向下"的分拆策略。

▶▶▶ 5.4.7　降维与度量学习

1. k 近邻学习

k 近邻学习是一种流行的监督学习方法，其工作原理很简单：给定一个训练集，在训练集中为一个新的输入实例定位实例的 k 个近邻，这 k 个实例的大多数属于哪个类，就把该输入实例分类到哪个类中。

在大多数分类任务中使用"投票法"，选择 k 个样本中出现频率最高的类别标签作为预测结果；在回归任务中使用"平均法"，即对 k 个样本的实值输出标签进行平均，该值用作预测结果；距离也可用于执行加权平均或加权投票，距离越近，样本权重越大。

与之前的学习方法相比，k 近邻学习是"懒惰学习"的一个众所周知的例子。懒惰学习是一种训练集处理方法，其会在收到测试样本的同时进行训练；与之相对的是急切学习，其会在训练阶段开始对样本进行学习处理。

如果任务数据频繁变化，可以使用懒惰学习方法，该方法不先进行训练，在收到预测请求后根据当前数据进行概率估计；增量学习是对新增样本的属性值进行学习的，此时，只需要对相关概率估计进行技术修正。

2. 降维

前文的讨论基于一个重要假设：任意测试样本 x 附近任意小的 δ 距离范围内总能找到一个训练样本，即训练样本的采样密度足够大，或称为密采样（Dense Sample）。然而，这个假设在现实任务中通常很难满足，例如若 $\delta=0.001$，仅考虑单个属性，则仅需 1000 个样本点平均分布在归一化后的属性取值范围内，即可使任意测试样本在其附近 0.001 距离范围内总能找到一个训练样本，此时近邻分类器的错误率不超过贝叶斯最优分类器的错误率的两倍。然而，这仅是属性维数为 1 的情形，若有更多的属性，则情况会发生显著变化。例如假定属性维数为 20，若要求样本满足密采样条件，则至少需$(10^3)^{20}=10^{60}$个样本。现实应用中属性维数经常成千上万，要满足密采样条件所需的样本数量是不太可能的。此外，许多学习方法都涉及距离计算，而高维空间会给距离计算带来很大的麻烦，例如当维数很高时甚至连计算内积都不再容易。

事实上，在高维情形下出现的数据样本稀疏、距离计算困难等问题是所有机器学习方法共同面临的严重阻碍，被称为维数灾难（Curse of Dimensionality）。

缓解维数灾难的一个重要途径是降维（Dimension Reduction），亦称维数约简，即通过某种数学变换将原始高维属性空间转变为一个低维子空间（Subspace）。在这个子空间中样本密度大幅提高，距离计算也变得更为容易。为什么能进行降维？这是因为在很多时候，人们观测或收集到的数据样本虽是高维的，但与学习任务密切相关的也许仅是某个低维分布，即高维空间中的一个低维嵌入（Embedding）。

▶▶▶ 5.4.8 特征选择

属性被称为特征（Feature），对当前学习任务重要的属性被称为相关特征（Relevant Feature），而不重要的属性被称为无关特征（Irrelevant Feature）。特征选择（Feature Selection）是指从集合中选择相关特征的过程。

特征选择的目的是确定特征的最优子集，这是特征工程中的一个重要课题。一方面，通过删除不相关或冗余的特征，减少特征数量，提高模型精度，并节省运行时间。另一方面，重要特征的选择简化了模型，更容易掌握数据创建过程。此外，"数据和特征确定了机器学习的上限，而模型和算法只接近这个上限"表明了特征选择的重要性。

特征选择是一个重要的数据预处理过程，在现实机器学习任务中获得数据之后通常先进行特征选择，再训练学习器。那么，为什么要进行特征选择？其有两个很重要的原因：首先，在现实任务中经常会遇到维数灾难问题，这是属性过多而造成的，若能从中选择出重要的特征，使得后续学习过程仅需在一部分特征上构建模型，则维数灾难问题会大为减轻；其次，去除不相关特征往往会降低学习任务的难度。

需注意的是，特征选择过程必须确保不丢失重要特征，否则后续学习过程会因为重要信息的缺失而无法获得好的性能。给定数据集，若学习任务不同，则相关特征很可能不同，因此，特征选择中所谓的"无关特征"是指与当前学习任务无关。有一类特征称为冗余特征，其所包含的信息能从其他特征中推演出来。例如，考虑立方体对象，若已有特征"底面长"和"底面宽"，则"底面积"是冗余特征，因为它能通过"底面长"与"底面宽"得到。冗余特征在很多时候不起作用，去除它会减轻学习的负担。但有时冗余特征会降低学习任务的难度，例如若学习目标是估算立方体的体积，则"底面积"这个冗余特征的存在将使得体积的估算更容易；更确切地说，若某个冗余特征恰好对应了完成学习任务所需的"中间概念"，则该冗余特征是有益的。

特征选择算法可以被视为搜索技术与评价指标的结合。前者提供候选的新特征子集，后者为不同的特征子集评分。最简单的算法是测试每个特征子集，找到究竟是哪个子集的错误率最低。这种算法需要穷举搜索空间，难以算完所有的特征集，只能涵盖很少一部分特征子集。选择何种评价指标会很大程度上影响算法的执行。而且，通过选择不同的评价指标，可以把特征选择算法分为 3 类：包裹式选择、过滤式选择和嵌入式选择。

（1）包裹式选择使用预测模型给特征子集打分。每个新子集都被用来训练一个模型，然后用验证集来测试。通过计算验证集上的错误次数（即模型的错误率）给特征子集评分。由于包裹式选择为每个特征子集训练一个新模型，因此计算量很大。不过，这类方法往往能为特定类型的模型找到性能最好的特征集。

（2）过滤式选择先对数据集进行特征选择，再训练学习器，特征选择过程与后续学习器无关。这相当于先用特征选择过程对初始特征进行"过滤"，再用过滤后的特征来训练模型。过滤式选择的计算量一般比包裹式选择的小，但这类方法找到的特征子集不能为特定类型的预测模型调校。由于缺少调校，过滤式选择所选取的特征集会比包裹式选择选取的特征集更为通用，但往往会导致比包裹式选择的预测性能更低下。不过，由于特征集不包含对预测模型的假设，因此更有利于暴露特征之间的关系。过滤式选择也常常用于包裹式选择的预处理步骤，以便在问题太复杂时依然可以用包裹式选择。

（3）嵌入式选择包括所有构建模型过程中用到的特征选择技术。与包裹式选择和过滤式选择不同，嵌入式选择是将特征选择过程与学习器训练过程融为一体，两者在同一个优化过程中完成，即在学习器训练过程中自动地进行了特征选择。这类方法的典范是构建线性模型的 LASSO 算法。该算法给回归系数加入了 L1，导致其中的许多参数趋于 0。任何回归系数不为 0 的特征都会被 LASSO 算法"选中"。

5.5　本章小结

本章讨论了机器学习的基本概念和算法分类，并详细介绍了模型评估和性能度量。此外，本章还介绍了 8 种常用的机器学习算法，包括决策树、朴素贝叶斯、支持向量机和神经网络等。通过学习这些内容，读者可以更好地了解每种算法，以便在解决机器学习问题时选择合适的算法。

5.6　习题

（1）机器学习的定义是什么？
（2）机器学习算法可以分为哪几类？
（3）哪些算法属于监督学习？
（4）哪些算法属于非监督学习？
（5）请列举几种常见的模型评估方法。
（6）线性回归的学习目标是什么？
（7）决策树学习算法应对"过拟合"的主要手段是什么？
（8）聚类可以分为哪几类？各有什么代表算法？

第6章
强化学习、深度学习与集成学习

本章学习目标:
(1) 了解强化学习、深度学习和集成学习与机器学习之间的关系;
(2) 了解强化学习的定义及基本算法;
(3) 了解深度学习的定义及基本算法;
(4) 了解集成学习的定义及基本算法。

6.1 强化学习

机器学习家族包括一个称为强化学习的大类别。强化学习的应用使计算机能够学习如何在环境中取得优异成绩。

强化学习是一种算法形式,它允许计算机通过反复试验、从错误中学习,最终发现规律并学习实现目标的方法。这是一个在一开始什么都不实现,从头脑中没有任何概念到形成成品的过程。强化学习也是一类解决问题的方法,一门研究问题及其解决方案的学科。学习如何将情境最大化转换为数字

强化学习

奖励信号的行为是强化学习中的一个问题。它们本质上是闭环问题,因为学习系统的行为会影响其后续输入。

此外,与许多机器学习不同的是,学习器并没有被教导要做哪些行为,而是必须探索以确定哪些行为能产生最大的回报。在最困难的情况下,行动不仅会影响当前的奖励,还会影响下一个场景,并通过它影响所有后续奖励。

强化学习有别于监督学习。在监督学习中,数据和数据的正确标签全部已知,以便对未知或未来的数据做出预测。每个示例都包括一个对环境状态的描述,以及系统在这种环境下应该执行的适当操作的标签。强化学习看重的是行为序列下的长期收益,而监督学习往往关注的是和标签或已知输出的误差。

强化学习也不同于机器学习中的无监督学习,无监督学习关注的是在大量未标记数据中发现隐藏的结构。尽管强化学习与无监督学习类似,因为都不依赖于正确行为的示例,但强化学习关注的是最大化奖励信号,而不是搜索隐藏的结构。尽管揭示代理人(agent)经验的结构有助于强化学习,但它并不能解决强化学习代理人自身对最大化奖励信号的挑战。因此,我们认

为强化学习连同监督学习、无监督学习，以及可能的额外范式，构成第三机学习范式。

强化学习的挑战之一是在探索与开发（相对于其他学习方式）之间取得平衡。强化学习必须选择过去进行过的并被发现能有效产生奖励的行动，才能获得显著的奖励。然而，为了识别这种行动，它必须探索以前没有被选择的行动。为了获得回报，代理人必须应用已经知道的知识进行探索，以便做出更好的未来行动决策。进退两难的问题是，无论是探索还是开发，都不可能在完成任务的情况下独自进行。代理人必须尝试各种行动，并逐步偏向那些看起来是最好的行动。在一个随机任务中，每个动作都必须经过多次尝试才能得到一个可靠的估计。数十年来，数学家一直在深入研究探索与开发的两难境地。就目前而言，我们只需指出平衡探索与开发的整个问题甚至不是在监督和非监督学习中出现的，至少在纯粹主义形式中是如此。

强化学习直接考虑了目标导向主体与不可预测环境交互的整个问题。与其他机器学习方法不同，比如监督学习只关注模型的创建，规划理论只关注规划的实施而忽略了实时决策过程等，这些机器学习方法关注的都是子问题，而非整体问题。强化学习则是从完整性、交互式、目标导向的代理出发的学习方法，当然这只是其整体框架。如果涉及规划，仍需要加入规划模块，处理规划和实时动作选择之间的相互影响，另外如何获取和改善环境模型（Environment Model）也是其中的一个子问题；如果涉及环境特征的提取，仍需要监督学习（深度学习）来实现。与这些子问题相结合仍然是强化学习研究的一个重要方向。然而，我们必须记住，这些子问题必须在一个全面的、交互式的、目标驱动的代理人问题框架内创建，也就是说，它们必须服务于更大的框架。因此，强化学习框架更具普遍性，或者强化学习研究正在追求普遍的人工智能概念。

当前强化学习最有趣的部分之一是它以一种有意义且富有成效的方式与其他工程和学科互动。强化学习是将创造性智能和机器学习、统计学与其他数学领域紧密结合的长期趋势的一部分。在所有类型的机器学习中，强化学习与人类和其他动物的学习方式最相似，它的许多关键算法都受到生物学习系统的启发。强化学习也取得了很好的效果，大脑奖励系统的元素流动模型和动物学习的心理模型更符合一些实际现象。

▶▶▶ 6.1.1　强化学习要素

除了代理人和环境之外，我们可以归纳出强化学习系统的主要子元素，包括策略、奖励信号、价值函数以及一个可选的环境模型。

策略指定代理人在给定时间的行为方式。简单地说，策略是从当前感知的环境状态到在这种环境状态下要采取的活动的映射。在某些情况下，策略可以像函数或查找表一样简单，但在另外一些情况下，它也可能像搜索过程一样复杂。策略是强化学习的核心，因为在某些情况下，策略足以决定代理人的行为。

强化学习问题的目标由奖励信号决定。环境在每个时间步向强化学习代理人提供一个数字，即奖励。代理人的唯一目的是最大限度地提高总回报，因此奖励信号定义了对于代理人来说什么是有利的或不利的。我们可以将刺激与生物系统中愉快或不愉快的经历相比较，它们是代理人问题的直接和决定性特征。在任何时候发送给代理人的奖励由代理人的当前操作和代理人的当前环境决定，代理人无法改变实现这一点的过程。只有代理人进行的活动才能影响奖励信号，这些活动可能直接影响奖励或通过影响环境状态间接影响奖励。改变策略的主要动机是奖励信号。如果一项策略选择的行动回报不佳，该策略可能会改变行动，并在未来选择不同的行动。奖励信号可以是环境和一般行动的随机函数。

奖励信号表示短期上是良好的，而价值函数（简称值函数）表示长期上是良好的。一个状态的价值大致相当于一个代理人从该状态开始，在未来可能获得的总回报。奖励决定了对于环境状态瞬时的、固有的偏好，而值函数表明了状态长远的利好。这个利好不仅考虑了当前状态的奖励，还考虑了当前状态之后可能导致的状态，以及在这些状态能够获得的奖励。奖励决定了环境状态的直接、内在的可取性，而价值表明在考虑了可能的状态和这些状态中可用的奖励后，状态的长期可取性。一个状态可能只产生一点即时奖励，但它有很高的价值，因为后续状态会产生巨大的即时奖励。同样，这个逻辑反过来也是正确的。类比人类，立即奖励的高低相当于我们高兴或痛苦，但值函数提供的价值代表了对整个事件过程中我们高兴或不高兴程度的深刻评估。

引入值函数的唯一目的就是训练代理人以获得更大的奖励。从某种意义上说，奖励是首要的。当代理人做决策以及评估决策时，我们一直关心的都是值函数而不是立即奖励，因为从长远来看，这些行动为我们赢得了最大的回报。对于动作的选择也是基于对值函数的判断与评估。价值比立即奖励更难以确定，因为立即奖励可以由环境准确地给出，但是价值需要评估甚至多次评估才可能相对比较准确（因为有可能交互过程永远不结束，那么对价值的估计会有偏差）。实际上，几乎所有强化学习算法中最重要的部分都是对于价值函数的有效估计。关于价值函数估计所扮演的核心角色在近 60 年里已被广泛研究。

强化学习系统的第四个（也是最后一个）元素为环境模型。该模型是对环境的仿真，我们可以通过该模型推断出动作对环境的改变，给出准确的立即奖励和状态信息。例如，给定一个状态和动作，模型可以预测出下一个要转移的状态以及下一个立即奖励值。如果模型是确定的，一般使用规划（Planning）的方法来选择最优动作。这种使用模型和规划解决强化学习问题的方法，我们将其称为基于模型（Model-Based）的方法。相反，如果模型是不确定的，也就是 Model-Free，我们只能通过试错的方式进行学习并选择动作。现代强化学习涵盖了从低级的尝试和错误学习到高级的、深思熟虑的计划。

▶▶▶ 6.1.2　K-臂游戏机

与普通的监督学习不同，强化学习任务的最终奖励只能在一系列多步操作后才能看到。在一种比较简单的场景下，最大化一个步骤的奖励，也就是说，只考虑一步操作。即使在这种简化的场景中，强化学习也不同于监督学习，因为在强化学习中机器必须尝试确定每个动作的效果，而不需要任何训练数据来告诉它要采取哪种动作。

游戏设定：有 k 个摇臂，投币后摇动任意一个摇臂，会有一定的概率吐出金币。每个摇臂的吐币概率和数量有所不同，可以反复面对 k 种选择或行动。在每次选择之后，会收到一个数值奖励，该奖励取决于选择的行动的固定概率分布。你的目标是在一段时间内最大化预期的总奖励，例如，在有限的摇臂次数下，使获得的金币最多。

这是 K-臂游戏机问题的原始形式，每个动作选择就像一个游戏机的拉杆游戏，k 个动作的每一个在被选择时都有一个期望或者平均收益，称为这个动作的"价值"。通过反复的行动选择，可以通过将行动集中在最佳杠杆上来最大化奖励。

我们将在时间步 t 选择的动作表示为 A_t，并将相应的奖励表示为 R_t。然后，对于任意动作 a 的价值，定义 $q^*(a)$ 是给定 a 选择的预期奖励 $q^*(a) \doteq E\left[R_t \mid A_t = a\right]$。

如果知道每个动作的价值，那么解决 K-臂游戏机问题将是轻而易举的：选择具有最高价值的动作。假设不确定动作价值，尽管可能有估计值。我们将在时间步 t 的动作 a 的估计值表示为 $Q_t(a)$，并希望 $Q_t(a)$ 接近 $q^*(a)$。

如果保持对动作价值的估计，那么在任何时间步中至少有一个其估计值最大的动作，我们把这些称为贪婪行为。选择其中一个常规动作时，我们会说你正在利用你当前对动作价值的了解。相反，如果你选择了一个非常规动作，那么我们就说你正在探索，因为这可以让你提高对非行动动作价值的估计。利用是在步骤中最大化预期奖励的最好方法，但从长远来看，探索可能会产生更大的总回报。例如，假设贪婪行动的价值是确定的，而其他一些行动估计几乎同样好，但具有很大的不确定性。不确定性使得这些其他行动中的至少一个实际上可能比贪婪行动更好，但你不知道是哪一个。如果你有很多时间步用于选择行动，那么探索非贪婪行动并发现是哪些行动比探索贪婪行动可能会更好。在短期内，奖励在探索期间较低，但从长远来看，奖励更高，因为在发现更好的行动之后，可以多次利用它们。因为无法探索和利用任何单一行动选择，人们通常会提到探索和利用之间的"冲突"。

▶▶▶ 6.1.3　蒙特卡洛强化学习

蒙特卡洛方法是基于对样本回报求平均的办法来解决强化学习的问题的。为了保证能够得到良好定义的回报，这里我们定义蒙特卡洛方法仅适用于回合制任务。也就是说，假设经验被分成一个个的回合，而且对每个回合而言，不管选择什么样的动作，都会结束。只有在事件结束时，价值估计和策略才会改变。蒙特卡洛方法因此能够被写成逐个回合的增量形式，而不是逐步（在线）的形式。术语"蒙特卡洛"被广泛地用于任何的在操作中引入了随机成分的估计方法。这里我们使用它来表示基于平均整个回报的方法。

蒙特卡洛方法使用抽样以及对状态-动作对的回报求平均的办法，很像前文游戏机使用的方法，前文也使用了抽样以及对每个动作的奖励求平均的方法。它们主要的区别在于，蒙特卡洛方法有多种状态，每个状态表现得就像一个不同的游戏机问题（就像一个联合-搜索或前后关联的游戏机），而且它们之间是相互关联的。也就是说，在一个状态下做出一个动作的回报依赖于本事件中这个状态之后的状态所做的动作。因为所有动作的选择都正在学习中，从之前的表述来看，问题变得非平稳。

▶▶▶ 6.1.4　时序差分学习

如果必须将一个想法确定为强化学习的核心，那么毫无疑问，它是时序差分（Temporal Difference，TD）学习。

蒙特卡洛强化学习算法通过考虑采样轨迹，克服了模型未知给策略估计造成的困难。此类算法需在完成一个采样轨迹后再更新策略的值估计，与基于动态规划的策略迭代和值迭代算法（每执行一步策略后就会进行值函数更新）相比，蒙特卡洛强化学习算法的效率低得多，这里的主要问题是蒙特卡洛强化学习算法没有充分利用强化学习任务的 MDP 结构，时序差分学习能做到更高效的免模型学习。

蒙特卡洛强化学习算法的本质是通过多次尝试后求平均来作为期望累积奖励的近似，但它在求平均时是以"批处理式"进行的，即在完成一个完整的采样轨迹后再对所有的状态-动作进行更新。实际上这个更新过程能以增量式进行，对于状态-动作对 (x,a)，不妨假设基于 t 个采样已估计出值函数 $Q_t^\pi(x,a) = \frac{1}{t}\sum_{i=1}^{t} r_i$，则在得到第 $t+1$ 个采样 r_{t+1} 时，有

$$Q_{t+1}^\pi(x,a) = Q_t^\pi(x,a) + \frac{1}{t+1}\left(\gamma_{t+1} - Q_t^\pi(x,a)\right) \qquad (6.1)$$

显然，只需给 $Q_t^\pi(x,a)$ 加上增量 $\frac{1}{t+1}\left(\gamma_{t+1} - Q_t^\pi(x,a)\right)$ 即可将 $\frac{1}{t+1}$ 替换为系数 α_{t+1}，则可将增

量项写作 $\alpha_{t+1}\left(\gamma_{t+1} - Q_t^\pi(x,a)\right)$。在实践中通常令 α_t 为一个较小的正数值，若将 $Q_t^\pi(x,a)$ 展开为每步累积奖励之和，则可看出系数之和为 1，即令 $\alpha_t = \alpha$ 不会影响 Q_t 是累积奖励之和这一性质。更新步长 α 越大，则越靠后的累积奖励越重要。

以 γ 折扣累积奖励为例，利用动态规划方法且考虑到模型未知时使用状态-动作值函数更方便，由式（6.1）有

$$Q^\pi(x,a) = \sum_{x' \in X} P_{x \to x'}^a \left(R_{x \to x'}^a + \gamma V^\pi(x') \right)$$

$$= \sum_{x' \in X} P_{x \to x'}^a \left(R_{x \to x'}^a + \gamma \sum_{a' \in A} \pi(x',a') Q^\pi(x',a') \right) \tag{6.2}$$

通过增量求和可得

$$Q_{t+1}^\pi(x,a) = Q_t^\pi(x,a) + \alpha \left(R_{x \to x'}^a + \gamma Q_t^\pi(x',a') - Q_t^\pi(x,a) \right) \tag{6.3}$$

其中 x' 是前一步在状态 x 执行动作 a 后转移到的状态，a' 是策略 π 在 x' 上选择的动作。

使用式（6.3），每执行一步策略就更新一次值函数估计，于是得到代码 6-1 所示的 SARSA 算法。该算法由于每次更新值函数需知道前一步的状态（State）、前一步的动作（Action）、奖励值（Reward）、当前状态（State）、将要执行的动作（Action），由此被命名为 SARSA 算法。

将 SARSA 算法修改为异策略算法，则得到代码 6-2 所示的 Q-Learning 算法，该算法评估（第 6 行）的是 ε-贪婪策略，执行（第 5 行）的是原始策略。

代码 6-1

输入：环境 E；
　　　动作空间 A；
　　　起始状态 X_0；
　　　奖励折扣 γ；
　　　更新步长 α。

过程：

1: $Q(x,a) = 0$，$\pi(x,a) = \dfrac{1}{|A(x)|}$；

2: $x = x_0$，$a = \pi(x)$；

3: for $t = 1, 2, \cdots$ do

4: 　　$\gamma, x' = $ 在 E 中执行动作 a 产生的奖励与转移的状态；

5: 　　$a' = \pi^\varepsilon(x')$；

6: 　　$Q(x,a) = Q(x,a) + \alpha\left(\gamma + \gamma Q(x',a') - Q(x,a)\right)$；

7: 　　$\pi(x) = \arg\max_{a'} Q(x,a'')$；

8: 　　$x = x'$，$a = a'$；

9: end for

输出：策略 π

代码 6-2

输入：环境 E；
　　　动作空间 A；
　　　起始状态 X_0；
　　　奖励折扣 γ；
　　　更新步长 α。

过程：

1：$Q(x,a)=0$，$\pi(x,a)=\dfrac{1}{|A(x)|}$;

2：$x=x_0$;

3：for $t=1,2,\cdots$ do

4：　$\gamma,x'=$ 在 E 中执行动作 $\pi^e(x)$ 产生的奖励与转移的状态；

5：　$a'=\pi(x')$;

6：　$Q(x,a)=Q(x,a)+\alpha\big(\gamma+\gamma Q(x',a')-Q(x,a)\big)$;

7：　$\pi(x)=\operatorname{argmax}_{a'}Q(x,a'')$;

8：　$x=x'$，$a=a'$;

9：end for

输出：策略 π

▶▶▶ 6.1.5　强化学习的相关技术

强化学习作为一种重要的机器学习方法，在人工智能领域中有着广泛的应用。强化学习能够在不确定的环境中进行智能决策，其可以自适应地调整策略，以应对不同的情况。强化学习能够帮助智能体增强自主性，减少人的干预，实现自主决策和自主行动。强化学习的算法框架比较通用，可以应用于不同的场景和问题，具有很强的可扩展性。下面是一些比较有名的强化学习相关技术。

（1）值函数：值函数是强化学习算法中的一个关键概念，用来衡量智能体在不同状态下的好坏程度。值函数包括状态值函数和动作值函数。

（2）策略：策略是指智能体在每个状态下采取的行动。策略可以基于值函数、基于模型或者直接基于策略梯度来确定。

（3）Q-Learning：Q-Learning 是一种基于值函数的强化学习算法，通过不断更新动作值函数来实现最优策略的学习。

（4）Actor-Critic：Actor-Critic 是一种基于值函数和策略的强化学习算法，通过同时学习动作值函数和策略来实现最优策略的学习。

（5）Deep Q-Network（DQN）：DQN 是一种基于深度学习和 Q-Learning 的强化学习算法，通过神经网络来学习动作值函数，以实现最优策略的学习。

（6）Policy Gradient：Policy Gradient 是一种基于策略梯度的强化学习算法，通过直接优化策略来实现最优策略的学习。

（7）异步优化：异步优化是一种基于多智能体系统的强化学习算法，通过并行化计算和通信来加速算法的收敛速度。

（8）逆强化学习：逆强化学习是一种基于人类专家经验的强化学习算法，通过从专家的行为中学习奖励函数来实现最优策略的学习。

这些技术在不同的场景和问题中都具有一定的优势和适用性。例如，Q-Learning 可以应用于离散的状态和动作空间，而 DQN 可以应用于连续的状态和动作空间。同时，这些技术也面临着一些挑战和问题，例如算法的稳定性、收敛速度和泛化能力等问题，需要针对具体问题进行选择和优化。

6.2 深度学习

深度学习技术可以帮助我们在一个极具潜力的时代获得新的发现。深度学习在寻找系外行星、开发新药物、诊断疾病和探测亚原子粒子方面至关重要。它有可能显著提高我们对生物学的理解，包括基因组学、蛋白质组学、代谢组学、免疫组学和其他领域。

深度学习

凭借深度学习算法，谷歌在 2017 年 5 月再次将世界的注意力吸引到人工智能上。在一场与谷歌开发的围棋程序的比赛中，柯洁以 0∶3 的比分输了。谷歌等大公司在深度学习方面的大量投资是这场胜利背后的驱动力。近年来，深度学习取得了巨大进步，掀起了人工智能发展的新浪潮。深度学习是利用深度神经网络处理大量数据的技术。卷积网络和递归神经网络是两种类型的深层神经网络。

我们生活在一个充满前所未有机遇的时代，气候变化危及粮食生产，甚至未来可能出现争夺稀缺资源的斗争。到 2050 年，预计全球人口将达到 90 亿，这将加剧环境变化的挑战。

》》》6.2.1　走进深度学习

神经网络是在 20 世纪 40 年代发展起来的，它是我们对人脑理解进步的体现。神经网络旨在通过模拟大脑神经元之间的信息传递来处理信息。早期的浅层神经网络难以表达数据之间的复杂关系，而 20 世纪 80 年代发展起来的深层神经网络由于各种原因，很长一段时间都未能成功地训练数据。直到 2006 年，杰弗里·辛顿等人给出了一种新的深度神经网络训练方法。深度学习在短短的几年内彻底改变了多个领域的算法设计，包括语音识别、图像识别和文本解释。此外，用于训练神经网络的芯片性能大幅提升，互联网时代数据量爆炸式增长，使深度神经网络的训练效果显著提升，深度学习技术才有如今被大规模商业化的可能。

将输入预处理为不同的特征，然后对特征进行分类是标准的机器学习方法。由于分类的有效性在很大程度上取决于特征选择的质量，因此大部分工作时间都消耗在寻找合适的特征上。而深度学习将大量数据输入一个复杂的模型中，然后使模型能够自行探索有意义的中间表示。深度学习的优点是允许神经网络自行学习如何捕捉特征，使其成为特征学习器。应该指出的是，深度学习需要大量的数据来“训练”，当训练数据较少时，深度学习的性能可能不会优于经典的机器学习方法。

》》》6.2.2　前馈神经网络

前馈神经网络，也叫作深度前馈网络（Deep Feedforward Network）或者 MLP，是典型的深度学习模型。前馈神经网络的目标是近似某个函数 f^*。例如，对于分类器，$y = f^*(x)$ 将输入 x 映射到一个类别 y。前馈神经网络定义了一个映射 $y = f(x;\theta)$，并且学习参数 θ 的值，使它能够得到最佳的函数近似。

这种模型的传播方式为前向传播，因为信息流过 x 的函数，流经用于定义 f 的中间计算过程，最终到达输出 y。在模型的输出和模型本身之间没有反馈（Feedback）连接。当前馈神经网络被扩展成包含反馈连接时，它们被称为循环网络。

前馈神经网络被称作网络（Network）是因为它们通常用许多不同函数复合在一起来表示。该模型与一个 DAG 相关联，而该图描述了函数是如何复合在一起的。

▶▶▶ 6.2.3 卷积网络

卷积网络（Convolutional Network，也叫作卷积神经网络）是一种专门用来处理具有类似网格结构的数据的神经网络。例如时间序列数据（可以认为是在时间轴上有规律地采样而形成的一维网格）和图像数据（可以看作二维的像素网格）。卷积网络在诸多应用领域都表现优异。"卷积网络"一词表明该网络使用了卷积这种数学运算。卷积是一种特殊的线性运算。卷积网络是指那些至少在网络的一层使用卷积运算来替代一般的矩阵乘法运算的神经网络。卷积网络是神经科学原理影响深度学习的典型代表。

▶▶▶ 6.2.4 循环网络

循环网络是一种神经网络，被广泛应用于自然语言处理、语音识别、时间序列预测等领域。相比传统的前馈神经网络，循环网络可以通过引入循环结构来使信息在网络中持久化传递，从而能够有效地处理时序数据。

循环网络中最重要的部分是隐藏状态，它可以被看作网络在当前时间步的内部状态，同时也是网络在下一个时间步的输入。循环网络通过在时间轴上展开，将网络的隐藏状态在不同的时间步中进行传递和积累。这个过程就像在时间轴上复制一份网络结构，使得信息可以在不同的时间步中进行传递，从而具有对序列数据进行建模的能力。

循环网络的结构通常是由循环单元（Recurrent Unit）和激活函数组成的。循环单元的作用是存储和更新当前的隐藏状态，其中常用的循环单元有简单循环单元（Simple Recurrent Unit）和门控循环单元（Gated Recurrent Unit，GRU）等。激活函数的作用是将网络的输出转换为概率或实数值，常用的激活函数有 Sigmoid、Tanh、ReLU 等。

在循环网络中，网络在每个时间步中都会接收当前输入和上一个时间步的隐藏状态，然后计算出当前时间步的输出和新的隐藏状态。新的隐藏状态会被传递到下一个时间步作为隐藏状态的输入，从而保留了序列数据中的信息。这个过程被称为"前向传播"。

在进行训练时，通常采用 BP 算法来计算网络的梯度，并根据梯度更新网络中的参数。在进行 BP 时，需要通过时间展开，将网络在每个时间步的梯度进行累积，从而得到整个序列上的梯度。然后通过优化算法来更新网络参数，使网络在处理序列数据时具有更好的性能。

循环网络在自然语言处理、语音识别、视频处理等领域中具有广泛的应用，例如文本生成、机器翻译、语音识别、视频帧预测等任务。循环网络可以有效地处理时序数据，使得它在许多任务中具有更好的性能和效果。同时，循环网络结构简单，容易实现和调整，因此也受到了许多研究者的关注。

▶▶▶ 6.2.5 Transformer

Transformer 是一种基于自注意力机制（Self-Attention）的序列到序列模型，该模型在 2017 年被提出。相比传统的循环网络或卷积网络，Transformer 在自然语言处理任务中表现出很高的效率和准确性。

Transformer 的核心是自注意力机制，它可以对一个序列中的任意位置与其他位置进行交互。在自注意力机制中，输入的序列经过 3 个线性变换后分别称为查询向量（Query Vector）、键向量（Key Vector）和值向量（Value Vector）。然后，通过计算查询向量与所有键向量的相似度得到注意力权重，再将注意力权重与对应的值向量相乘并求和得到输出向量。最后，输出向量经过线性变换得到最终的自注意力表示。

Transformer 模型主要由编码器和解码器两个部分组成。编码器由多个相同的层组成，每一层包括一个多头自注意力层和一个前馈神经网络层。在编码器中，输入序列的每个词汇都经过多头自注意力层和前馈神经网络层的处理后，得到对应的编码表示，用于后续任务。解码器也由多个相同的层组成，每一层包括一个多头自注意力层、一个多头注意力层和一个前馈神经网络层。在解码器中，输入序列的每个词汇都经过多头自注意力层、多头注意力层和前馈神经网络层的处理后，得到对应的解码表示，用于生成输出序列。

相比传统的循环神经网络和卷积神经网络，Transformer 的优势主要在于它可以并行计算，因为每个词汇都可以与其他词汇同时计算，而且不需要像循环神经网络那样按顺序计算。另外，Transformer 还可以通过堆叠多个层来增加模型的深度，从而更好地学习复杂的语言表达和语义。这些优势使得 Transformer 在机器翻译、语音识别、问答系统、情感分析等自然语言处理任务中表现出了很高的准确性和效率。

总之，Transformer 的出现不仅丰富了序列建模的方法，还推动了自然语言处理领域的快速发展。

6.3　集成学习

在机器学习的监督学习方法中，我们的目标是学习一个在各个方面都表现良好的稳定模型，但现实世界很少有理想的情况，我们可能只能得到许多具有偏好的模型（如弱监督模型，在某些方面表现较好）。集成学习就是将许多弱监督模型结合起来，创建一个更强大、更完整的模型的过程。集成学习的思想是，即便某一个弱分类器得到了错误的预测，其他的弱分类器也可以将错误纠正。

集成学习，也称为多分类器系统（Multi-Classifier System）、基于委员会的学习（Committee-Based Learning）等，通过构建和合并多个学习器来完成学习任务。

图 6-1 所示为集成学习的一般结构。先产生一组个体学习器（Individual Learner），再用某种策略将它们结合起来。个体学习器通常由一个现有的学习算法通过训练数据产生，例如决策树算法、BP 算法等。目前集成中只包含同种类型的个体学习器，例如决策树集成中全是决策树，神经网络集成中全是神经网络，这样的集成是同质的。同质集成中的个体学习器也称基学习器（Base Learner），相应的学习算法称为基学习算法（Base Learning Algorithm）。

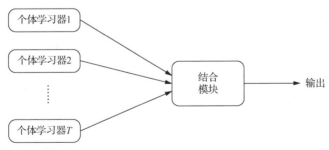

图 6-1　集成学习的一般结构

集成还可以包含多种个体学习器，例如决策树或神经网络，这种组合为异质（Heterogeneous）的。异质集成中的个体学习器由不同的学习算法组成，不存在基学习算法；因此，个体学习器通常被称为组件学习器（Component Learner）或被简称为个体学习器。

集成学习通过将多个学习器进行结合，通常可获得比单一学习器更优越的泛化性能。这一点对弱学习器（Weak Learner）来说尤为明显，因此集成学习的很多理论研究都是针对弱学习器进行的。但需注意的是，虽然从理论上来说使用弱学习器集成足以获得好的性能，但在实践中出于种种考虑，例如希望使用较少的个体学习器，或是重用关于常见学习器的一些经验等，人们往往会使用比较强的学习器。

根据个体学习器的生成模式，目前的集成学习方法大致可分为两类：必须串行生成的序列化方法，其中个体学习器具有很强的依赖性；同时生成的并行化方法，在这种情况下，个体学习器可以同时生成，而不会产生强烈的依赖性。前者的代表是 Boosting，后者的代表是 Bagging和随机森林。

▶▶▶ 6.3.1　Boosting

迈克尔·肯斯（Michael Kearns）提出了一个问题：一组弱学习器的集合能否生成一个强学习器？面对这个问题，提出了 Boosting 算法。Boosting 是一族可将弱学习器提升为强学习器的算法，用来减小监督学习中的偏差。首先，从初始训练集中训练一个基学习器；然后根据基学习器的表现调整训练样本的分布，以便前一个基学习器做错的训练样本在后续训练中得到更多关注，根据调整后的样本分布训练下一个基学习器；重复此操作，直到基学习器的数量达到预先指定的值；最后，将输出的多个基学习器组合成一个强的学习器，提高模型的整体预测精度。

Boosting 族算法中著名的代表是 AdaBoost（Adaptive Boosting，自适应增强）。AdaBoost是第一个为二进制分类开发的真正成功的增强算法。AdaBoost 算法的自适应在于：单个学习器可能无法准确预测对象的类别，但是当我们将多个基学习器分组，每个学习器逐步从其他分类错误的对象中学习时，我们可以构建一个强模型。这里提到的基学习器可以是任何基学习器，从决策树（通常是默认的）到逻辑回归等。

AdaBoost 算法是一种迭代算法，在每一轮中加入一个新的基学习器，直到达到某个预设的、足够小的错误率。我们赋予所有样本相同的权重，表明它被某个学习器选入训练集的概率。为错误分类的样本分配更多权重，以便在下一个决策中正确分类。权重也是根据分类器的准确率分配给每个分类器的。如果某个样本点已经被准确地分类，那么在构造下一个训练集时，它被选中的概率就会降低。通过这样的方式，AdaBoost 算法能够"专注"于更难（且信息丰富）的示例，直到所有数据点都被正确分类，或者达到最大迭代级别。

其描述如代码 6-3 所示，其中 $y_i \in \{-1, +1\}$，f 为真实函数。

代码 6-3

```
输入：训练集 D = {(x₁, y₁), (x₂, y₂), ⋯, (xₘ, yₘ)};
      基学习算法 ℘;
      训练轮数 T。
过程:
1:  K₁(x) = 1/m;
2:  for t=1,2,⋯,T do
3:      hₜ = ℘(D, Kₜ);
4:      εₜ = P_{x~Kₜ}(hₜ(x) ≠ f(x));
5:      if εₜ > 0.5 then break;
6:      αₜ = ½ln((1-εₜ)/εₜ);
```

7: $$K_{t+1}(x) = \frac{K_t(x)}{Z_t} \times \begin{cases} \exp(-\alpha_t) & h_t(x) = f(x) \\ \exp(\alpha_t) & h_t(x) \neq f(x) \end{cases}$$
$$= \frac{K_t(x)\exp(-\alpha_t f(x) h_t(x))}{Z_t};$$

8: end for

输出: $H(x) = \mathrm{sign}\left(\sum_{t=1}^{T} \alpha_t h_t(x)\right)$

Boosting 算法要求基学习器能对特定的数据分布进行学习，这一点可通过重赋权法（Re-Weighting）实施，即在训练过程的每一轮中，根据样本分布为每个训练样本重新赋予一个权重。对无法接受带权样本的基学习算法，则可通过重采样法（Re-Sampling）来处理，即在每一轮学习中，根据样本分布重新对训练集进行采样，再用重采样而得的样本集对基学习器进行训练。一般而言，这两种做法没有显著的优劣差别。需注意的是，Boosting 算法在训练的每一轮都要检查当前生成的基学习器是否满足基本条件（如代码 6-3 中的第 5 行，检查当前基分类器是否比随机猜测好），一旦不满足条件，则当前基学习器被抛弃，且学习过程停止。在此种情形下，初始设置的学习轮数 T 也许还远未达到，可能导致最终集成中只包含很少的基学习器而性能不佳。若采用重采样法，则可获得"重启动"机会以避免训练过程过早停止，即在抛弃不满足条件的当前基学习器之后，可根据当前分布重新对训练样本进行采样，再基于新的采样结果重新训练出基学习器，从而使学习过程可以持续到预设的 T 轮完成。

从偏差-方差分解的角度看，Boosting 主要关注降低偏差，因此 Boosting 能基于泛化性能相当弱的学习器构建出很强的集成。

▶▶▶ 6.3.2　Bagging

可以看出，为了生成一个具有良好泛化性能的集成，集成中的单个学习器应该尽可能独立；虽然"独立性"无法在实际任务中实现，但我们可以让基学习器尽可能多地存在差异。通过随机采样的方法，产生若干个不同的子集，再从每个数据子集中训练出一个基学习器。自助法就是从训练集里面采集固定个数的样本，但是每采集一个样本都将样本放回的方法。

1. Bagging

Bagging 是并行式集成学习方法中著名的代表之一。从名字即可看出，它直接基于自助法。前文介绍过自助法，之前采集过的样本在放回后有可能继续被采集。这样，初始训练集中约有 63.2% 的样本出现在采样集中。

这样，我们可采样出 T 个含 m 个训练样本的采样集，然后基于每个采样集训练出一个基学习器，再将这些基学习器进行结合，这就是 Bagging 的基本流程。在对预测输出进行结合时，Bagging 通常对分类任务使用简单投票法，对回归任务使用简单平均法。若分类预测时出现两个类获得同样票数的情形，最简单的做法是随机选择一个，也可进一步考察学习器投票的置信度来确定最终胜者。Bagging 算法如代码 6-4 所示。

代码 6-4

输入: 训练集 $D = \{(x_1, y_1), (x_2, y_2), \cdots, (x_m, y_m)\}$；
　　　基学习算法 $\wp$；
　　　训练轮数 T。

过程:
1: for $t=1,2,\cdots,T$ do

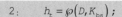

$$2: \quad h_t = \wp\left(D, K_{bs}\right);$$

3: end for

输出：$H(x) = \underset{y \in Y}{\arg\max} \sum_{t=1}^{T} \left\| \left(h_t(x) = y\right) \right\|$

假定基学习器的计算复杂度为 $O(m)$，则 Bagging 的复杂度大致为 $T(O(m)+O(s))$。考虑到采样与投票或平均过程中的复杂度 $O(s)$ 很小，而 T 通常是一个不太大的常数，因此，训练一个 Bagging 集成与直接使用基学习算法训练一个学习器的复杂度同阶，这说明 Bagging 是一个很高效的集成学习算法。另外，与标准 AdaBoost 只适用于二分类任务不同，Bagging 能不经修改地用于多分类、回归等任务。

从偏差-方差分解的角度看，Bagging 主要关注降低方差，因此它在不剪枝决策树、神经网络等易受样本扰动的学习器上的效用更为明显。

2. 随机森林

随机森林在 Bagging 的基础上进行了修改。随机森林在以决策树为基学习器构建 Bagging 集成的基础上，进一步在决策树的训练过程中引入了随机属性选择。先从训练集中采用自助法有放回地重采样，选出 n 个样本，即每棵树的训练集都是不同的，里面包含重复的训练样本（这意味着随机森林并不是按照 Bagging 的 0.632 比例采样）；从所有属性中有选择地选出 K 个属性，选择最佳属性作为节点建立 CART 决策树；重复以上步骤 m 次，即建立了 m 棵 CART 决策树，最后 m 棵 CART 决策树形成随机森林，通过投票表决分类结果，决定数据属于哪一类。而传统决策树在选择划分属性时是在当前节点的属性集合中选择一个最优属性。

随机森林是一种基本的、易于实现的算法，计算成本低。令人惊讶的是，它在各种现实任务中表现良好，被称为"体现集成学习技术水平的方法"。可以看出，随机森林只对 Bagging 进行了一些小的改变，但与 Bagging 基学习器不同，Bagging 基学习器的"多样性"完全是通过对初始训练集进行采样实现的，随机森林中基学习器的多样性是通过样本扰动和属性扰动实现的，通过增加个体学习器之间的差异程度，进一步提高最终组合的泛化性能。

随机森林的起始性能较低，尤其是当集合中只包含一个基学习器时，因为随着属性扰动的引入，随机森林中单个学习器的性能会下降。另外，随着个体学习器数量的增加，随机森林往往会收敛到一个更低的泛化误差。值得注意的是，随机森林的训练效率通常比 Bagging 好，因为 Bagging 使用"确定性"决策树来构建单棵决策树，并且在选择属性进行划分时检查节点的所有属性，而随机森林只需要检查这些属性的一个子集。

▶▶▶ 6.3.3 其他集成学习技术

常见的其他集成学习技术如下所示。

（1）Stacking：基于模型组合的集成学习技术。它通过将多个不同类型的基础模型进行组合，形成一个元模型，用来预测测试集的结果。Stacking 一般分为两层：第一层训练多个基础模型；第二层将第一层的预测结果作为输入，训练一个元模型进行预测。

（2）Blending：一种类似于 Stacking 的集成学习技术。它也是通过训练多个基础模型，然后将它们的预测结果进行加权平均或投票得出最终预测结果。不同于 Stacking，Blending 不需要进行模型组合，而是直接将多个模型的预测结果进行简单的加权平均或投票。

这些集成学习技术可以用于各种机器学习任务，如分类、回归、聚类等。通过组合多个基础模型，集成学习可以提高整个模型的性能和健壮性，同时也可以降低过拟合的风险。

6.4　本章小结

本章介绍了强化学习、深度学习、集成学习这 3 种技术的发展及相应的基础模型。通过对这些知识的学习，读者可以了解这 3 种技术的本源，以便去解决自己想要解决的问题。

6.5　习题

（1）强化学习有哪些要素？

（2）强化学习与其他计算方法的区别是什么？

（3）深度学习包括哪些算法？

（4）集成学习的一般结构是什么？

（5）集成学习可以分为哪两类，并分别对其简述。

第 7 章
其他新兴技术

其他新兴技术
概述

其他新兴技术间的
关系

本章学习目标：

（1）了解物联网、云计算、图计算、边缘计算和区块链等技术的概念与背景；

（2）了解这些新兴技术的应用场景，并理解它们之间的关系。

7.1　物联网

7.1.1　物联网的概念及背景

物联网是一些嵌入了传感器、软件和其他技术的物理对象（或这类对象的组合）通过互联网或其他通信网络与设备和系统连接并交换的系统。

中国信通院在《医疗物联网安全研究报告 2021 年》中给出了物联网的定义"物联网技术，是指通过感知设备，按照约定协议，连接物、人、系统和信息资源，实现对物理和虚拟世界的信息进行处理并作出反应的智能服务系统。"

物联网领域的发展得益于多种技术的融合，包括普适计算、商品传感器、日益强大的嵌入式系统和机器学习技术。传统领域的嵌入式系统、无线传感器网络、控制系统和自动化（包括家居自动化以及建筑自动化），为物联网的实现提供了基础。在消费市场中，物联网类似于"智能家居"，它可以包含共处同一系统的一个或多个设备和家用电器（如照明设备、恒温器、家庭安全系统和摄像头等），也可以通过该系统的相关设备（如智能手机）对系统加以控制。物联网也可以用于医疗系统。

人们对物联网技术和产品发展中的风险有很多担忧，尤其是在隐私和安全方面。因此，行业和政府已经开始着手解决这些担忧，包括制定国际和地方标准、准则和监管框架。

早在 1982 年，人们就开始了关于智能设备网络概念的讨论。在卡内基梅隆大学，一台经过改装的可口可乐自动售货机成为第一台与阿帕网（ARPANET）相连的设备，它能够报告库存以及新放入的饮料是否是冷藏的。许多学术机构也逐渐产生了当代物联网的构想，如 UbiComp 以及 PerCom 等。

7.1.2　物联网的应用

物联网技术的应用通常可以划分为消费类应用、组织机构应用、工业应用、基础设施应用、军事应用、产品数字化等。

1. 消费类应用

越来越多的物联网设备是为消费者设计的，包括联网车辆、自动化家电、可穿戴设备、互联网健康监测设备，以及具有远程监控功能的设备。

（1）智能家居

物联网设备是家庭自动化概念中的一部分，包括照明、温控、媒体、安全系统以及摄像系统等。从长远来看，物联网设备可以通过自动关闭电子设备以及通知用户使用情况等方式来达到节约能源的目的。

智能家居同样是物联网社会的一环，并且是众多消费群体智能化生活的主要组成部分。例如，华为公司提出了 HiLink 协议，并将其作为华为布局智能家居战略的核心。华为建立了 HiLink 统一平台，兼容业界通用的 Wi-Fi、ZigBee 以及蓝牙等连接协议，并且作为覆盖云、端、边以及芯的 HiLink 实现全链接架构标准，从而为整个生态赋能。除了华为的 HiLink 以外，其他企业也推出了许多智能家居方案，如小米的米家、苹果的 HomeKit、美的美居、海尔智家等。

（2）健康看护

物联网的其中一个重要应用是为残疾人士及老年人提供帮助。通过家居系统使用辅助技术来满足特殊用户的需求，如语音控制可以帮助视力和行动能力受限的用户，警报系统可以直接连接到听力受损者佩戴的人工耳蜗上，还可以配备额外的安全功能，包括通过传感器监测医疗场景中发生的紧急情况，如患者跌倒或癫痫发作。智能家居技术的此类应用可以为用户提供更自由和更高的生活质量。

"企业物联网"一词是指在商业和企业环境中使用的设备。据估计，到 2019 年，企业物联网将占据 91 亿台设备。

2. 组织机构应用

（1）医疗及医护

医疗物联网是物联网在医疗健康领域的应用，主要用于收集和分析研究及监测中的数据，是用于创建数字化医疗保健系统、连接现有医疗资源和医疗服务的技术。

物联网设备可以用来实现远程健康监测和紧急通知系统。健康监测设备包括从血压和心率监测器到能够监测特殊植入物的先进设备，如起搏器、Fitbit 电子腕带或先进的助听器。一些医院已经开始应用"智能病床"，这种病床可以检测病床上是否有病人以及病人是否试图起床。智能病床也可以进行自我调节，以确保在没有护士手动处理的情况下向患者施加适当的压力或支撑力。2015 年高盛研究部的一份报告指出，医疗物联网设备"通过增加收入和降低成本，可以为美国每年节省超过 3000 亿美元的医疗开支"。此外，采用移动设备以支持医疗随访用到了分析过的健康统计数据，促进了 M-Health 的创建。

还可以在生活空间内配备专门的传感器，以监测老年人的健康状况，同时确保他们得到适当的治疗，并通过治疗帮助人们恢复失去的行动能力。这些传感器构成了一个智能传感器网络，能够在不同的环境中收集、处理、传输和分析有价值的信息。其他有利于健康生活的设备，例如联网体重秤或可穿戴的心脏监测仪，也属于物联网的一部分。端到端健康监测物联网平台也可用于孕妇和慢性病人，帮助人们监测和管理生命体征及经常出现的药物需求。

塑料和电子织物制造方法的进步使得实现超低成本、一次性使用的 IoMT 传感器成为可能。这些传感器及所需的射频识别（RFID）电子器件可以制作在纸张或电子纺织品上，用于无线供电的一次性传感设备。目前，已经建立了医疗诊断的应用程序，其中便携性和低系统复杂性是必不可少的。

截至 2018 年，IoMT 不仅应用于临床实验室行业，还应用于医疗和保险行业。如今医疗行业的 IoMT 允许医生、病人和其他人，例如病人的监护人、护士、家属等，成为系统的一部分，病人的记录保存在数据库中，允许医生和其他医务人员访问病人信息。此外，以物联网为基础的系统是以病人为中心的，它可以灵活地适应病人的医疗条件。在保险行业中，IoMT 提供了获取更好、更新型动态信息的途径，其中包括基于传感器的解决方案，例如生物传感器、可穿戴设备、联网健康监测设备，以及记录用户行为的移动应用程序。这样可以带来更准确的核保和新的定价模式。

物联网技术在慢性病管理和疾病预防控制等方面发挥着重要作用。强大的无线连接，使远程监控成为可能。它使相关人员能够捕获患者的数据，并在卫生数据分析中应用复杂的算法。

（2）交通

物联网可以帮助整合各种交通系统中的通信、控制和信息处理功能。物联网的应用扩展到了交通系统的各个方面（车辆、基础设施以及用户）。交通系统的这些组成部分之间的动态互动使车辆和车内通信、智能交通控制、智能停车、电子收费系统、后勤和车队管理、车辆控制、道路安全和道路援助成为可能。

在车辆通信系统中，车用无线通信技术（V2X）主要由车对车通信（V2V）、车辆基础设施互联系统（V2I）和车载行人通信（V2P）3 个部分组成。车用无线通信技术是实现自动驾驶和互联道路基础设施的第一步。

（3）建筑自动化

物联网设备可用于监控建筑自动化系统中各种类型建筑（例如公共建筑、私人建筑、工业建筑等）使用的机械、电气和电子系统。在这方面，其主要涵盖了 3 个领域：整合互联网与建筑能源管理系统，以创建节能和 IoT 驱动的智能建筑；实时监控减少能耗的可能途径；在构建环境中集成智能设备，以及如何在未来的应用中使用智能设备。

3. 工业应用

工业物联网也被称为 IIoT，可以从互联的设备、操作技术（OT）、位置和人员那里获取数据并进行分析。与操作技术监控设备相结合，IIoT 有助于调节和监控工业系统。同样，由于资产的大小不同，IIoT 可能从一个小螺丝钉到整个汽车零部件不等，而且这种资产的错位可能造成人力和财力的损失，因此 IIoT 也可以应用在工业存储单元的资产配置自动记录更新方面。

（1）制造业

物联网可以连接各种具有传感、识别、处理、通信、驱动和联网等功能的制造设备。制造设备的网络控制和管理、资产和状况管理、生产过程控制允许将物联网用于工业应用和智能制造。物联网智能系统能够快速制造和优化新产品，并快速响应产品需求。

实现过程控制自动化的数字控制系统、操作员工具和用于优化电厂安全与安保的服务信息系统，均包含于 IIoT。物联网还可以通过预测性维护、统计评估和测量进行资产管理，以最大限度地提高可靠性。工业管理系统可以与智能电网集成，从而实现能源优化。网络传感器提供了测量、自动控制、工厂优化、健康和安全管理以及其他功能。

除了用于一般制造业，物联网还用于建筑工业化。

（2）农业

物联网在农业中有许多应用，例如收集有关温度、降雨量、湿度、风速、害虫侵袭和土壤成分含量的数据。这些数据可以用于自动化耕作技术，帮助人们做出明智的决定，以提高农作物的质量和产量，最大限度地减少风险和浪费以及管理作物所需的工作量。例如，农民现在可以从远处监测土壤温度和湿度，甚至可以将物联网获得的数据应用到精确施肥中。物联网在农业中的应用的总体目标是，将来自传感器的数据与农民对农场的了解相结合，从而帮助提高农业生产力以及降低成本。

中国信通院的《中国智慧农业发展研究报告——新一代信息技术助力乡村振兴》中提到，目前国内已有物联网在农业的成功实践，例如农信互联目前已初步建成"数智+交易+金融"为底层的农业数智生态服务平台。"农信数智"利用互联网、物联网、云计算、大数据、人工智能及现代先进的管理理念，为涉农企业及农户打造农业智慧管理平台。

（3）海事

物联网设备用于监控船只和游艇的环境及系统。许多游艇在冬夏都会有一段时间无人看管，这些装置能够提前发出有价值的警报，提醒人们注意洪水、火灾和船只蓄电池的深度放电。全球互联网数据网络（如 Sigfox）的使用，结合长寿命电池和微电子技术可以持续监控引擎室、舱底和电池，并报告给连接的安卓和苹果应用程序。

4. 基础设施应用

监控城市和农村基础设施，如桥梁、铁路轨道以及陆上、海上风力发电场的运行是物联网的一个关键应用。物联网基础设施可用于监测任何可能危及安全和增加风险的事件或结构条件的变化。物联网可以节省成本、缩短时间、提高工作质量、实现无纸化工作流程和提高生产率，从而使基础设施领域受益。通过实时数据分析，物联网有助于快速做出决策以及节省资金。它还可以通过协调不同服务提供者和这些设施的用户之间的任务，有效地安排维修和保养活动。物联网设备也可以用来控制重要的基础设施，比如桥梁。将物联网设备用于监控和运营基础设施，有助于基础设施相关领域协调事件管理和应急响应、提高服务质量、延长正常运行时间并降低运营成本。甚至像废物管理这样的领域也能从物联网带来的自动化和优化中受益。

（1）智慧楼宇

中国信通院的《新型智慧城市产业图谱研究报告（2021年）》中提到"智慧城市的建设离不开政府的规划引导，顶层设计是智慧城市咨询规划的核心。各地政府依托不同规划设计机构，积极推进智慧城市顶层设计，出现了数智杭州、上海城市数字化转型、济南数字先锋城市、新型智慧城市等各类概念，但各类顶层设计殊途同归，最终目的是全方位重塑城市"。

在中国信通院的《数字孪生城市技术应用典型实践案例汇编（2022年）》中提到了一个典型的例子——杭州滨江楼宇智慧安防建设项目。该项目基于物联网技术，依托智能终端设备的接入实现了一个智慧安防楼宇管控平台。该平台具有滨江全要素数字化表达及可视化呈现、楼宇重点人员进出管理以及楼宇安全预警等功能。

以楼宇重点人员进出管理功能为例，该平台通过物联网技术，依托门禁以及实时监控设备收集楼宇进出人员信息。根据收集到的进出人员信息进行分析，对每条重点信息进行核查，帮助掌握预警的基本情况。结合智能 AI 分析功能集成多种预警算法，进行有效识别、监测预警。

（2）能源管理

大量耗能设备（例如灯具、家用电器、马达、水泵等）已经与互联网连接，使它们能够与公用事业部门通信，不仅可以平衡发电，而且可以有助于优化整体能源消耗。这些设备允许用户进行远程控制或通过基于云的界面进行集中管理，并允许诸如调度等（例如用远程开关控制加热系统、控制烤箱、改变照明条件等）。智能电网是公用事业方面的物联网应用；系统收集能源和电力相关信息并采取行动，以提高电力生产和分配的效率。使用智慧型电表基础建设互联网连接设备，电力公司不仅可从最终用户那里收集数据，还可管理变压器等配电自动化设备。

（3）环境监测

物联网的环境监测应用通常使用传感器监测空气、水质、大气、土壤状况来协助环境保护，甚至可以监测野生动物的活动及其栖息地等。与互联网连接的资源受限设备的开发意味着其他应用，如地震或海啸预警系统，也可以用于紧急服务，以提供更有效的援助。这些应用中的物联网设备通常跨越较大的地理区域，也可以是移动的。有人认为，物联网给无线传感带来的标准化将使这一领域发生革命性变化。

5. 军事应用

军事物联网是物联网技术在军事领域的应用，主要用于侦察、监视或其他与作战相关的目的。它深受城市环境中未来战争的影响，涉及传感器、弹药、车辆、机器人、人体可穿戴生物特征识别技术以及其他与战场相关的智能技术的使用。

6. 产品数字化

物联网在智能或主动包装方面也有应用，在产品或其包装上贴上二维码或近场通信（Near Field Communication，NFC）标签。标签本身是被动的，然而，它包含一个唯一标识符文件夹，使用户能够通过智能手机访问有关产品的数字内容。严格地说，这些被动物品并不是物联网的一部分，但它们可以被视为数字互动的推动者。"包装互联网"一词被用来描述使用独特标识符，使供应链自动化，并被消费者大规模扫描以访问数字内容的应用程序。通过复制敏感型数字水印或者扫描二维码时的复制检测模式，可以实现认证唯一标识符，从而认证产品本身。而且，NFC 标签可以实现加密通信。

7.2 云计算

>>> 7.2.1 云计算的概念及背景

云计算是指按需提供计算机系统资源，特别是数据存储能力（云存储）和计算能力，无须用户直接主动管理。大型云通常具有分布在多个位置上的功能，每个位置都是一个数据中心。云计算依赖于资源共享，以实现一致性和规模经济，通常采用"现收现付"模式，这种模式可有助于减少资本费用，但也可能导致出现意外的运营费用。

在 1977 年最初的 ARPANET 和 1981 年的 CSNET 中，云就被用来表示计算机网络。ARPANET 和 CSNET 都是互联网的前身。"云"这个词被用来比喻互联网，这种简化意味着网络端点连接的细节与理解该图无关。

云计算是一种分布在大规模数据中心，能动态提供各种服务器资源以满足科研、电子商务等领域需求的计算平台。云计算将分布式计算、并行计算和网络计算融合，是虚拟化、效用计算、基础设施即服务（IaaS）、平台即服务（PaaS）、软件即服务（SaaS）等概念混合演进并跃升的结果。简单来说，云计算是基于互联网相关服务的增加、使用和交付模式的，通过互联网来提供一般为虚拟化的动态易扩展资源。狭义云计算指 IT 基础设施的交付和使用模式，广义云计算指服务的交付和使用模式。两种云计算均通过网络以按需、易扩展的方式获得所需服务。这种服务可以是与 IT、软件、互联网相关的服务，也可以是其他服务。

云计算的核心思想是将大量用网络连接的计算资源统一管理和调度，构成一个计算资源池，按需向用户提供服务。提供资源的网络被称为"云"。"云"中的资源在使用者看来是可以无限扩展的，并且可以随时获取、按需使用、随时扩展、按使用付费。

企业数据中心使计算分布在大量的分布式计算机上，而非本地计算机或远程服务器中，这使企业数据中心的运行方式与互联网更相似。这样一来，企业能够将资源切换到需要的应用上，根据需求访问计算机和存储系统。云计算的特点如下。

① 超大规模。"云"具有相当大的规模，许多公司已经拥有几十万甚至上百万台服务器，一般企业私有云可拥有成百上千台服务器。"云"能赋予用户前所未有的计算能力。

② 高可靠性。分布式数据中心可将云端的用户信息备份到地理上相互隔离的数据库主机中，甚至连用户自己也无法判断信息的确切备份地点。该特点既提供了数据恢复的依据，也使得网络病毒和网络黑客的攻击因为失去目的而变成徒劳，大大提高系统的安全性和容灾能力。

③ 虚拟化。云计算支持用户在任意位置、使用各种终端获取应用服务。所请求的资源来自"云"，而非固定的有形的实体。应用在"云"中某处运行，但用户无须了解，也不用担心应用运行的具体位置。

④ 高扩展性。主流的云计算平台均根据 SPI 架构，构建各层集成功能各异的软硬件设备和中间件软件。大量中间件软件和设备提供针对该平台的通用接口，允许用户添加本层的扩展设备。部分云与云之间提供对应接口，允许用户在不同云之间进行数据迁移。类似功能更大程度上满足了用户需求，集成了计算资源，是未来云计算的发展方向之一。

⑤ 按需服务。"云"是一个庞大的资源池，可以像自来水、电、煤气那样被计费，并按需被购买。

⑥ 成本低廉。"云"的特殊容错措施使其可以采用极其廉价的节点来构成云。"云"的自动化集中式管理，使大量企业无须负担日益高昂的数据中心管理成本，"云"的通用性使资源的利用率较传统系统大幅提升，因此用户可以充分享受"云"的低成本优势。

云计算可以按需提供弹性资源，它的表现形式是一系列服务的集合。结合当前云计算的应用与研究，其体系架构可分为核心服务层、服务管理层、用户访问接口层 3 层，如图 7-1 所示。核心服务层将硬件基础设施、软件运行环境、应用程序抽象成服务，这些服务具有可靠性强、可用性高、规模可伸缩等特点，满足多样化的应用需求。服务管理层为核心服务提供支持，进一步确保核心服务的可靠性、可用性与安全性。用户访问接口层实现端到云的访问。

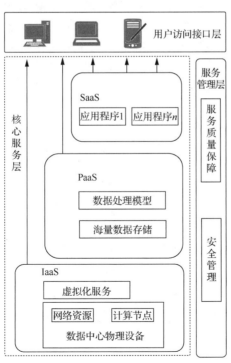

图 7-1　云计算体系架构

1. 核心服务层

IaaS、PaaS、SaaS 是云计算的 3 种服务模式。

IaaS：消费者通过互联网可以从完善的计算机基础设施中获得服务。

PaaS：PaaS 实际上是将软件研发的平台作为一种服务，以 SaaS 模式提交给用户。因此，PaaS 也是 SaaS 模式的一种应用。PaaS 的出现可以加快 SaaS 的发展，尤其是加快 SaaS 应用的开发速度。

SaaS：SaaS 是一种通过互联网提供软件的模式，用户无须购买软件，而是向提供商租用基于 Web 的软件来管理企业经营活动。

云计算服务模型层次如图 7-2 所示。

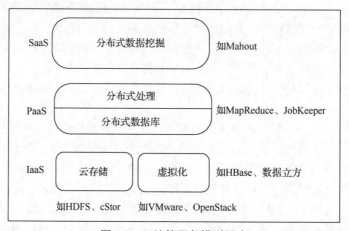

图 7-2　云计算服务模型层次

从使用者的视角看云计算服务模型，如图 7-3 所示，IaaS 由网络和操作系统等组成。对于程序员来说，这部分不需要了解太多，因为不必去组建自己的 IaaS。如果需要使用 IaaS，只需设置操作系统、带宽、硬件配置，实际上就是将其中的操作外包给 IaaS 供应商，程序员使用供应商的服务。PaaS 加入了中间件和数据库，PaaS 公司在网上提供各种开发和分发应用的解决方案，例如，虚拟服务器和操作系统。这样既节省了在硬件上的费用，也让分散办公地之间的合作变得更加容易。SaaS 大多是通过网页浏览器来接入的，任何一个远程服务器上的应用都可以通过网络来运行。

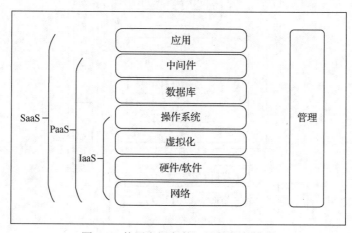

图 7-3　使用者视角的云计算服务模型

3 种服务模式之间没有必然的联系，只是它们都基于互联网，用户按需、按时付费才能使用它们。但是在实际的商业模式中，PaaS 的发展确实促进了 SaaS 的发展，因为提供了开发平台后，SaaS 的开发难度降低了。就用户体验角度而言，它们之间是相互独立的，因为它们面对的是不同的用户。就技术角度而言，它们之间并不是简单的继承关系，因为 SaaS 可以是基于 PaaS 或者直接部署在 IaaS 之上的，PaaS 可以构建于 IaaS 之上，也可以直接构建于物理资源之上。为了便于理解，打个比方，如果我们需要修建一条马路，那么 IaaS 就是这条马路的基石，PaaS 就是这条马路的钢筋、水泥（可以让马路更加牢固），而 SaaS 则是这条马路修建后的用途。

2. 服务管理层

服务管理层为核心服务层的可用性、可靠性和安全性提供保障。服务管理包括服务质量保障和安全管理等。云计算需要提供高可靠性、高可用性、低成本的个性化服务。然而云计算平台规模庞大且结构复杂，很难完全满足用户对服务质量的需求。为此，云计算服务提供商需要和用户进行协商，并制定服务等级协定（Service Level Agreement，SLA），使双方对服务质量的需求达成一致。当服务提供商提供的服务未能达到 SLA 的要求时，用户将得到补偿。此外，数据的安全性一直是用户较为关心的问题。云计算数据中心采用的资源集中式管理方式使得云计算平台存在单点失效问题。保存在数据中心的关键数据会因为突发事件（如地震、断电）、黑客攻击而丢失或泄露。根据云计算服务特点，研究云计算环境下的安全与隐私保护技术（如数据隔离、隐私保护、访问控制等）是保证云计算得以广泛应用的关键。除了服务质量保障、安全管理，服务管理层还包括计费管理、资源监控等管理内容，这些管理措施对云计算的稳定运行同样起到重要作用。

3. 用户访问接口层

用户访问接口层提供云计算服务的泛在访问能力，通常包括命令行、Web 服务、Web 门户等形式。命令行和 Web 服务的访问模式既可为终端设备提供应用程序开发接口，又便于组合多种服务。Web 门户是访问接口的另一种模式。通过 Web 门户，云计算将用户的桌面应用迁移到互联网，从而使用户可随时随地通过浏览器访问数据和程序，提高工作效率。用户虽然可以通过访问接口使用便利的云计算服务，但是不同云计算服务商提供的接口标准不同，导致用户数据不能在不同服务商之间迁移。为此，在英特尔、Sun 和 Cisco 等公司的倡导下，云计算互操作论坛（Cloud Computing Interoperability Forum，CCIF）宣告成立，并致力于开发统一的云计算接口（Unified Cloud Interface，UCI），以实现"全球环境下，不同企业之间可利用云计算服务无缝协同工作"的目标。

（1）云计算与相关计算形式

云计算是继分布式计算、网格计算、并行计算和效用计算之后的新发展模式，也是这些计算机科学概念的商业实现。了解相关计算形式的差异，有助于我们对云计算本质上的理解和把握。

① 云计算与分布式计算。

分布式计算是指在一个松散或严格约束条件下，使用一个硬件和软件系统处理任务，这个系统包含多个处理器单元或存储单元、多个并发的过程、多个程序。一个程序被分成多个部分，同时在通过网络连接起来的计算机上运行。分布式计算类似于并行计算，但并行计算通常用于指一个程序的多个部分同时运行于某台计算机的多个处理器上。分布式计算通常需处理异构环境、多样化的网络连接、不可预知的网络或计算机错误。很显然，云计算属于分布式计算的范畴，是以提供对外服务为导向的分布式计算形式。云计算把应用和系统建立在大规模的廉价服务器集群之上，通过基础设施与上层应用程序的协同构建，以达到最大化利用硬件资源的目的。云计算通过软件的方法容忍多个节点的错误，达到了分布式计算系统可扩展性和可靠性两个方面的目标。

② 云计算与网格计算。

如果单纯根据有关网格的定义"网格将高速互联网、高性能计算机、大型数据库、传感器、远程设备等融为一体，为用户提供更多的资源、功能和服务"，云计算与网格计算就很难被区分了。但从目前一些成熟的云计算实例看，两者又有很大的差异。网格计算强调多个机构的不同服务器构成一个虚拟组织，为用户提供强大的计算资源；云计算主要运用虚拟机（虚拟服务器）进行聚合，形成同质服务，更强调在某个机构内部的分布式计算资源的共享。在网格环境下，无法将庞大的处理程序分解成无数个较小的子程序，并在多个机构提供的资源之间进行处理；而在云计算环境下，由于提供了用户运行环境所需的资源，将用户提交的一个处理程序分解成较小的子程序，因此在不同的资源上进行处理就成为了可能。在商业模式、作业调度、资源分配方式、是否提供服务及其形式等方面，两者的差异还是比较明显的。

③ 云计算与并行计算。

简单而言，并行计算就是在并行计算机上所做的计算，它与人们常说的高性能计算、超级计算是同义词，因为任何高性能计算和超级计算总离不开并行计算技术。并行计算是在串行计算的基础上演变而来的，并努力仿真自然世界中一个序列内含有众多同时发生的、复杂且有关事件的事务状态。近年来，随着硬件技术和新型应用的不断发展，并行计算也有了若干新的发展，如多核体系结构、云计算、个人高性能计算机等。所以云计算是并行计算的一种形式，也属于高性能计算、超级计算的形式之一。作为并行计算的新发展模式，云计算意味着对于服务端的并行计算要求增强，因为数以万计用户的应用都是通过互联网来实现的，它在带来用户工作方式和商业模式的根本性改变的同时，也对大规模并行计算的技术提出了新的要求。

④ 云计算与效用计算。

效用计算是一种基于计算资源使用量付费的商业模式，用户从计算资源供应商处获取和使用计算资源，基于实际使用的资源付费。在效用计算中，计算资源被看作一种计量服务，就像传统的水、电、煤气等资源一样。传统企业数据中心的资源利用率普遍在 20%左右，这主要是因为超额部署，购买比平均所需资源更多的硬件以便处理峰值负载。效用计算允许用户只为他们所需要用到且已经用到的那部分资源付费。云计算以服务形式提供计算、存储、应用资源的思想与效用计算的非常类似。两者的区别不在于这些思想背后的目标，而在于组合到一起以使这些思想成为现实的现有技术。云计算是以虚拟化技术为基础的，提供最大限度的灵活性和可扩展性。云计算服务提供商可以轻松地扩展虚拟环境，通过提供者的虚拟基础设施，提供更大的带宽或更多的计算资源。效用计算通常需要类似云计算的基础设施的支持，但并不是一定需要。同样，在云计算之上可以采用效用计算，也可以不采用效用计算。

（2）云计算的机遇与挑战

云计算的研究领域广泛，并且与实际生产应用紧密结合。纵观已有的研究成果，还可从以下两个角度对云计算做深入研究：一是拓展云计算的外沿，将云计算与相关应用领域相结合，这里以移动互联网和科学计算为例，分析新的云计算应用模式及尚需解决的问题；二是挖掘云计算的内涵，讨论云计算模型的局限性，这里以端到云的海量数据传输和大规模应用的部署与调试为例，阐释云计算面临的挑战。

① 云计算与移动互联网的结合。

云计算和移动互联网的联系紧密，移动互联网的发展丰富了云计算的外沿。移动设备在硬件配置和接入方式上具有特殊性，因此有许多问题值得研究。首先，移动设备的资源是有限的。访问基于 Web 门户的云计算服务往往需要在浏览器端解释执行脚本文件（如 JavaScript、AJAX

等文件），因此会消耗移动设备的计算资源和能源。虽然为移动设备定制客户端可以减少移动设备的资源消耗，但是移动设备运行平台种类多、更新快，导致定制客户端的成本相对较高，因此需要为云计算设计交互性强、计算量小、普适性强的访问接口。其次是网络接入问题。对于许多 SaaS 层服务来说，用户对响应时间敏感。但是，移动网络的时延比固定网络的高，而且容易丢失链接，导致 SaaS 层服务可用性降低。因此，需要针对移动设备的网络特性对 SaaS 层服务进行优化。

② 云计算与科学计算的结合。

科学计算领域希望以经济的方式求解科学问题，云计算可以为科学计算提供低成本的计算能力和存储能力。但是，在云计算平台上进行科学计算面临着效率低的问题。虽然一些服务提供商推出了面向科学计算的 IaaS 层服务，但是其性能和传统的高性能计算机相比仍有较大差距。研究面向科学计算的云计算平台，首先要从 IaaS 层入手。IaaS 层的 I/O 性能成为影响执行时间的重要因素：ⓐ网络时延问题，MPI 并行程序对网络时延比较敏感，传统高性能计算集群采用 InfiniBand 网络降低传输时延，但是虚拟机对 InfiniBand 的支持不够，不能满足低时延需求；ⓑI/O 带宽问题，虚拟机之间需要竞争磁盘和网络 I/O 带宽，对于数据密集型科学计算应用，I/O 带宽的减少会延长执行时间。其次要在 PaaS 层研究面向科学计算的编程模型。虽然莫雷蒂（Moretti）等提出了面向数据密集型科学计算的 All-Pairs 编程模型，但是该模型的原型系统只运行于小规模集群，并不能保证其可扩展性。最后，对于复杂的科学工作流，要研究如何根据执行状态与任务需求动态申请和释放云计算资源，以及优化执行成本。

③ 端到云的海量数据传输。

云计算将海量数据在数据中心进行集中存放，为数据密集型计算应用提供强有力的支持。目前许多数据密集型计算应用需要在端到云之间进行海量数据的传输，如 AMS-02 实验每年将产生约 170 TB 的数据，需要将这些数据传输到云数据中心存储和处理，并将处理后的数据分发到各地研究中心进行下一步的分析。若每年完成 170 TB 的数据传输，至少需要 40 Mbit/s 的网络带宽，但是这样高的带宽需求很难在当前的互联网中得到满足。

④ 大规模应用的部署与调试。

云计算采用虚拟化技术在物理设备和具体应用之间加入了一层抽象，这要求原有基于底层物理系统的应用必须根据虚拟化做相应的调整才能部署到云计算环境中，从而降低了系统的透明性和应用对底层系统的可控性。另外，云计算利用虚拟化技术能够根据应用需求的变化弹性地调整系统规模，降低运行成本。因此，对于分布式应用，开发者必须考虑如何根据负载情况动态分配和回收资源。但该过程很容易产生错误，如资源泄露、死锁等。上述情况给大规模应用在云计算环境中的部署带来了巨大挑战。为解决这一问题，我们需要研究适应云计算环境的调试与诊断开发工具以及新的应用开发模型。

与云计算相关的概念还有雾计算、边缘计算等。雾计算是云计算概念的延伸，是局域网的分布式计算范式，符合互联网的"去中心化"特征，其低时延、位置感知、广泛的地理分布、适应移动性的应用特征，使得该计算范式可支持更多的边缘节点。

2013 年，出现了边缘计算的概念，OpenStack 社区给出的定义为：边缘计算是为应用开发者和服务提供商在网络的边缘侧提供云服务和 IT 环境服务，目标是在靠近数据输入或用户的地方提供计算、存储和网络带宽。

雾计算与边缘计算的区别在于：雾计算具有层次性、网式架构；边缘计算依赖于不构成网络的单独节点。雾计算中的不同节点之间具有广泛的对等互联能力，而边缘计算是"孤岛"中运行的节点，这样的节点被容纳入云或雾的网络中可实现流量传输。

云计算、雾计算、边缘计算是 3 种不同但又相关的计算范式，每种范式对于数据库系统而

第 7 章 其他新兴技术

言，都有提出不同需求的可能。如今，云计算中的云数据库的特征基本被探明，但还在发展中。雾计算中的雾数据库的特征尚未被提出。边缘计算中的数据库是否可从传统的单机数据库系统稍加演化得到，也尚未有提及或讨论。

但是，3 种计算范式适用于不同类型的应用，对数据的存储、管理、计算、交换的需求也有差异，我们深入研究不同应用的需求和特点可得到不同类型的数据库。未来数据库的类型或形态会更加丰富多彩。

▶▶▶ 7.2.2　云计算的应用

较为简单的云计算技术已经普遍服务于现如今的互联网服务中，最为常见的就是搜索引擎和网络邮箱。大家最熟悉的搜索引擎莫过于谷歌和百度了。在任何时刻，只要用移动终端在搜索引擎上搜索就可以找到任何自己想要的资源，并可以通过云端共享数据资源。网络邮箱也是如此。在过去，寄写一封信件是一件比较麻烦的事情，同时也是很慢的过程。在云计算技术和网络技术的推动下，电子邮箱成了社会生活中的一部分，人们只要在网络环境下，就可以实现实时的邮件寄发。其实，云计算技术已经融入现今的社会生活。

1. 存储云

存储云，又称云存储，是在云计算技术上发展起来的一种新的存储技术。云存储是以数据存储和管理为核心的云计算系统。用户可以将本地的资源上传至云端，以便在任何地方连入互联网来获取云上的资源。大家所熟知的谷歌、微软等大型网络公司均提供云存储的服务。在国内，百度智能云和微云则是市场占有量较大的存储云。存储云向用户提供了存储容器服务、备份服务、归档服务和记录管理服务等，大大方便了使用者对资源的管理。

2. 医疗云

医疗云在云计算、移动技术、多媒体、5G 通信、大数据，以及物联网等新技术的基础上，结合医疗技术，使用云计算来创建医疗健康服务云平台，实现医疗资源的共享和医疗范围的扩大。因为与云计算技术的结合，医疗云提高了医疗机构的工作效率，方便居民就医。像现在医院的预约挂号、电子病历、电子医保等都是云计算与医疗领域结合的产物，医疗云还具有数据安全、信息共享、动态扩展、布局全国的优势。

3. 金融云

金融云利用云计算的模型，将信息、金融和服务等功能分散到庞大分支机构构成的互联网"云"中，旨在为银行、保险和基金等金融机构提供互联网处理和运行服务，同时共享互联网资源，以解决现有问题并达到高效率、低成本的目标。国内许多金融企业已经将云计算与金融相结合，推出金融云服务，用户只需要在手机上简单操作，就可以完成银行存款、保险购买和基金交易。

4. 教育云

教育云实质上是指教育信息化的一种发展。具体来说，教育云可以将所需要的任何教育硬件资源虚拟化，然后将其连入互联网，以向教育机构和学生、老师提供一个方便、快捷的平台。现在流行的慕课就是教育云的一种应用。慕课指的是大规模开放的在线课程（MOOC）。现阶段，国外三大慕课平台为 Coursera、edX 以及 Udacity。在国内，中国大学 MOOC 也是非常好的慕课平台；在 2013 年 10 月 10 日，清华大学推出 MOOC 平台——学堂在线，许多大学现已使用学堂在线开设了一些课程的慕课。

7.3 图计算

7.3.1 图计算的概念及背景

图（Graph）是用于表示对象之间关联关系的一种抽象数据结构，使用顶点（Vertex）和边（Edge）进行描述：顶点表示对象，边表示对象之间的关系。可被抽象成用图描述的数据即为图数据。图计算，便是以图作为数据模型来表达问题并予以解决的过程。以高效解决图计算问题为目标的系统软件称为图计算系统。

1. 图计算

将数据按照图的方式建模可以获得以往用扁平化的视角很难得到的结果。以图的方式进行建模有两个优点：首先，图可以将各类数据关联起来，并且将不同来源、不同类型的数据融合到同一张图里进行分析，可以得到原本独立分析难以发现的结果；其次，图的表示可以让很多问题的处理更加高效，例如最短路径、连通分量等问题，用图计算的方式可以被予以高效的解决。

但与此同时，图计算也具有一些区别于其他类型计算任务的挑战。

随机访问多：图计算围绕图的拓扑结构展开，计算过程会访问边以及关联的两个顶点，但由于实际图数据具有稀疏性（通常只有几到几百的平均度数），不可避免地产生了大量随机访问。

计算不规则：实际图数据具有幂律分布的特性，即绝大多数顶点的度数很小，极少部分顶点的度数却很大（例如在线社交网络中明星用户的粉丝量很多），这使得计算任务的划分较为困难，十分容易导致负载不均衡。

2. 图计算系统

随着图数据规模的不断增长，人们对图计算能力的要求越来越高，大量专门面向图数据处理的计算系统便诞生在这样的背景下。

Pregel 是由谷歌公司研发的专用图计算系统，它提出了以顶点为中心的编程模型，将图分析过程分为若干轮，每一轮各个顶点独立地执行各自的顶点程序，通过消息传递在顶点之间同步状态。除 Pregel 外，常见的图计算系统还有 GraphX，它基于卡内基梅隆大学的 Select 实验室所提出的 GraphLab 计算模型，实现了更细粒度的数据划分，从而实现了更好的负载均衡。

尽管上述的这些图计算系统与 MapReduce、Apache Spark 等相比，在性能上已经有了显著的提升，但是它们的计算效率依然非常低下，甚至不如精心优化的单线程程序。

清华大学计算机系针对已有系统的局限性提出了 Gemini。这个以计算为中心的设计理念，通过降低分布式带来的开销并尽可能优化本地计算部分的实现，使得系统能够在具备扩展性的同时不失高效性。针对图计算的各个特性，Gemini 在数据压缩存储、图划分、任务调度、通信模式切换等方面都提出了对应的优化措施，比其他知名图计算系统的最快性能还要快一个数量级。ShenTu 沿用并扩展了 Gemini 的编程和计算模型，能够利用神威·太湖之光整机上的计算资源，高效处理 70 万亿条边的超大规模图数据，并在 2018 年入围了戈登·贝尔奖的决赛名单。

除了使用向外扩展的分布式图计算系统来处理规模超出单机内存的图数据，也有一些解决方案通过在单台机器上高效地使用外存来完成大规模图计算任务，其中的代表有 GraphChi、XStream、FlashGraph、GridGraph、Mosaic 等。

互联网使图成了一种流行的分析和研究对象。Web 2.0 激发了人们对社交网络的兴趣。其他大型图的处理，例如运输路线、报纸文章相似性、疾病暴发的路径或已发表的科学著作之间的引用关系等相关的图的研究已经进行了几十年。常用的算法主要有两种：一是最短路径计算，二是不同风格的集群以及页面排名主题的变化计算。除了上述两种常用算法外，还有许多其他有实用价值的图计算问题，例如最小割和连通分支问题。

高效地处理大型图是一项具有挑战性的工作。图算法通常会出现在内存访问局部性方面表现较差、每个顶点利用不充分且在工作过程中顶点的并行度会不断发生变化等问题。分布在许多机器上的顶点加剧了局部性问题的产生，并增加了机器在计算过程中出现故障的可能性。尽管大型图无处不在，并且具有重要的商业价值，但我们仍没有可以用在大规模分布式环境中在任意图上实现任意图算法的可扩展的通用系统。

处理大型图的算法通常有以下几种。

（1）制定自定义分布式基础架构，这通常需要做大量的工作，每种新算法或图表示都要重复做这些工作。

（2）依赖现有的分布式计算平台，但这通常不适合图处理。例如，MapReduce 非常适合用于解决大规模计算问题。它有时也用于挖掘大型图，但这可能导致性能下降和可用性问题。虽然处理数据的基本模型已经进行了扩展以促进聚合和类似 SQL 的查询，但这些扩展通常不适合图算法，更适合消息传递模型。

（3）使用单计算机图算法库，如 BGL、LEDA、NetworkX、JDSL、Stanford GraphBase、或 FGL，但这样限制了可以解决问题的规模。

（4）使用现有的并行图系统，如 The Parallel BGL 和 CGMgraph 库处理并行图形算法。但这种方法对于容错以及对大规模分布式系统很重要的其他问题并没有进行处理。

7.3.2 图计算的应用

1. 网页排序

将网页作为顶点、将网页之间的超链接作为边，整个互联网可以被建模成一张非常巨大的图（十万亿级边）。搜索引擎在返回结果时，除了需要考虑网页内容与关键词的相关程度，还需要考虑网页本身的质量。

PageRank 最早是谷歌用于对网页进行排序的算法，通过将链接看成投票来指示网页的重要程度。PageRank 的计算过程并不复杂：在首轮迭代开始前，所有顶点将自己的 PageRank 值设为 1；每轮迭代中，每个顶点向所有邻居贡献自己当前 PageRank 的值除以出边数来作为投票，然后将收到的所有来自邻居的投票累加起来作为新的 PageRank 值；如此往复，直到所有顶点的 PageRank 值在相邻两轮迭代之间的变化达到某个阈值为止。

2. 社区发现

社交网络也是一种典型的图数据：顶点表示人，边表示人际关系；更广义的社交网络可以将与人有关的实体也纳入进来，例如手机、地址、公司等。社区发现是社交网络分析的一个经典应用：将图分成若干社区，每个社区内部的顶点之间具有相比社区外部更紧密的连接关系。社区发现有非常广泛的用途，在金融风控、国家安全、公共卫生等大量场景都有相关的应用。

标签传播是一种常用的社区发现算法：每个顶点的标签即自己的社区，初始化时设置自己的顶点编号；在随后的每一轮迭代中，每个顶点将邻居中出现最频繁的标签设置为自己的新标签；当所有顶点相邻两轮之间的标签变化低于某个阈值时则停止迭代。

3. 最短路径发现

在图上发现顶点与顶点之间的最短路径是一类很常见的图计算任务，根据起始顶点与目标顶点集合的大小，其又可分为单对单（一个顶点到一个顶点）、多对多（多个顶点到多个顶点）、单源（一个顶点到所有其他顶点）、多源（多个顶点到所有其他顶点）、所有点对（所有顶点到其他所有顶点）等。对于无权图，通常使用广度优先搜索算法；对于有权图，比较常见的有最短路径搜索算法、Bellman-Ford 算法等。

最短路径发现的用途十分广泛：在知识图谱中经常需要寻找两个实体之间的最短关联路径；基于黑名单和实体之间的关联可以发现其他顶点与黑名单之间的距离；而所有点对的最短路径可以帮助衡量各个顶点在整张图的拓扑结构所处的位置（中心程度）。

7.4 边缘计算

>>> 7.4.1 边缘计算的概念及背景

边缘计算即发生在网络边缘的所有云计算，更具体地说是需要实时处理数据的应用。云计算基于大数据，而边缘计算基于即时数据，即传感器或用户生成的实时数据。边缘计算是一种分布式计算的范例，它使数据计算和数据存储更接近数据源，这有望缩短响应时间并节省带宽。我们常常将边缘计算和物联网误认为是同义词。但边缘计算是一种对拓扑和位置敏感的分布式计算，物联网是边缘计算用例的实例化。边缘计算指的是一种架构，而不是一种特定的技术。

边缘计算起源于内容交付网络，这个网络创建于 20 世纪 90 年代末，用于从边缘服务器向用户提供网络内容。在 21 世纪初，这些网络逐渐演变成在边缘服务器上托管应用程序和应用程序组件的服务，最终形成了第一批商业边缘计算服务，这些服务托管了经销商定位器、购物车、实时数据聚合器和广告插入引擎等应用程序。

目前边缘计算概念百花齐放，暂无统一的定义。在这里姑且用维基百科上给出的边缘计算的概念来加以介绍：边缘计算是一种分散式运算的架构，将应用程序、数据资料与服务的运算，由网络中心节点移往网络逻辑上的边缘节点来处理。边缘计算将原本完全由中心节点处理的大型服务加以分解，切割成更小与更容易管理的部分，分散到边缘节点去处理。边缘节点更接近用户终端装置，可以加快资料的处理与传输速率，减少延迟。边缘计算是在靠近数据源头的地方提供智能分析处理服务，减少时延，提升效率，提高安全和隐私保护度。

边缘计算的发展前景广阔，被称为"人工智能的最后一公里"，但它还在发展初期，有许多问题需要被解决，如框架的选用、通信设备和协议的规范、终端设备的标识、更低的延迟需求等。随着 IPv6 及 5G 技术的普及，其中的一些问题将被解决，虽然这是一段不短的历程。

相较于云计算，边缘计算有以下这些优势。

优势一：更多的节点来负载流量，使得数据传输速率更快。

优势二：更靠近终端设备，传输更安全，数据处理更及时。

优势三：更分散的节点相比云计算故障所产生的影响更小，还解决了设备散热问题。

边缘计算是一种计算模式。在该计算模式下，服务与计算资源被放置在靠近终端用户的网络边缘设备中。与传统的云计算数据中心相比，边缘计算中直接为用户提供服务的计算实体（如移动通信基站、WLAN、家用网关等）距离用户很近，通常只有一跳的距离，即直接相连。这些与用户直接相连的计算服务设备称为网络的边缘设备。

如图 7-4 所示，对于校园、工业园区等场景，配备计算和存储资源的设备即可作为边缘设备，为其前端用户提供边缘计算服务；对于城市街区场景，移动通信基站可作为边缘计算设备提供服务；对于家庭住宅场景，家用网关可作为边缘计算设备。

图 7-4　边缘计算系统示意图

关于边缘计算的概念，国内外学术界与工业界存在几种定义。根据其出发点的不同，本书将边缘计算的定义整理如下。

边缘计算作为云计算的延伸：边缘计算是一种云计算优化方法，通过将网络集中节点（云核心）上的应用、数据和服务放置到逻辑边界节点（边缘），从而与物理世界建立直接的联系。

边缘计算作为前端设备和云计算的中介：边缘计算是指那些使得计算发生在网络边缘的技术的合集，向下的数据流来自云计算服务，向上的数据流来自前端的各类物联网设备。

描述计算平台的角度：根据中国边缘计算产业联盟的定义，边缘计算是在靠近物或数据源头的网络边缘侧，融合网络、计算、存储、应用等核心能力的开放平台，就近提供边缘智能服务，满足行业数字化在敏捷连接、实时业务、数据优化、智能应用、安全与隐私保护等方面的关键需求。它可以作为连接物理和数字世界的"桥梁"，使能智能资产、智能网关、智能系统和智能服务。

泛化的云与用户之间的补充：边缘计算是指从数据源到云数据中心的路径上任意计算和网络资源的统称。该定义明确将边缘计算看作云计算中心与用户之间所有计算和资源的统称。

本小节从计算模式发展的角度给出边缘计算的定义：边缘计算是一种计算资源与用户接近、计算过程与用户协同、整体计算性能高于用户本地计算和云计算的计算模式，是实现无处不在的"泛在算力"的具体手段。其中，边缘设备可以是任意形式，其计算能力通常高于前端设备，且前端设备与边缘设备之间应当具有相对稳定、低延迟的网络连接。

▶▶▶ 7.4.2　边缘计算的应用

边缘计算应用程序减少了必须移动的数据量、随之而来的流量，以及缩短了数据必须传输的距离，这样可以提供更低的延迟并降低传输成本。正如早期研究显示，实时应用（如人脸识别算法）在响应时间方面的计算成本有了相当大的降低。进一步的研究表明，如果在移动用户附近使用称为 Cloudlets 的提供了云中常用服务的资源丰富型设备，当一些任务被转移到边缘节点时，执行时间可以被缩短。另外，由于不同设备和节点之间的传输时间不同，分流每个任务可能会导致速度减慢，因此需要根据工作负载定义最佳配置。边缘计算主要有以下几个应用场景。

医疗场景：边缘计算有助于健全医疗保障体系的 IT 基础架构，降低医疗管理设备的应用程序的延迟；依托于边缘计算，可以实现关键数据的本地化，保障整个医疗场景链路上的安全性和有效性。

虚拟现实技术：将边缘计算应用于虚拟现实（VR）技术可以通过本地设备提升用户的参与感，给用户带来更加生动、更加及时的使用体验。

增强现实技术：增强现实技术具有计算密集型特点，对时延有很高的需求，需要高带宽、低时延和比较强的计算能力支撑。如果将增强现实产品的部分计算任务转移到边缘侧，则由于边缘侧更靠近增强现实产品，时延问题会得到解决。

智能制造：其实边缘计算在智能制造方面属于基础层面的组成部分，在生产车间进行"近实时"分析，可以提升运营效率、增加边际效益，从而提高利润；此外，通过边缘计算系统收集数据、制造智能化工具的过程中，可以及时识别异常情况，尽量避免生产线换线停顿。

云架构的数据存储：传统云计算架构中，可能会存储很多多余的数据。这些数据会占用很大的空间，为系统的整体运行造成严重的负担。对于企业来说，这些数据是没有必要存储的。使用边缘计算技术，可以只向云端传输有效的数据，减少冗余数据的存储。

安保系统：对于那些建有庞大又复杂安保系统的企业来说，边缘计算非常实用，它可以有效筛选出关键信息以防止带宽的浪费。举例来说，若动作捕捉摄像机具备边缘运算能力，就可以只上传有价值的信息。

云游戏：云游戏是指游戏的某些方面可以在云中运行，而渲染的视频被传输到运行在手机、VR 眼镜等设备上的轻量级客户端，这种类型的数据流也被称为像素流；云游戏对于带宽、时延、连接质量、资源分配等方面具有很高的要求，传统的云基础架构可能无法满足上述要求，但是边缘计算可以更加有效率、更加具有针对性地对数据进行采集和传输。

7.5 区块链

▶▶▶ 7.5.1 区块链的概念及背景

区块链是借密码学串接并可保护内容的串联文字记录。每一个区块包含前一个区块的加密散列、相应时间戳记录以及交易资料[通常用默克尔树（Merkle tree）算法计算的散列值表示]，这样的设计使区块内容具有难以篡改的特性。用区块链技术串接的分布式账本能让两方有效记录交易，且可永久查验此交易。

目前区块链技术最大的应用是比特币。因为支付的本质是"将账户 A 中减少的金额增加到账户 B 中"。如果人们有一本公共账簿，记录了所有账户至今为止的所有交易，那么对于任何一个账户，人们都可以计算出它当前拥有的金额数量。区块链恰恰是用于实现这个目的的公共账簿，其保存了全部交易记录。在比特币体系中，比特币地址相当于账户，比特币数量相当于金额。

这里以比特币的区块链账本为例进行说明。每个区块基本由上一个区块的散列值、若干条交易、一个调节数等元素构成。一个矿工通过交易广播渠道收集交易项目并打包，协议约定了由区块生成速度而产生的难度目标值，通过不断将调节数和打包的交易数据进行散列运算，算出对应散列值使其满足当时相应的难度目标值，最先计算出调节数的矿工可以将之前获得的上一个区块的散列值、交易数据与当前算出的对应区块的调节数集成为一个账本区块并广播到账本发布渠道，其他矿工就可以知道新区块已生成并知道该区块的散列值（作为下一个区块的"上一个区块的散列值"），从而放弃当前待处理的区块数据生成并投入新一轮的区块生成。

对于其他基于区块链的应用，主要是针对所负载的数据、区块安全性的维持方式等进行调整。

区块链共享价值体系首先被众多的"加密货币"效仿，并在工作量证明和算法上进行改进，如采用权益证明和 Scrypt 算法。随后，区块链生态系统在全球不断进化，出现了智能合约区块链以太坊、"轻所有权、重使用权"的资产代币化共享经济。目前人们正在利用这一共享价值体系，在各行各业开发去中心化应用（Decentralized Applications，DApp），在全球各地构建去中心化自主组织和去中心化自主社区（Decentralized Autonomous Society，DAS）。

截至 2019 年，我国的相关公司占有全球区块链专利权的八成以上，在 2016 年公布的"十三五"规划纲要中，就已将区块链技术列为战略性前沿技术。

区块链技术在发展过程中衍生出了多种类别。最常见的是根据节点间的组织形式和决策机制将区块链系统分为公有链、私有链和联盟链 3 类，如表 7-1 所示。

表 7-1 区块链系统分类

类别	特点	案例
公有链	节点任意接入，无信任，规则驱动	比特币、以太坊等
私有链	节点受到充分控制，节点间强信任；网络有严格的准入和监督机制	企业内部的系统一般属于此类
联盟链	由联盟准许的节点组成网络，可预选节点来主导共识机制；网络有一定的准入和监督机制	Quorum、Fabric

公有链也简称为"公链"，它对分布式节点没有特定要求，完全以算法、数据结构和节点共识机制来组织。在这类系统中，节点之间是没有任何信任约束的。

私有链一般适用于企业或组织内部，由内部管理者进行授权和管理。这类系统中，由于节点是由系统的发起者充分控制的，因此节点间是强信任的。

联盟链中，一般由若干相互独立的主体共同形成联盟，并由这些主体各自运行一个或多个节点，只有被信任的联盟成员才能加入节点网络。这种系统中的节点有一定的网络准入和监督机制。在实践中，联盟链常由行业内的企业及监管机构共同发起和维护。

区块链技术的演进过程大致可划分为 3 个阶段，如图 7-5 所示。

图 7-5 区块链技术的演进过程

第一个阶段以中本聪在 2008 年提出的比特币区块链为代表。比特币区块链的实质是利用区块链技术实现一种分布式的记账机制，并以此为基础实现比特币的交易，其核心技术包含未花费的交易输出（Unspent Transaction Output，UTXO）模型、链式账本数据结构、加密技术，以及基于"工作量证明"的共识机制等。比特币区块链是公有链，由全球的分布式节点共同维护。同时代的区块链应用还有 Namecoin、Colored Coin，以及 Metacoins 等。比特币区块链有一些局限性。例如，UTXO 交易模型缺少对状态的支持，只适合简单、一次性的交易合约。这些限制使得它很难应对金融领域中各种较复杂的场景。还有一些专家认为比特币区块链中的"工作量证明"共识机制过于消耗计算量，平均 10 min 生成一个区块，效率很低。

区块链技术第二个阶段的主要特点是引入了"智能合约"理念，该系统成为可编程的区块链系统，进而支持简单的金融合约业务场景。与第一个阶段的区块链技术相比，这个阶段的区块链技术通过图灵完备的编程语言，让开发者能够创建合约，实现去中心化应用，以太坊和Fabric 是这个阶段的主要代表。其中，以太坊是继比特币之后一个很具影响力的公有链协议，它采用了合约账户的概念，能够通过执行智能合约实现两个账户之间价值和状态的转换。Fabric 是由 IBM 公司主导开发的一个联盟链，支持用容器技术运行智能合约代码，对高级语言开发有良好的开放性。该阶段的区块链技术在共识算法方面也有很多创新。

第三个阶段是区块链在应用领域、效率，以及安全性方面的扩展，即目前的发展阶段。可能的技术发展方向包含：利用分片、跨链等技术提升区块链的记录效率，接近高并发场景下的需求；利用新型的密码技术提升区块链系统的安全性，例如密钥管理技术、抗量子攻击密码等；提升智能合约的开放性，增加适用的行业场景等。

▶▶▶ 7.5.2　区块链的应用

区块链技术可以集成到多个领域。区块链的主要用途是作为比特币等"加密货币"的分布式账本；到 2016 年底，也有一些其他的经过验证的业务产品逐渐成熟。截至 2016 年，一些企业一直在测试这项技术，并进行低层次的实施，以评估区块链对其组织效率的影响。

2016 年以来，区块链技术的个人使用量也大大增加。根据 2020 年的统计数据，2020 年有超过 4000 万个区块链钱包，而 2016 年只有大约 1000 万个区块链钱包。

1."加密货币"

大多数"加密货币"使用区块链技术来记录交易。例如，比特币网络和以太网都基于区块链。各国/地区政府在公民或银行拥有"加密货币"的合法性问题上政策不一。我国在几个行业实施了区块链技术，但我国并不允许进行"加密货币"交易。为了加强各自的货币，包括欧盟和美国在内的西方国家/地区也发起了类似的项目。

2.智能合约

基于区块链的智能合约是一种可以部分或全部执行或强制执行的契约，无须人工干预。智能合约的主要目标之一是自动托管。智能合约的一个关键特征是，它们不需要一个可信任的第三方（例如受托人）来充当缔约实体之间的中间人——区块链网络自己执行合约。这样可能会减少价值转移时实体之间的矛盾，并可能会为随后更高水平的交易自动化打开大门。2018 年国际货币基金（International Monetary Fund）组织工作人员的一次讨论报告称，基于区块链技术的智能合约可能减少道德风险，总体上优化合约的使用。但"尚未出现可行的智能合约系统"，由于缺乏广泛使用，其法律地位尚不明确。

3.金融服务

区块链在金融服务中的应用也在不断扩大。七麦数据机构的 2018 年报告表明，在我国全部区块链创业项目中，金融类占比最高，达到 42.72%，企业服务类占比达 39.18%，这两类项目共计占比高达 81.9%。

中国信通院在报告中对于区块链在金融服务中的应用给出了一个例子，工商银行（后简称工行）运用区块链技术推出的"工银 e 信"为核心企业提供无条件保兑确认，工行基于该确认对债权人进行增信，促进核心企业应收账款在上下游供应商间的信用转递、流转，较好地解决了多级供应商授信问题，降低了企业融资成本。一直以来，由于缺乏有效资金流和交易流控制手段，因此银行一般只为核心企业一级供应商提供融资服务；而对于那些产业链末端的中小微企业因供应链融资的结构性矛盾，银行与这些企业的协同受到影响，不能完全满足融资需求。面对这一难题，工行利用区块链技术将核心企业和各层级供应商间的采购资金流与交易流集中放到区块链的联盟链平台上，联盟链上只要持有应收款数字凭据的供应商便可在线上向工行提出融资申请，经过工行智慧信贷平台确认后，贷款在瞬间便可直达企业账户，有效解决了中小微企业融资难、申请流程长的难题，进一步提升惠普金融服务水平。

4. 游戏

区块链游戏 CryptoKitties 于 2017 年 11 月发布。2017 年 12 月，一个虚拟宠物"加密猫"角色以超过 10 万美元的价格售出后，这款游戏登上了报纸头条。2018 年年初，CryptoKitties 在以太网络上造成严重拥塞，约 30% 的以太网交易与这款游戏有关，这也说明了以太网游戏具有可扩展性。

5. 供应链

在供应链管理中使用区块链已经有了几种尝试。在中国信通院《区块链基础设施研究报告（2022 年）》以及《区块链赋能农业发展研究报告（2022 年）》两篇报告中对区块链在供应链中的作用进行了详细介绍。

供应链金融以供应链上下游的真实贸易为基础，强调成员企业间竞争与协作的特殊关系，是中小企业重要的融资渠道，主要分为应收账款融资、仓单融资和订单融资 3 种类型。其中，应收账款融资占供应链金融业务的 60% 左右，主要围绕核心企业展开。企业信用资质与核心企业的配合度决定了应收账款融资规模和风险程度。金融机构、保理公司依托核心企业来为供应链上的中小企业提供服务，信息的不透明严重影响整个链条的效率，也不利于构建供应链信用体系。为了解决该问题，针对供应链金融中供应商、核心企业、银行和金融机构等多方参与跨地域交易场景下的流程复杂、监管效率低等问题，结合区块链基础设施广泛接入能力，帮助更多中小企业上链，为所有参与方提供了便捷的访问途径，简化审批认证流程，便于银行和金融机构低成本、高效地做出放贷决策；结合区块链基础设施公共服务能力，借助数据存证严防票据作假、重复质押等风险问题，降低了交易信用风险，提升供应链金融交易流转透明度，增强其整体监管水平。

农业供应链管理是农产品上下游相关组织为了降低流通成本、提高产品质量安全和物流仓储及配送服务水平而展开的一体化运营活动。我国目前形成了线下农业和线上农业两种供应链流通模式。该场景区块链应用技术模式是将农产品生产、流通等情况在链上实时记账，使数据在各个节点之间同步共享，透明、安全。通过应用区块链的共享账本、信息加密、点对点信息传输、分布式存储、智能合约等技术，推动其与农产品供应链各应用场景融合。

农产品溯源+区块链技术已被用于精确记录农产品生产的详细信息。农产品流通的每个环节都可能存在污染农产品的因素。2009 年颁布《中华人民共和国食品安全法》以来，我国对农业相关食品生产、加工、销售和服务等过程提出了更为严格的规定。关于建设农业食品溯源制度、构建通用的农产品质量安全溯源系统以及构建农产品质量安全溯源体系等一系列防伪溯源举措相继推出，区块链技术在其中发挥了重大的作用。赣州市果业局运用区块链技术建立"脐橙园种植端—包装厂流通端—批发市场超市等销售端"全程追溯机制。尤其是分选包装环节，通过无损检测分选设备选出以固形物含量大于 12% 为核心标准的优质赣南脐橙并贴上区块链防伪彩码进行标识及包装。

6. 防伪

区块链可以通过将独特的标识符与产品、文件和货运联系起来存储无法伪造或更改的交易记录，进行伪造品的检测。然而，有人认为，区块链技术需要补充一种可以在物理对象与区块链系统之间提供强有力约束的技术。欧洲知识产权局设立了一个反伪造区块马拉松论坛，目的是在欧洲定义、试点和实施一个防伪基础设施。荷兰的欧洲标准制定机构安全局使用区块链和二维码来认证证书。

7. 域名

通过区块链提供域名服务有不同的方法。域名可以通过私钥控制，私钥允许网站不受审查。这也绕过了注册商对于欺诈、滥用或非法内容域名的检测。

具体的顶级域名包括".eth"".luxe"".kred"，它们通过以太网域名服务（ENS）与以太坊区块链进行关联。.kred 顶级域名也是传统"加密货币"钱包地址的替代品，用于方便传输"加密货币"。

7.6 本章小结

本章详细介绍了几种新兴技术，包括物联网、云计算、图计算、边缘计算、区块链等。对于各种新兴技术，本章分别从概念及背景、应用方面进行了介绍。

党的二十大报告中强调，必须坚持科技是第一生产力、要坚持科技自立自强、加快建设科技强国。学习了解当前新兴技术的概念和应用是响应党的二十大报告精神的重要举措。

通过对本章的学习，读者可以了解几种较为前沿技术的具体概念、发展历史以及技术的应用范围和典型应用实例，从而形成对这几种新兴技术的整体认知。

7.7 习题

（1）请简述物联网的概念，举几个身边的例子来说明物联网在生活中的应用。

（2）云计算的基本思想是什么？它与大数据有什么关系？

（3）什么是图计算？其关键技术有哪些？请举例说明。

（4）边缘计算中"边缘"有什么含义？它与云计算有什么区别？

（5）区块链技术是指什么？它的前景如何？

第8章
人工智能与
大数据人才概述

人工智能与大数据
人才概述

本章学习目标：
（1）了解我国针对人工智能与大数据人才的政策；
（2）了解我国人工智能与大数据人才的现状；
（3）学会通过各种信息对未来人才需求进行分析；
（4）了解不同专业人才需要掌握的技能。

8.1 人工智能与大数据人才现状分析

人工智能和大数据是当前社会发展的热点领域，对于企业和国家的发展都具有重要意义，因此相关人才的需求量也在不断增加。下面简要分析当前人工智能和大数据人才的现状。

（1）人工智能人才。目前，国内的人工智能人才市场供不应求，特别是对深度学习、自然语言处理等领域的专业人才需求量非常大。相关调查显示，我国目前仅有的数以万计的人工智能专业人才，远远不能满足市场的需求。但是，近年来政府和高校也将人工智能作为重点发展的方向，加大了人才培养的力度，未来人工智能人才的缺口可能会逐渐减小。

（2）大数据人才。目前，大数据技术在金融、电商、物流等领域的应用越来越广泛，因此需要大量的数据工程师和分析师。而当今国内的大数据人才市场也呈现出供不应求的状态。据某调查机构的数据，目前我国大数据人才市场的缺口超过40%。与此同时，优秀的大数据人才也相对较为稀缺，招聘难度较大。

综上，人工智能和大数据技术的发展对专业人才的需求越来越高，而这两个领域的专业人才市场都处在供不应求的状态，未来相关人才的市场价值将会更加突出。

8.1.1 人才现状分析

随着人工智能、大数据等新一代信息技术的不断突破，同时伴随着全球数字经济在各个领域的发展、渗透，这种新时代的信息技术将在全球城市发展中占越来越重要的地位。当前，世界各国都把数字经济作为经济发展的中心，通过不断加强数字技术创新，谋求国际竞争优势。随着数字化转型的深入，各领域对数字化人才的需求快速增长。人才问题是制约数字经济发展的重要因素。

近些年来，我国人工智能、大数据等技术也迎来了爆发式的发展，同时也面临着很严重的人才缺失问题，我国人工智能领域人才缺口高达 500 万人，大数据领域人才缺口高达 150 万人。

1. 人才结构分析

人工智能是一种跨学科、跨领域的综合性技术。按照当前产业应用的实际情况，我们可以将人工智能产业人才结构定义为 4 层次金字塔结构：一是源头创新人才，该层次人才属于人才结构中的顶尖人才，致力于推动和实现人工智能前沿技术与核心理论的创新与突破；二是产业研发人才，该层次人才能够将人工智能前沿理论与实际算法模型开发实现结合；三是应用开发人才，该层次人才能够将人工智能算法工具与行业需求相结合并实现落地应用；四是实用技能人才，该层次人才属于人才结构中的基础人才，能够理解人工智能基础理论并对关键技能和实用方法有所掌握。通过对人工智能产业人才结构的分析可以发现，源头创新人才数量少，主要从事人工智能前沿理论和关键技术研究，他们极富创造力的研究是当前产业发展的动力源泉。但随着人工智能技术的发展与应用的不断扩大，大量的产业研发人才、应用开发人才和实用技能人才的需求将会呈现井喷态势，然而这些层次的人才培养模式难以适应现阶段产业发展需求，人才培养目标、培养导向、培养路径都需要进行模式创新，院校和企业双主体角色都应该被重视。

2. 人才供需分析

从人才需求端来看，在数字化、智能化的转型压力之下，对人工智能产业人才的需求已经发展到高关注、高需求的阶段：一是新兴的人工智能企业，作为技术提供方的人工智能企业亟须人才提升自身技术竞争力；二是传统行业的各类企业，作为产业需求方需要拥抱人工智能浪潮应对产业升级转型。中国国家统计局的数据显示，2017 年从事信息传输、软件和信息技术服务相关工作的人数约有 395.4 万，该数据仅显示从事信息服务基础产业的就业人员，如果将在传统产业从事数字化、智能化的人员纳入考虑，该需求将达到千万级别。

从人才供给端来看，当前供给来源主要有以下两类：一是院校人才培养，现阶段人工智能领域涉及专业包括计算机科学与技术、智能科学与技术、自动化、软件工程、电子信息工程、通信工程、统计学、数学与应用数学等；二是行业人才存量积累，主要是原先从事传统电子信息、软件服务、移动互联网等领域的技术人员通过学习与积累逐渐向人工智能领域迁徙。

综上，当前我国人工智能产业人才供需现状主要呈现以下三大特点：一是人工智能产业人才供给与需求严重不平衡，人才供给与需求的增速缺口不断扩大；二是符合产业实际需求的有效供给总量较人才转化率有待提升；三是人工智能与传统产业应用融合的产业人才需求缺口明显。

3. 人才迁徙分析

在新一轮的人才竞争中，人工智能产业人才的流动趋势反映了当前各方的吸引力以及未来发展趋势。从人工智能产业人才迁徙角度分析当前人才的流动，主要有两种趋势：一种是行业间的人才迁徙，另一种是区域间的人才迁徙。两种人才流动模式共同构成了当前我国人工智能产业竞争网络格局。

受薪酬待遇、平台晋升等因素影响，行业间的人才迁徙尤为明显：一方面是传统信息技术人才快速向人工智能领域迁徙，这些传统信息技术人才拥有基础能力，但仍然需要不断学习相关技能才能适应人工智能岗位要求；另一方面是人工智能与传统行业之间的相互迁徙，人工智能企业缺乏产业经验，而传统企业缺乏技术积淀，这导致人工智能与传统行业间的人才出现了明显的双向交流趋势。

受产业集聚程度、政策吸引力度、城市生活环境等因素影响，区域间的人才迁徙比较明显。尽管目前北京、上海、杭州、深圳和广州仍然是人工智能产业人才聚集高地，但随着人工智能行业应用不断下沉，人工智能产业人才区域间的流动性仍然会不断加强。

4. 人工智能人才分析

人工智能在 60 多年的发展过程中并不是一帆风顺的。当前，人工智能正进入飞速发展阶段，成为世界科技"巨头"新的战略发展方向。最重要的是，人工智能领域的人才已经成为人工智能发展的核心。一场新的人才竞赛正在如火如荼地进行。

人工智能是推进技术革命和产业变革的战略技术，而且还有"头雁"效应，有很强的扩展势头。在移动互联网、大数据、超级计算、传感网络、脑科学等新理论、新技术的驱动下，人工智能加速发展，呈现出深度学习、跨界融合、人机协同、群智开放、自主操控等新特征，正在对经济发展、社会进步、国际政治经济格局等方面产生重大而深远的影响。加快新一代人工智能开发是获取全球科学技术主导权的重要战略起点。

2018 年 10 月 31 日，习近平总书记在中共中央政治局第九次集体学习时指出，人工智能具有多学科综合、高度复杂的特征。我们必须加强研判，统筹谋划，协同创新，稳步推进，把增强原创能力作为重点，以关键核心技术为主攻方向，夯实新一代人工智能发展的基础。要加强基础理论研究，支持科学家勇闯人工智能科技前沿的"无人区"，努力在人工智能发展方向和理论、方法、工具、系统等方面取得变革性、颠覆性突破，确保我国在人工智能这个重要领域的理论研究走在前面、关键核心技术占领制高点。要主攻关键核心技术，以问题为导向，全面增强人工智能科技创新能力，加快建立新一代人工智能关键共性技术体系，在短板上抓紧布局，确保人工智能关键核心技术牢牢掌握在自己手里。要强化科技应用开发，紧紧围绕经济社会发展需求，充分发挥我国海量数据和巨大市场应用规模优势，坚持需求导向、市场倒逼的科技发展路径，积极培育人工智能创新产品和服务，推进人工智能技术产业化，形成科技创新和产业应用互相促进的良好发展局面。要加强人才队伍建设，以更大的决心、更有力的措施，打造多种形式的高层次人才培养平台，加强后备人才培养力度，为科技和产业发展提供更加充分的人才支撑。

人工智能的迅速出现和发展极大地影响了这一领域的全球人才格局，让企业越来越渴望获得关于人工智能领域人才特征的可靠信息和数据。

我们对人工智能领域人才进行分类，包括机器学习（深度学习）、算法研究、人工智能芯片制造、机器视觉、图像识别、自然语言处理、语音识别、推荐系统、搜索引擎、机器人、无人驾驶等领域的专业技术人才。

（1）我国在发展人工智能方面拥有自己的独特优势

李开复曾表示，中国正在面临一个巨大的创新机会，这个机会来自气势汹涌的人工智能浪潮，中国将在这波时代浪潮中扮演重要角色。

① 人工智能领域拥有有利的政府政策和开放的发展空间。

从 2017 年开始，我国将人工智能作为一个国策进行推动。近几年的两会上，人工智能也多次被写入《政府工作报告》中。我国经济学家和人工智能专家认为，我国经济发展进入新常态，深化供给侧结构性改革任务非常艰巨，必须加快人工智能深度应用，培育壮大人工智能产业，为我国经济发展注入新动能。

我国发展人工智能具有良好基础。国家部署了智能制造等国家重点研发计划、重点专项，印发并实施了《"互联网+"人工智能三年行动实施方案》，从科技研发、应用推广和产业发展等方面提出了一系列措施。我国拥有更加开放的人工智能发展平台，必须主动求变应变，牢牢把握人工智能发展的重大历史机遇，紧扣发展、研判大势、主动谋划、把握方向、抢占先机，引领世界人工智能发展新潮流，服务经济社会发展和支撑国家安全，带动国家竞争力整体跃升和跨越式发展。

② 统筹配置国内创新资源。

许多中国企业坐拥海量数据和充沛资金，一旦出现新的风口，其就会一拥而上，人工智能无疑是一个良机。政府可以加大资金支持力度，盘活现有资源，协调政府和市场多渠道资金投入，支持人工智能基础前沿研究、关键共性技术研究、成果转移转化、基础平台建设、创新应用示范。国家利用现有的政府投资基金来协助合适的人工智能计划，并鼓励领先企业和产业创新联盟率先创建市场驱动的人工智能发展基金；引导社会资本推动人工智能发展，运用天使投资、风险投资、风险投资基金、资本市场融资等多种渠道，利用政府和社会资本合作等模式，鼓励社会资本参与重要人工智能项目的实现，以及科学知识的转化和应用。

③ 人工智能领域在我国的发展及应用空间巨大。

我国拥有巨大的"人口红利"，但是"人口红利"的背后，我国又必须面对的一个事实是在教育、医疗等方面的优质资源相对匮乏，对优质资源的争夺过于激烈也直接导致了"资源分配不均"等社会现象的出现。人工智能的发展和成熟，将为解决这些领域的问题提供一个更好的解决方案。

在未来，人工智能将通过更加标准化、智能化、便捷化的方式来解决这些问题，平均每个人工智能创新所惠及的人群将更加巨大，同时，人工智能也将拥有更大的应用空间。

④ 全球华人、华裔科研力量已经成为一股不可忽视的力量。

在近年的人工智能领域，陆奇、吴恩达、李飞飞、颜水成等华人、华裔"明星"科学家为人工智能的实际应用做出了巨大贡献。正是他们的崛起，为更多华人科学家带来了更多信心，同时已经有越来越多的华人科学家正在走进全球人工智能领域人才的行列。

在新环境下成长起来的新一代华人人工智能科研人才，拥有更强的创造力，更加专业、专注，同时更加具有国际化的视野和更强的能力。而他们中的佼佼者，如今已经初露锋芒，未来有可能成为改变人工智能世界的核心力量。

（2）我国在人工智能方面较发达国家仍存在差距

我国的人工智能总体发展水平与发达国家仍有差距，在基础理论、核心算法、重要设备、高端芯片、重要商品和系统、基本材料、组件、软件和接口等方面也存在差距。其中，大的科研机构和企业缺乏系统先进的研发布局；尖端人工智能人才远远不能满足需求；适应人工智能发展的基础设施、政策法规和标准体系有待改进。

同时，人工智能发展中的不确定性造成了新的障碍。人工智能是一种颠覆性技术，具有广泛的影响，可能导致改变工作结构、影响法律和社会道德、侵犯个人隐私、破坏国际关系规范等问题。在快速发展人工智能的同时，我们必须密切关注潜在的安全威胁，增加前瞻性的预防和约束建议，降低风险，确保人工智能的安全、可靠和可控发展。

在我国，人工智能和相关产品有很大的市场，但缺乏基础技术，人工智能人才供不应求。我国高水平人工智能人才短缺。而人才，永远是一个行业得以发展的根本。

尽管我们拥有一些优秀的人工智能专家和强大的人才库，但人工智能的快速进步所造成的巨大人才缺口不容忽视。随着 2011 年深度学习的到来，人工智能专家现在有更多的机会展示他们的能力。与之相关的人工智能核心人才资源不足，限制了我国人工智能的增长速度。人工智能领域现有人才供给明显滞后于增长速度，具有技术创新技能和商业敏锐度的复合型人才更难获得。

5. 大数据人才分析

（1）大数据人才发展概况

自人工智能和大数据时代到来以来，大数据已广泛应用于银行、运输、物流、消费品等行业。我国政府高度重视人才领域的人才大数据开发，尽管该领域仍处于初级阶段。中华人民共和国国家外国专家局于 2015 年 10 月合作创建了一项为期 5 年的"国际人才大数据"计划，以鼓励利用大数据深入开发和利用智力资源。同年国务院颁布《促进大数据发展行动纲要》后，大数据正式上升为国家发展战略，2016 年由工信部发布的《大数据产业发展规划（2016—2020年）》则掀起了大数据产业建设的浪潮。对于企业，目前并没有足够的适用人才，大约只有 1/3 的岗位空缺能被填补，数据专家非常稀缺、抢手，大数据人才严重缺乏已经成为事实。然而，我国大数据在人才管理领域的应用仍然相当有限，政府和企业仍采用传统的思维模式和工作方式招聘、管理人才。

（2）大数据服务

在政府、企业和其他行业团体的共同努力下，我国的大数据产业生态不断增强，作为大数据产业组成部分的大数据服务将继续受益。大数据服务是大数据产业的细分市场，是依托大数据及人工智能技术对数据资源进行分析和管理的服务，其服务类型包括大数据采集服务、大数据交易服务、大数据分析服务、大数据可视化服务、大数据安全服务等。

大数据采集是指从传感器和智能设备、企业在线系统、企业离线系统、社交网络和互联网平台等获取数据的过程。

大数据交易是以大数据交易平台为载体对大数据进行买卖的行为。

大数据分析是在海量数据环境下以特定的科学方式对巨大、多样的数据进行快速处理，从而获取某种可用于决策的信息，形成相应的大数据分析结果。

大数据可视化是以计算机图形学及图像处理技术为基础，将数据转换为图形或图像形式显示到屏幕上，并进行交互处理的理论、方法和技术。

大数据安全是指对数据在收集、处理、存储、检索、传输、交换、显示、扩散等过程中的保护，保障数据在各环节中依法授权使用，不被非法冒充、窃取、篡改、删除、抵赖，确保数据信息的机密性、真实性、完整性与不可否认性。

（3）大数据人才问题与挑战

目前，我国还没有一个近乎完美的人才数据库。因此，我国目前在人才选拔、管理、评价等方面严重依赖传统方式，难以实时跟踪人才使用情况，缺乏有效的人才服务和评价。但是，我们必须牢记，人才大数据挖掘过程涉及多元化的主体和对象，人才大数据的来源多种多样，包括互联网平台、交流网站、政府部门等，有时甚至是个人人才。因此，建立人才库需要耗费更多的时间、人力、物力。未来我国需要长期的动态数据收集和完美的数据库创建。

大数据时代，数据带来巨大价值的同时，也带来了用户隐私保护方面的难题，如何在大数据开发应用的过程中保护用户隐私和防止敏感信息泄露成为新的挑战。

个人身份、个人行为、个人偏好和其他信息的泄露揭示了大数据技术引发的伦理问题。人才自身行为产生的数据称为人才大数据。在大数据的收集和整合过程中，用户隐私会受到不同程度的损害。如果某些人才数据被泄露，将会给人才的生活和人身安全带来不必要的问题和困难。因此，如果没有完善的法律法规和安全技术的保证，人才会犹豫提交重要数据，导致人才大数据采集困难。近年来，人才的隐私保护一直是人们关注的重点，甚至关系到国家安全和主权。

（4）大数据人才建议

人才数据库的创建需要多个学科的协作。要充分发挥人才的积极性，鼓励人才积极提供重要数据，提高政府、企业等话题的互动和参与度。然后通过对人才成长过程中相关数据和信息的收集、存储、分析，建立结构化的人才成长档案库和层次化人才库。最后，在政府的积极引导下，加大市场主体投入，社会群体适度参与，在数据库建设过程中形成分工协作机制。同时注意发挥市场力量的最大潜力，寻找专业智库等第三方机构。

在保障个人隐私和人才大数据安全的前提下，将有更多人才提供数据。一方面，政府相关部门要继续积极推动人才大数据相关法律法规的出台，明确人才个人信息的收集、使用范围、交易流程、原则，以及责任人，同时厘清侵犯个人隐私权的当事人及处罚方式。我国目前的隐私立法是通用的和不完整的，尚未颁布具体的互联网规则。互联网服务提供者的法律、规则和监管，以及个人数据的安全要求，都散布在层次较低的法律法规中。另一方面，政府要大力宣传，保护人才个人隐私，杜绝不道德活动。

▶▶▶ 8.1.2　人工智能与大数据人才地图

1．人工智能人才地图

未来，人工智能将成为新的发展方向。人工智能无处不在，人机交互不断提升。越来越多的行业受到了人工智能的影响。同时，人工智能将迎来创意革命的新时代，这代表着未来发展的新趋势，是未来各行各业智能转型的重要方向，从而引发新一轮的全球市场热潮。

（1）海外人才归国

根据人工智能研发战略发展报告，在 2013 年至 2015 年间，SCI 收录的人工智能方向的深度学习论文数量增加了大约 6 倍。据 SCI 统计，2014 年我国在深度学习领域的论文发表数量和被引用次数（至少被引用一次）方面超过美国，明显超过其他国家。除了论文数量，人工智能人才的储备和流向也出现了新趋势。

（2）企业人才由高校及研究所人才补充

大多数顶尖的人工智能专家都曾经在大学或研究机构工作过。如今，科技企业不断从著名大学和研究机构招聘顶尖的机器人和机器学习方面的教师、学生，并以高薪吸引他们。除此之外，科技公司还可以提供两种特别诱人的支持：强大的计算能力和巨大的数据库。人才的涌入激起了业界的兴趣，数据显示，2016 年中国人工智能从业人员中约有 10% 的人在高校或科研院所工作，其中一半以上进入企业工作。随着科技巨头争夺一流的人工智能人才，一些高校遭受了巨大的人才流失危机。有些人甚至担心这一趋势会对未来的技术进步产生负面影响。许多在高校任教的人工智能专业人士担心一个潜在的问题：大学可能有一天会用完用来培养人工智能人才的研究人员。仅仅为了做事而做事也不是一个好主意。但不可否认的是，虽然企业给人工智能领域人才的待遇不断增加，但是仍有许多优秀的人工智能领域人才致力于学术研究。

如图 8-1 所示，领英的大数据资料显示，我国的高校及研究所在 2013—2015 年仍保持着人才净流入的状态，人才的流入总量大于流出。在我国，尽管每年会有大量的人才离开高校加入企业，但是新加入高校及研究所工作的人才并未减少，高校依旧拥有着较大的人才吸引力，高校和研究所也仍在不断地为人工智能领域培养专注的学术型人才。因此，加强和推动企业与高校、研究所间的合作是保证人工智能领域人才发展的有效途径。

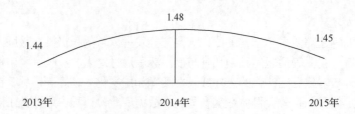

人才流入流出比=人才净流入数量/人才净流出数量

图 8-1　我国高校及研究所人工智能领域人才流入流出比

（3）人工智能人才年龄分布

如图 8-2 所示，推动人工智能领域发展的主力军是 28～37 岁的中青年。

进入人工智能领域的年轻创业者在这个人工智能和商业化的时代表现出色。例如，在 2017 年《福布斯》"30 岁以下青年领袖榜"中，专注于计算机视觉的旷视科技联合创始人兼 CEO 印奇在科技企业家中排名第一。当人工智能进入深度学习时代，年轻一代的技术精英将被要求更高的标准。

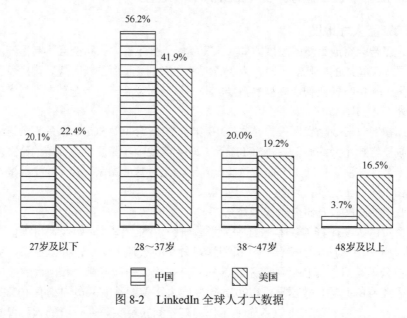

图 8-2　LinkedIn 全球人才大数据

（4）人工智能人才城市地区分布

我国超过 60%的人工智能人才聚集在北京和上海，这两个城市的人才数量大致相当。此外，深圳和广州分别拥有约 10.7%和 5.3%的人工智能人才。在新一线城市中，杭州和成都的人工智能人才最多，分别占 4.5%和 3%。

2. 大数据人才地图

我国大数据行业人才需求与供给分布如图 8-3 所示，大数据核心人才供需缺口较大，行业面临人才短缺风险；由于缺乏数据共享和数据集成标准化体系，大数据利用率低。

大数据应用渗透在我们生活的方方面面，企业需要精通大数据技术的核心员工。据相关研究测算，我国大数据人才缺口高达 150 万人，到 2025 年可能达到 230 万人。2020 年国内数据分析师平均月收入为 10630 元；大数据开发平均月收入为 30230 元；数据挖掘平均月收入为 21740 元。此外，相关岗位的薪酬也在顺应时代的需要而上涨。

大数据技术目前在我国作为产业转型升级的基础工具需求量很大，这也导致对大数据复合业务专业知识的需求不断增长。但人才培养的数量和速度与实际需求不匹配，大数据服务业务出现用工短缺的问题。

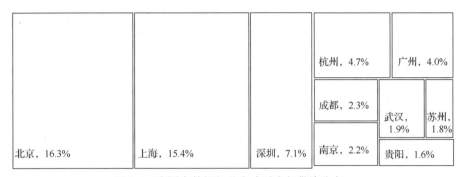

图 8-3　我国大数据行业人才需求与供给分布

全球范围内创建的数据正以指数速度增长。知名数据调查公司称，尽管数据利用率低下，但中国拥有全球最大的大数据存储量，约占全球数据存储量的 22%。大数据业务缺乏数据共享机制，没有跨行业的标准化数据集成形式，数据碎片化和数据共享系统不再影响数据应用。数据源的缺乏和信息孤岛的出现阻碍了大数据业务的发展。

8.2　人工智能与大数据人才能力要求

2020 年 12 月 15 日，在工信部人事教育司和科技司的指导下，由中国电子技术标准化研究院主办，工信部人才交流中心、工信部教育与考试中心、中国电子工业标准化技术协会作为支持单位的"《人工智能从业人员能力要求》等五项人才培养行业标准启动会"在北京召开。

这次会议上，"《人工智能从业人员能力要求》等五项人才培养行业标准起草组"成立，起草组成员包括工信部事业单位、高校、行业龙头企业在内的 77 家单位。

中国电子技术标准化研究院标准起草组组长表示，"《人工智能从业人员能力要求》等五项人才培养行业标准"的启动，对电子信息产业发展和人才队伍建设具有重大意义。对于起草组后续的工作，一是要建立和维护起草组公平、公正、公开的运作机制，凝心聚力，共同推动标准化工作；二是要加强标准试点、验证、宣贯与推广，人才行业标准研制要边研制、边试点、边验证，在试验中不断完善和迭代；三是要充分利用信息化手段，发挥人才标准服务平台价值，使用电子标准院建立的"标准服务平台"，实现人才行业标准全生命周期管理电子化，起到标准研制试点"试验田"的作用。

中国电子技术标准化研究院报告了"《人工智能从业人员能力要求》等五项人才培养行业标准起草组"未来的工作计划，包括标准立项背景、标准内容、参编单位、秘书处支持、工作计划等内容。

会议审议通过了"《人工智能从业人员能力要求》等五项人才培养行业标准起草组"章程，并对《大数据从业人员能力要求》标准草案进行了讨论。

▶▶▶ 8.2.1　人工智能人才要求

1．培养人工智能人才队伍

在各个层面，人工智能相关技术创造了新的体验路径，增加了对新的先进技术的需求。此

外，人工智能有可能提高工人的安全保障，提高生产效率，并产生以前难以想象的新领域。与此同时，技术正在改变就业的性质，许多人担心他们目前的工作会发生巨大变化或自己被淘汰。

习近平总书记指出，人工智能是引领这一轮科技革命和产业变革的战略性技术。要使当代人工智能技术人才适应并在这个新的人工智能时代蓬勃发展，以便他们可以在 21 世纪经济社会中拥抱新人工智能技术并在未来的工作中取得成功。

2. 我国人工智能政策

由于人工智能在科学进步和工业发展方面的重要性，它已成为我国的国家战略。此时，世界正在见证新一代人工智能的出现，它不仅是经济发展的新动力，还是指导未来社会的战略性产业。为了在新的国际科技竞争中取得优势，我国加快了人工智能领域的部署和规划，先后出台了《新一代人工智能发展规划》《关于促进人工智能和实体经济深度融合的指导意见》《关于"双一流"建设高校促进学科融合 加快人工智能领域研究生培养的若干意见》等重要文件，进一步促进我国人工智能行业发展。

3. 人工智能标准

我国为了推动人工智能技术在开源、开放的产业生态不断自我优化，充分发挥基础共性、伦理、安全、隐私等方面标准的引领作用，指导人工智能国家标准、行业标准、团体标准等的制定、修订和协调配套，形成标准引领人工智能产业全面规范化发展的新格局，制定《国家新一代人工智能标准体系建设指南》，提出人工智能标准体系结构，包括"A 基础共性""B 支撑技术与产品""C 基础软硬件平台""D 关键通用技术""E 关键领域技术""F 产品与服务""G 行业应用""H 安全/伦理"等（8 个）部分，如图 8-4 所示。

图 8-4　人工智能标准体系结构

《国家新一代人工智能标准体系建设指南》指出"到 2021 年，明确人工智能标准化顶层设计，研究标准体系建设和标准研制的总体规则，明确标准之间的关系，指导人工智能标准化工作的有序开展，完成关键通用技术、关键领域技术、伦理等 20 项以上重点标准的预研工作。到 2023 年，初步建立人工智能标准体系，重点研制数据、算法、系统、服务等重点急需标准，并率先在制造、交通、金融、安防、家居、养老、环保、教育、医疗健康、司法等重点行业和领域进行推进。建设人工智能标准试验验证平台，提高公共服务能力。"

在人工智能及其产业的发展中，标准化是关键、有益和领先的。它不仅是人工智能产业创新发展的第一动力，还是产业竞争的巅峰之作。当前，我国在人工智能领域发布了多项国家和行业标准，如表 8-1 所示。

表 8-1　国内人工智能相关标准

标准类型	标准名称	标准号	发布时间
国家标准	《信息安全技术 远程人脸识别系统技术要求》	GB/T 38671—2020	2020-04-28
	《信息技术 云计算 云服务质量评价指标》	GB/T 37738—2019	2019-08-30
	《信息技术 生物特征识别 指纹识别设备通用规范》	GB/T 37742—2019	2019-08-30
	《公共安全 人脸识别应用 图像技术要求》	GB/T 35678—2017	2017-12-29
	《中文语音识别终端服务接口规范》	GB/T 35312—2017	2017-12-29
行业标准	《基于云计算的公共安全视频监控平台服务规范》	T/WHAF 002—2020	2020-12-30
	《移动通信智能终端漏洞验证方法》	YD/T 3782—2020	2020-12-09
	《工业机器人热成型模锻智能装备》	T/CISA 070—2020	2020-11-23
	《大数据 数据挖掘平台技术要求与测试方法》	YD/T 3762—2020	2020-08-31
	《智慧城市数据开放共享的总体架构》	YD/T 3533—2019	2019-11-11

4. 我国人工智能从业人员

我国人工智能从业人员超过 60 万人，但人才仍然紧缺。北京、上海、深圳、杭州是我国人工智能人才分布靠前列的城市，聚集了全国 80%以上的人工智能人才。其中，北京和深圳最受欢迎，吸引了全国约 60%的人工智能专业人才。当前，随着人工智能产业的快速发展，对人工智能人才的需求不断增加，人才困境也越来越明显。人才，特别是高层次人才短缺，已成为制约我国人工智能快速发展的瓶颈之一。为了消除人才短缺，国家已全力支持人工智能产业的人才培养。

根据人工智能企业对核心岗位人才的能力遴选要求，同时参考本科及职业院校人工智能相关专业的培养目标，我们可以将人工智能人才应具备的能力要素划分为综合能力、专业知识能力、技能能力以及工程实践能力 4 类。

综合能力是人工智能人才应当具备的基础能力。人工智能产业核心岗位的综合能力一般包含分析并推动问题解决的能力、需求分析与识别能力、基本的数据分析与处理能力、准确理解业务场景的能力、从具体问题中抽象出通用的解决方案的能力等。

专业知识能力是人工智能人才为完成工作任务所应掌握的专业背景知识与理论基础。人工智能产业核心岗位的专业知识一般包含计算机网络基础、数据结构与算法基础、机器学习基础、深度学习基础等。

技能能力是人工智能人才应当掌握的熟练使用工具和技术的能力。人工智能产业核心岗位的技能能力一般包含熟悉各类常用编程语言、前后端开发能力、移动端开发能力、并行计算与分布式计算能力等。

工程实践能力是人工智能人才在实际工程与项目开发中应当具备的能力。人工智能产业核心岗位的工程实践能力一般包含具备项目开发经验、根据应用场景快速选择相应算法模型的能力、大型复杂系统的设计与架构能力、算法性能调优能力等。

►►► 8.2.2 大数据人才要求

1. 我国大数据重要性

数据是新时代重要的生产要素，是国家基础性战略资源。大数据是数据的集合，以容量大、类型多、速度快、精度准、价值高为主要特征，是推动经济转型发展的新动力，是提升政府治理能力的新途径，是重塑国家竞争优势的新机遇。大数据产业是以数据生成、采集、存储、加工、分析、服务为主的战略性新兴产业，是激活数据要素潜能的关键支撑，是加快经济社会发展质量变革、效率变革、动力变革的重要引擎。

2. 我国大数据政策

产业基础日益巩固。我国数据资源总量位居全球前列，产业创新日渐活跃，成为全球第二大相关专利受理国，专利受理总数全球占比近 20%。基础设施不断夯实，建成了全球规模最大的光纤网络和 4G 网络，5G 终端连接数超过 2 亿，位居世界第一。标准体系逐步完善，截至本书发稿时约 33 项国家标准立项，24 项发布。

产业链初步形成。围绕"数据资源、基础硬件、通用软件、行业应用、安全保障"的大数据产品和服务体系初步形成，全国遴选出 338 个大数据优秀产品和解决方案，以及 400 个大数据典型试点示范。行业融合逐步深入，大数据应用从互联网、金融、电信等数据资源基础较好的领域逐步向智能制造、数字社会、数字政府等领域拓展。

生态体系持续优化。区域集聚成效显著，建设了 8 个国家大数据综合试验区和 11 个大数据领域国家新型工业化产业示范基地。此外，一批大数据龙头企业快速崛起，初步形成了大企业引领、中小企业协同、创新企业不断涌现的发展格局；产业支撑能力不断提升，咨询服务、评估测试等服务保障体系基本建立；数字营商环境持续优化，电子政务在线服务指数跃升至全球第 9 位，进入世界领先梯队。

3. 加快大数据不同方向人才培养

鼓励高校优化大数据学科专业设置，深化新工科建设，加大相关专业建设力度，探索基于知识图谱的新形态数字教学资源建设。鼓励职业院校与大数据企业深化校企合作，建设实训基地，推进专业升级调整，对接产业需求，培养高素质技术技能人才。鼓励企业加强在岗培训，探索远程职业培训新模式，开展大数据工程技术人员职业培训、岗位技能提升培训、创业创新培训。创新人才引进，吸引大数据人才回国就业创业。表 8-2 所示为不同大数据方向岗位分类。

表 8-2 不同大数据方向岗位分类

序号	岗位方向	岗位名称
1	大数据处理	数据采集工程师
		数据标注工程师
		数据开发工程师
2	大数据管理	数据管理工程师
		数据管理评估师
3	大数据分析	数据建模工程师
		数据分析工程师
4	大数据系统	数据系统工程师
5	大数据安全	数据安全工程师
6	大数据服务	数据咨询师

（1）能力要求

在职业种类划分的基础上，根据大数据行业发展的需求以及从业人员的职业发展客观规律，从业人员职业等级可划分为 3 个等级，如表 8-3 所示，以作为从业人员能力评价的依据。从业人员能力符合岗位能力要求的前提下，可以在同一等级岗位间横向发展与晋升。组织可根据自身情况，结合行业特征细化要求进行量化。

表 8-3　职业等级要求

职业等级	等级要求
初级	能运用职业种类所需的知识或技能，在他人的指导下完成所承担的工作
中级	能运用职业种类所需的知识或技能，独立完成所承担的工作，具有一定的工作实践经验
高级	能运用职业种类所需的知识或技能，独立完成复杂的工作，精通关键的专业技能，并在专业方面有所创新，能够在专业领域内提供有效的专业技能指导，具有资深的工作经验

（2）总体要求

下面从知识、技能和经验 3 个维度提出了大数据从业人员岗位能力要素，如表 8-4 所示。

表 8-4　大数据从业人员岗位能力要素

能力维度	能力要素	能力说明
知识	基础知识	指相关岗位人员应掌握的通用知识，主要包括基本理论、相关标准与规范知识，以及有关的法律法规、安全和环境保护知识等
	专业知识	指相关岗位人员为完成相应职业种类工作所必备的知识，主要指与相应职业种类要求相适应的理论知识、技术要求和操作规程等
技能	专业技能	指相应岗位人员为完成相应职业种类工作任务所应具备的专业知识应用水平以及对特殊工具的掌握
经验	工作经验	相关岗位人员从事相关职业种类工作的工作年限、工作履历等

（3）基础知识要求

国家对大数据从业人员在操作系统、计算机网络、编程基础、数据结构与算法、数据库、软件工程、云计算和大数据等基础知识方面有相关的要求，具体岗位能力要素如表 8-5 所示。

表 8-5　大数据从业人员岗位能力要素

基础理论知识	技术基础知识	安全知识	相关法律、法规知识
操作系统知识	大数据系统环境安装、配置和调试知识	大数据应用、设备与外部服务组件安全管理知识	《中华人民共和国民法总则》
计算机网络知识	大数据平台架构知识	大数据服务用户身份鉴别与访问控制相关知识	《中华人民共和国劳动法》
编程基础知识	软件应用开发知识	大数据服务数据活动安全管理知识	《中华人民共和国安全生产法》
数据结构与算法知识	接口开发与功能模块设计知识	大数据服务基础设施安全管理知识	《中华人民共和国网络安全法》
数据库知识	数据采集与数据预处理知识	大数据系统应急响应管理知识	《全国人民代表大会常务委员会关于加强网络信息保护的决定》
软件工程知识	数据计算与数据指标知识		《关键信息基础设施安全保护条例》
云计算知识	常用数据分析与挖掘方法		《网络安全等级保护条例》

基础理论知识	技术基础知识	安全知识	相关法律、法规知识
大数据知识	常用数据报表与可视化技术		《工业和信息化领域数据安全管理办法（试行）》
	数据管理知识		《电信和互联网用户个人信息保护规定》
	数据运营及技术指导知识		

8.3　本章小结

　　本章介绍了人工智能与大数据行业的人才现状与人才能力要求。通过对人才现状的了解，读者可以明白现阶段我国与其他国家在这个行业的发展状况，从而对该行业有一个大致的了解；通过对人才能力要求的了解，读者可以了解进入该行业所需要的基础知识有哪些，以便读者去学习、了解相关的知识。

8.4　习题

　　（1）请简述人工智能与大数据人才现状。
　　（2）请根据人工智能人才地图分析未来人工智能该如何发展。
　　（3）请根据大数据人才地图分析未来大数据该如何发展。
　　（4）总结人工智能人才能力要求。
　　（5）总结大数据人才能力要求。

第 9 章
人工智能伦理

人工智能伦理

本章学习目标：
（1）了解人工智能伦理的概念；
（2）了解人工智能伦理具体内容；
（3）了解如何构建友好的人机交互关系。

9.1 人工智能伦理概述

人们越来越深刻地认识到，人工智能系统必须是"值得信赖的"，而且人工智能可以改变社会和经济生活的许多领域，包括医疗保健和制造业。

当人工智能代理自主行动时，我们希望它们按照我们对人类采取的正式和非正式规范行事。因此，作为基本的社会秩序力量，法律和道德规范是判断人工智能系统的行为的重要指标。这一方面的主要研究需求包括理解人工智能的伦理、法律和社会影响，以及开发符合伦理、法律和社会原则的人工智能设计方法，同时研究还必须考虑隐私问题。

与任何其他技术一样，人工智能的可接受用途将取决于法律和道德原则；挑战在于如何将这些原则应用于这项新技术，尤其是那些涉及自主、代理和控制的原则。

为了构建性能良好的系统，我们当然需要确定每个应用领域中良好行为的含义。这一道德维度与以下问题密切相关：可用的工程技术有哪些，这些技术的可靠性如何，以及在计算机科学、机器学习和更广泛的人工智能专业知识有价值的所有领域进行哪些权衡。

▶▶▶ 9.1.1 人工智能——人类新前沿

由于技术革命，我们的生活正在迅速改变，包括我们的工作、学习，甚至生活的方式。人工智能目前已应用于安防、环境、科研、教育、医疗、文化、贸易等多个领域或行业。

1. 人工智能的新时代

人工智能是人类文明的新前沿。如果人工智能越过这条前沿线，人类文明的面貌就会发生变化。人工智能的基础是它不能取代自愿或人类智力的概念。然而，人工智能必须以符合人权和理想的人性化方式发展。我们必须解决的最重要的问题之一是我们希望未来生活在什么样的社会中。人工智能革命创造了有趣的新可能性，但它也对人类和社会产生了巨大影响。我们必须仔细权衡其重要性。

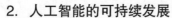

2. 人工智能的可持续发展

联合国教育、科学及文化组织（UNESCO）的宗旨与技术革命带来的发展，尤其是人工智能的发展有着千丝万缕的联系。人工智能领域发生了重大的教育变革。我们将很快改变我们的教育方式，包括学习、知识获取和教师培训方式。每一种教育方式都围绕着数字技术的获取展开。此外，快速创新正在迅速改变劳动力市场，必须"为学习而学习"。在历史、哲学和文学等人文学科正在发生巨大变化的世界中，培养我们的行动能力比以往任何时候都更加重要。人工智能广泛应用于文化领域，例如通过分析照片恢复文化遗产。人工智能也广泛应用于科学领域，能够创建新颖的解决方案、增加风险评估、制订更好的计划并更快地交流知识。可以说，人工智能的发展与通信和信息技术的进步直接相关。

3. 世界人工智能领域交流

世界进入科技革命和产业变革新阶段，世界人工智能等数字技术加速发展，带动数字经济积极发展，给不同国家的技术、经济和社会带来了深远的影响。近年来，各国政府和相关组织加强人工智能战略定位，扩大人工智能产业合作，积极推动人工智能发展。为了社会的利益和长远发展，全球必须拥抱新技术，特别是基于人工智能的技术。人工智能的发展和应用必须受到限制，人们的基本权利必须得到保障。

但是人工智能伦理问题也呼之欲出。这是一个世界性的问题，全球需要反思，以便在面临道德困境时做出合理的"选择"。寻找利用人工智能促进可持续发展的方法还需要联合国基金、机构、项目参与和大规模国际参与。

联合国教育、科学及文化组织已经撰写了关于机器人技术等方面的许多报告和声明，如2017年发布的《世界科学知识与技术伦理委员会关于机器人技术伦理的报告》，我们在这一领域的国际行动必须以联合国教科文组织的优先事项为指导。联合国教科文组织还必须在弥合可能加剧人工智能的现有分歧方面发挥关键作用。其在发挥关键作用的过程中可能会模糊国家和性别之间的界限，整合知识资源差距，并为持续的数字创新做出更多贡献。

接受人工智能和潜在的道德困境是重要的，我们如何应对这些挑战将改变我们所知道的世界。为确保人工智能的发展为人类创造机遇，我们都有责任共同努力，为下一代建设一个更加公正、和平、富裕的社会。

▶▶▶ 9.1.2 人工智能伦理的历史经验

在人类文明发展历史上，有许多重要的技术，如电力、蒸汽机、电信、计算机和互联网等，都对现有文明构成了威胁和带来了问题，比如隐私问题、安全问题、就业问题。人工智能在围棋、图片和语音识别等领域的能力已经远远超过人类，具有人类外表和情感的机器人更具有个性和人类特征。

人类认知的伟大之处在于，它具有将头脑中非凡的想法逐渐转换为现实的能力。事实上，每一代人所生活的现实世界，在某种程度上，是上一代人梦想或想象的世界。我们这一代人也不例外。原本还只是幻想的伦理问题和威胁，似乎在现实世界中得到了完全的体现，在人类中产生了极大的焦虑和恐惧。这也表明我们这个时代已经推进并实现了人类对人工智能的梦想，并有责任防止伦理、法律、教育、基本社会结构等创造性学科的无序发展。因此，我们必须实施适当的步骤和全面的计划。其中，道德规范是必不可少的工具。现在，某些有远见的人正在率先识别危机和威胁，并在机器伦理和人工智能伦理领域开创先河。

9.2 人工智能伦理具体内容

人工智能是当前科技领域的热点之一。随着应用场景的不断拓展，人们对于人工智能技术背后的伦理问题和风险日益关注。例如，人工智能是否会对人类就业和隐私造成威胁？机器人是否具有道德责任感？这些问题都给人工智能技术的发展带来了严肃的挑战和思考。因此，人工智能伦理问题已经成了一个越来越重要的话题，需要我们从多方面进行深入探讨和研究。只有在重视人工智能伦理问题的前提下，我们才能更好地推动人工智能技术的健康发展，为人类社会的可持续发展做出贡献。

▶▶▶ 9.2.1 人工智能伦理是什么

1. 人工智能伦理研究

在人工智能伦理这个词被创造出来之前，许多学者研究了计算机与人类之间的相互作用，并分享了他们的发现。在 1950 年出版的《人有人的用处：控制论与社会》一书中，维纳表达了对自动化技术可能导致"人脑贬值"的担忧。休伯特·L.德雷福斯（Hubert L.Dreyfus）在 1970 年发表的《炼金术与人工智能》中已经预示了第一波人工智能浪潮之承诺的消亡，在《计算机不能做什么：人工智能的极限》中得出的结论是人工智能将在生物学和心理学方面失败。

《走向机器伦理：实施两种基于行动的伦理理论》催生了机器伦理（类似于人工智能伦理）的概念。根据这篇文章，可知机器伦理显然与人类用户的影响和其他机器的活动有关，随着机器变得越来越复杂，一些社会责任得到了履行，并且出现了伦理概念。英国计算机专家诺尔·夏基（Noel Sharkey）教授在 2008 年要求人类尽快揭示关于机器（人类）的道德和伦理原则。

在我国，人工智能伦理研究滞后，体系也不像其他国家那么完善。然而，近年来，一些学者开始将注意力集中在人工智能的伦理影响上。我们研究了机器人研究领域中伦理观念的演变，重点关注人与机器人交互产生的伦理难题。现在，随着人工智能技术的成熟，伦理挑战变得越来越重要，限制人工智能技术在特定领域的立法即将到来。值得注意的是，我国学者已经从单纯的技术伦理问题研究转向人机交互关系中的伦理研究。这无疑是人工智能伦理研究领域向前迈出的重要一步。

2. 人工智能与人类工作

许多学者对人工智能与人类的关系表达了担忧并开展了争论。我们相信，随着机器的普及，社会将变得更加机械化。近年来，奇点理论的引入和推广，增加了公众对机器是否会完全取代人类的焦虑。该理论的前提是人工智能超过了人类智能。尽管机器在感觉、动作和计算等方面比人有明显的优势，但它们对人类的职业或就业没有本质的影响。基于这些思想，有了以下思考。

首先，虽然人工智能和人都有各自的优势，但人类的优势是人工智能短期内无法取代的。人类可以从少量数据中快速推理、提取和概括原则，并在资源有限的情况下做出非理性决策。人类天生就有将看似无关的事件联系起来的倾向。人和机器有不同的内部处理过程，因此对人类来说十分简单的操作可能会占用机器上的大量资源。

其次，目前人与机器没有同步对称地接触，还存在时间上的差异。人类向来具有主动性，相较于人工智能具有不可逾越的优势，但在混乱的环境中，使人类建立规则和秩序的却是人类生存和繁衍的环境。在结构化环境中开发机器较为容易，反而当环境组织得越差，机器取代人类的可能性就越小。

很明显，机器的创造和发展取决于人们对周围环境的感知和变化。因此，机器的进步有助于个人认知的转变。机器如果没有人的引导和改造，就只能停留在低端机器的水平。当机器在低水平运行时，人们不断寻求更高程度的结构，机器就会向更高水平发展。因此，我们可以合理地得出结论，人工智能具有取代人类劳动力的潜力，而不是取代人类。

最后，人类从人工智能的快速发展中受益。尽管这样的发展对技术进步有一些负面影响，但总体而言，优势多于劣势。新技术发展机会无处不在。

任何技术的进步都不是一蹴而就的，这是一个稳定的过程，需要时间来制定和实施。历史上很多重大发明并没有对人类劳动产生破坏性影响，反而新技术能够为人类创造更多的就业机会。

▶▶▶ 9.2.2 人工智能道德与权利

由于人工智能的进步，学者们提出了机器人道德的假设。人类的意识是建立在脑神经之上的，意识影响着人类的所有行为、过程，而人工神经网络不会自行制造像"神经蛋白"这样的独特分子。因此，人工智能与人性最根本的对比之一就是意向性，它是人工智能伦理研究的基础和起源。道德地位不仅要考虑属性问题，还要考虑关系问题，如实体与人的关系，特别是主体和主体的道德地位。

"自主机器人在人类社会中应该发挥什么作用"是机器人责任主体的定义。许多学者认为，机器人作为"人造物"，没有道德责任感。今天的人工智能继续复制人类的想法和行为，停留在工具和机器的范畴，并不是真正的人格或道德。

1. 人工智能道德算法

（1）算法歧视简介

人类已经开始将信息系统的决策权委托给极其智能的算法。算法是一组解决特定问题并产生正确结果的计算机程序。但是，算法缺乏学习、推理和联想等高级智能，因此难以解释行为决策背后的逻辑。这是算法设计过程的重点和难点问题。

算法是相对客观的数学表达式。然而，人类价值观和道德规范并未被纳入数字系统，并且很难从世界相互关联的环境中处理数据管理。数据和算法的不透明性表明数据权利的悬殊必然导致算法歧视。因为很难发现主观的歧视倾向，外国专家在提交研究建议时使用了更多的实证案例研究方法；国内研究侧重于引进国外研究成果和对算法差异的批判，主要从经济学、法学和媒体，以及通识和科普的角度展开。

算法歧视的种类大概有种族歧视、男女上的性别歧视、价格上的消费歧视、社会中的智障者群体歧视和年龄歧视等。

（2）算法歧视的根源

个人通过数据获得了不平等的优势，算法技术重组了个人数据，编码的不透明性、不公平性和规则制定困难，破坏了公平、正义以及价格。

算法歧视产生的根源主要是算法技术和数据录入两个部分，人工智能完全受到算法工程师设计的结构和学习过程中获得的数据的影响，从而导致人工智能的"认知"可能会产生错误。工程师在设计算法时根据主观选择和判断提出了一个问题，即算法是否会在一个多样化的偏见程序中产生道德规则和法规，从而正确和公正地继承人类决策权。技术障碍的不透明性、机器学习算法的保密性以及能够在自治系统中寻找歧视存在和原因的监管限制都是必须考虑的因素。

算法与大数据支持密不可分，数据有效性和正确性影响算法决策和预测精度。数据的偏差、大小样本的状态、敏感度等都会影响算法，各种数据也会影响结果，从而导致算法歧视出现。

（3）如何解决算法歧视

由于算法的公正性和人类社会伦理的演变，当前易受攻击的算法基础不完全可靠。发展基于权利的数据伦理、规范伦理原则，将"歧视指数"概念引入机器学习，维护用户和机构之间的数据权利平衡，限制数据共享，建立基于权利的数据伦理。

该算法的逻辑基础是更彻底地包含学术设计、执行、测试和推广标准的多文本系统。包括提出更"公平"的算法设计，防止人工智能代理的活动因算法设计来源的差异而违反相关伦理规范；保持算法透明度并确保每个人都获得公平的机会；将算法的设计原则形式化并管理其权力，特别是为了那些被边缘化和容易被忽视的人的利益。当然，算法透明度与公司机密和国家安全之间需要进行更好的平衡。

2. 人工智能设计中的伦理

（1）人工智能设计的伦理原则

随着人工智能系统的使用越来越普遍和影响越来越广，我们需要建立社会和政策指导方针，以便此类系统保持以人为中心，服务于人类的价值观和伦理原则。除了实现功能目标和解决技术问题之外，这些系统必须以对人们有益的方式运行，这样将提高人们和技术之间的信任水平，这一点是在我们的日常生活中高效、普遍使用技术所需要的。

在人工智能算法设计的过程中，某些新领域引发了人们对其对个人和社会影响的担忧。目前的讨论包括倡导积极影响，以及基于对隐私的潜在危害、歧视、技能损失、经济影响、关键基础设施的安全以及对社会福祉的长期影响提出警告。由于这些技术的独特性质，只有当它们与我们定义的价值观和道德原则相一致时，我们才能获得这些技术的全部好处。因此，我们必须建立框架，指导并为围绕这些技术的非技术性影响开展对话和辩论提供信息。

基于道德的设计，强调人权优先、人机和谐共处，人工智能设计应遵循以下一般原则。

① 人类利益：确保人工智能和自主系统不侵犯人类，确保它们不侵犯国际公认的人权。

② 责任：其设计师和运营商负责问责。在设计程序层面具有可问责性。

③ 透明度：确保它们以透明的方式运作。透明至少应该包含开放和可理解两个方面。

④ 意识到滥用：将滥用风险降至最低。

⑤ 福利：在设计和使用中优先考虑福利指标。

（2）人工智能伦理设计思路

面对未来，我们要准确把握下一代人工智能发展的特点和规律，积极参与人工智能世界的浩大征程。我们需要改进我们的理论研究方法，通过探讨伦理道德和治理体系，着力发展满足国家需要、维护人民利益和国家安全的人工智能治理。

作为一项技术，人工智能不可避免地具有价值偏好，人工智能自由化程度越高，需要的道德规则就越多。在自主性方面，人工智能系统不断增加的功能使其在设计阶段对其服务的社会和群体就要考虑规范和价值观、学习和合规性，这至关重要。

我们要根据实际需求和投入，动态改变路线和战略，不断优化，打造科技造福人类的人工智能伦理设计思路。

人工智能的目标是"通过科技帮助人类"，不仅要公开披露人工智能提供的技术分布和价值，还要及时保护和应对人工智能带来的危害。因此，在创新发展和良好治理之间取得平衡至关重要。人工智能发展中出现的困难是，既要避免过度限制，防止创新活力被扼杀，又要避免无节制传播，以防更大风险。同时我们还要严守误差空间和协调空间，严守管理原则，确保人工智能产业边界有序发展。

特定地点内的行为、语言、习俗和其他特殊工作的内在价值被称为道德规范，而各种规范限制适用于人工智能系统。由于存在过多的内在标准和价值道德，我们必须精确说明以避免过载问题。在整个人工智能道德的设计阶段，利益相关方共享的价值体系必须优先考虑和修改，以适应技术不同领域和时间框架内规范变化的可能性。

有效的政策旨在保护隐私、知识产权、人权和网络安全，以及促进公众对智能和自主技术系统带来的潜在影响的理解。为了确保它们能最好地服务于公共利益，实现机器人伦理、道德的决策设计，避免机器的不当使用威胁人类的生存，相关政策应支持、促进和启用国际公认的法律规范，发展相关技术方面的劳动力专业知识，进行监管以确保公共安全和责任，教育公众了解相关技术的社会影响。

对人工智能产品进行伦理设计，需要建立人工智能伦理标准和规范，提出安全问题，并限制有问题的技术的覆盖范围和智能水平。此外，还需提高设计师的社会责任意识，改进人工智能安全评估和管理，提升公众对人工智能的接受度。

人工智能系统的伦理审查用于表明其是否与人类社会的伦理一致和兼容。一个与人类兼容的人工智能系统必须根据设计的目的和应用方向，确立 3 个基本原则：利他性、不确定性和人性化考虑。人工智能伦理的设计目标是提供实用的解决方案，以便人类能够接受人工智能的道德行为。

程序引导的伦理决策可以最大化机器人无意识的道德行为选择，并在技术领域发展人工智能伦理。在这样的条件下，人类可以对机器人产生一定程度的信心。机器人的伦理行为可以在逻辑上适应特定的框架，根据人类社会的道德规范进行优化。

3. 社会人工智能伦理

人工智能的广泛使用将人类从冒险、单调和具有挑战性的任务中解放出来。人类享受了人工智能给人类带来的巨大经济繁荣和生活便利，同时人工智能也给人们带来了巨大的心理压力，将可能引发社会性危机，降低社会安全性等。学者认为，自动化技术削弱了人的学习动机，使人丧失了个性，产生了"人脑贬值"，使社会机械化。麦肯锡全球研究院预测，到 2030 年，技术进步和人工智能的扩张将导致全球约有 4 亿人改变就业，约 8 亿人失业。因此，随着人工智能的进步，社会稳定的挑战将越来越大，问题将变得更加尖锐。

在感觉、运动和计算方面，虽然机器胜过人，但人和机器之间还是存在交互的时间差。当人类智力发展时，需要的计算能力很少，但无意识的技术和直觉对于人工智能需要其长时间提供巨大的计算能力。因此，人工智能对人类就业或职业没有重大影响。当然，并不是每个人都有能力克服技术和社会障碍，这些人的出现可能会产生新的社会问题。

在不同的领域中，有不同的人工智能伦理表现。

在生活中，人工智能提高了信息和知识的处理能力，限制了人类参与社会交往的广度和频率，将人类需求与知识之间的关系转变得更加无定形。人们面临着选择问题，他们的需求被信息和专业知识的重复所支配。

在司法领域，由于人工智能的飞速发展，该领域需要密切关注资源高效分配与价值负载之间的系统匹配，迫切需要对人工智能技术进行规范。首先调查构建人工智能行为责任体系和约束机制，以及人工智能对第三方造成损害或违反该制度的正当法律责任。其次，该制度将鼓励改变匿名技术伦理，包括创建和实施最终将取代人类活动的智能系统和机器人的基本规范。

在政府方面，人工智能技术可促进社会发展，提高政府组织治理效率，然而也会在政府部门与社会之间制造"技术鸿沟"。由算法工程师编写算法可能会导致行政管理的重复和偏见，从而得出不合理的结论。因此，人工智能给传统的行政伦理、政府治理原则、政府技术能力和政府流程带来了挑战。

4. 机器人权利问题

2016 年,人工智能研究呈现井喷式爆发并大放异彩,这距离人工智能概念的首次提出仅过去了 60 年。英国科学家图灵在 1950 年的《心智》杂志上发表了题为《计算机器与智能》的文章,提出了"图灵测试":认为判断一台人造机器是否具有人类智能的充分条件,就是看其言语行为是否能够成功模拟人类的言语行为,若一台机器在人机对话中能够长时间地误导人类认定其为真人,那么这台机器就通过了图灵测试。进而我们需要探究人工智能的研究目的是在人造机器上模拟人类的智能行为,最终实现人工智能,而智能的实质是重建一个简化的神经元网络,从而实现智能体在行为层面上与人类行为相似。肖恩·莱格和马库斯·胡特认为,智能是主体在各种各样的纷繁、复杂的环境中实现目标的能力。如何测量和评价人工智能主体是否具有智能或者其智商如何,是一个很复杂的判断问题。如何通过智能模型进行测试是人类需要面对的问题,这个问题实际上也回答了"人何以为人"这个本质的问题。

5. 人工智能机器人法律人格

如果考虑赋予人工智能机器人以法律上拟制的法律人格,就要求其能够独立、自主地做出相应的意思表示,具备独立的权利能力和行为能力,可对自己的行为承担相应的法律责任。2016年,欧洲议会呼吁建立人工智能伦理准则时,提及要考虑赋予某些智能自主机器人(电子人,Electronic Persons)法律地位。而如何界定监管对象(即智能自主机器人)是机器人立法的起点。对于智能自主机器人,欧盟的法律事务委员会提出了其所具备的四大能力。

(1)通过传感器或借助与环境交换数据(互联性)获得自主性的能力,以及分析那些数据。

(2)从经历和交互中学习的能力。

(3)通过物质获得支撑的能力。

(4)因环境而调整其行为和行动的能力。

在主体地位方面,机器人应当被界定为自然人、法人、动物还是物体?是否需要创造新的主体类型(电子人),以便复杂的高级机器人可以享有权利,承担义务,并为其造成的损害承担责任?这些都是欧盟在对机器人立法时重点考虑的问题。

随着未来技术的发展以及人类对脑科学和自我认知的加深,如何合理判定人工智能是否具备与人类相类似的"智能",并以此来判断是否应赋予人工智能独立的法律人格地位,是需要各学科、各领域的专家进行分工配合完成的课题。

6. 人工智能权利

在人类发展的历史进程中,一个群体对自身权利的争取,不但是漫长的历史进程,而且充满着战火和硝烟。法国启蒙运动思想家卢梭(Rousseau)在《社会契约论》中,这样写道:"人是生而自由,却无往不在枷锁之中。自以为是其他一切的主人的人,反而比其他一切更是奴隶。"

由于机器人和人工智能系统(包括外部和内部过程)越来越接近人类,出现了一个不可回避的问题就是,某些特定的人工智能系统或者机器人是否可以享有一定的道德地位或法律地位?由此,人类学者对机器权利问题愈发感兴趣。动物和机器人最显著的区别是动物具有自然生命和生物学特性,而机器人是人类开发出来的,没有这些特性。因此,未来的人工智能系统,如机器人等,如果拥有了机器权利,那么同时就要识别何时、在什么情况下可以行使机器权利以及是否应该行使这些权利。

艾萨克·阿西莫夫(Isaac Asimov),20 世纪最有影响力的科幻作家之一,1942 年在他的科幻小说《环舞》中首次提出的"机器人学三定律"被称为"现代机器人学的基石":

(1)机器人不得伤害人类,或看到人类受到伤害而袖手旁观;

(2)机器人必须服从人类的命令,除非这条命令与第一条相矛盾;

（3）机器人必须保护自己，除非这种保护与以上两条相矛盾。

后来，艾萨克·阿西莫夫又加了第零条定律：机器人不得伤害人类整体，或因不作为而使人类整体受到伤害。

根据这些定律，人类的利益是高于机器人的，机器人不能损害人类的利益。如果人类已经制造和设计了生产武器的智能机器人，通过学习、设计、开发核武器和杀伤性武器，人类将能够以人道主义和共同利益的名义消灭机器人吗？

生命权、平等权和一些政治权利属于基本人权。到了这个技术层面，机器人的意识还没有苏醒，机器人的财产属性还十分强大。换句话说，机器人只是人类的工具。目前机器人尚不可能被赋予跟人一样的权利，因此，研究人员提出将最先进的自动化机器人标记为"机器人"，并赋予这些机器人依法享有著作权、劳动权等"特定的权利与义务"。

人类不能滥用机器人，如果未来机器人拥有自我意识，我们是否应该尊重未来机器人的希望和情感，而不是强迫机器做不想做的事情。这个问题应该得到最大的关注。

7. 生成式人工智能监管问题

生成式人工智能（Generative AI）是指一类人工智能技术，它可以从给定的数据集中学习到数据分布的模式，进而可以生成新的数据，这些新的数据与原始数据集具有相似的分布特征。生成式人工智能包括生成对抗网络（GAN）、变分自编码器（VAE）、自回归模型（如语言模型和序列生成模型）等。生成式人工智能在图像生成、自然语言生成、语音合成等方面具有广泛的应用。例如，GAN可以生成逼真的图片、视频、音频等，VAE可以生成具有多样性的图片、文字等，自回归模型可以用于自动写作、对话生成等任务。

生成式人工智能的发展带来了很多创新和应用，如自然语言生成、图像生成、音乐生成等。但是，同时也带来了一些潜在问题和风险。

（1）假新闻和虚假信息：生成式人工智能可以生成内容非常逼真的文本，从而可能被用于制造假新闻、虚假信息或者欺骗用户。这样可能对个人、组织、政府、企业等造成严重的损失和影响。

（2）隐私问题：生成式人工智能需要用大量的数据进行训练，这些数据可能包含个人敏感信息，如语音、图像等。如果这些数据被泄露或被滥用，将会对用户隐私造成极大的威胁。

（3）偏见和歧视：生成式人工智能的训练数据可能会存在偏见和歧视，这可能导致生成的内容也存在同样的问题。例如，在自然语言生成中，模型可能生成不合理，甚至具有贬义的内容，从而对某些群体造成伤害。

（4）法律和伦理问题：生成式人工智能可能会生成不符合法律和伦理要求的内容，如侵犯知识产权、侮辱他人等。这样可能会对企业、机构等带来巨大的法律风险和道德压力。

（5）安全问题：生成式人工智能可能被恶意攻击者用于生成恶意内容、病毒等，从而对用户、企业、机构等造成安全威胁。

针对上述存在的问题，在法律合规方面，我国政府对生成式人工智能的发展提出了合规性的要求，包括保护用户隐私、遵守相关法律法规等。例如，我国实施的《中华人民共和国网络安全法》中规定，网络运营者应当采取技术措施和其他必要措施，确保其收集的个人信息安全，防止信息泄露、毁损、丢失。在人工智能伦理方面，我国政府倡导将人工智能应用到实际场景中时需要考虑伦理问题。例如，我国出台的《促进新一代人工智能产业发展三年行动计划（2018—2020年）》中提到，要积极探索人工智能伦理与人文关怀，发挥人工智能在社会治理、公共服务等方面的积极作用，同时防范人工智能在影响社会公平、公正等方面可能带来的负面影响。在安全可控方面，我国政府要求生成式人工智能技术和应用要具有安全可控性，防止技术被滥用和恶意攻击。

综上所述，我国政府对生成式人工智能的发展提出了多方面的要求，这些要求既体现了对技术的发展要求，也考虑了社会、法律、伦理等方面的因素。

▶▶▶ 9.2.3　人工智能安全问题

人工智能的使用尚未在社会层面产生更好的共识。人们认为，人工智能的快速发展正在危及人类并引发更多问题。人类从责任与安全、隐私问题等因素考察人工智能应用的社会成果，并提出改进人工智能议题以使其造福人类。

1. 责任与安全

国际上关于机器人伦理讨论的关键问题之一是机器人的行为应该由谁来负责？一种对策是由机器人承担责任。早期学者认为机器人应该承担一部分责任，但是由于没有人负责控制机器人，因此究竟由谁来承担另一部分责任还在探讨。现阶段学者已经开始探讨赋予机器人道德责任问题的研究，并提出了一个道德测试来评估机器人是否应该被起诉。除此之外，一些学者认为，计算机自主性与人类标准之间仍有很大差距，机器人不能完全承担道德责任。当前社会依旧保持以人为中心的伦理框架，算法在机器人设计中的开放性不能得到保证，所以很难有效地描述机器人的行为，从而清楚地划分人类与机器的道德责任。

另一种策略是在参与机器人的创建、许可和分发的所有各方之间分配责任。算法无法预测机器人在与人交互时所有可能的行为，也很难完全规范机器人活动背后的因果链。因此，当出现问题时，程序员也不能完全免除责任。为避免事故发生时没有人承担唯一责任，应鼓励采用事故各方可分担的保险制度，并不断更新现行立法，以弥合"责任鸿沟"，解决责任归属问题。

2. 隐私问题

"深度学习+大数据"作为人工智能系统的主要范式，需要大量数据来训练学习算法。如果在深度学习过程中使用了大量敏感数据，这些数据最终可能会被泄露，从而侵犯个人隐私。深度学习研究人员已经在提倡如何在深度学习过程中保护个人隐私。

法国国家信息与自由委员会发现，几款人工智能儿童玩具经测试后存在泄露个人信息的重大安全隐患。一些智能玩具在与手机无线连接的距离达到 10 m 左右时，就可以在家里进行操作，这使得不法分子可以窃取个人信息，例如青少年及其父母的声音和照片。区块链技术结合人工智能和量子加密技术可能是未来可行的解决方案。在此之前，政府、企业和个人必须继续努力，防止此类问题的大规模爆发。

9.3　构建友好人机交互关系

在人工智能中，人类与机器应该如何共存？人类将与之合作的机器也视为人类，这就是为什么无数不属于机器的词被赋予机器的原因。然而，目前最重要的挑战是确定机器可以遵循人类道德架构的哪一部分，以发展属于机器的道德体系，最后构建出友好的人机交互关系。

值得注意的是，说到人机交互，机不仅是指机器或计算器，还包括机制与机理环境，不仅包括自然环境和社会环境，还包括人们的心理环境，只关注其中某一部分是不完整的。人工智能技术的发展不仅包括技术进步，还包括随着时间的推移机制与机理的进步，需要这两者相辅相成；若其中一方发展过快造成相互之间的不匹配，反而会限制技术的发展。

此外，当今大多数机器都与人类的外部环境有关，机器通过传感器收集的环境数据可用于非常详细地检查人们的外部环境，但是开发分析人类内心环境的算法是困难的。人的心理活动是在内部心理环境中有意向力和有动力的，这是现有机器人所缺乏和无法理解的。因此，人工智能的发展，不仅是技术的发展，更是机制上的不断完善。试图创造理解人类隐性行为的机器，如果可以完成这个目标，人机交互关系技术将更上一层楼。

在某种程度上，友好的人机交互关系研究是人工智能技术进步的结果。它不仅包括技术层面的人工智能研究，还包括对机器与人、机器与环境、人与机器和环境之间相互作用的研究。虽然它的历史有限，但它正在迅速发展，就像许多新兴学科一样。近年来，由于深度学习的出现和一些重大事件的发生，人们对人工智能和人工智能伦理的研究兴趣急剧上升，相关研究和成果也相对增加。但是，人工智能技术水平可能与我们想象的智能水平还有很远的距离。

总之，友好的人机交互关系研究不仅要考虑机器技术的飞速发展，还要考虑交互主体，也就是人类的思维和认知过程，让机器和人在各自执行任务的同时，还可以相互促进发展。友好的人机交互关系研究其实就是为了实现这一目标。

9.3.1　构建人工智能道德

除了正义和公平的基本假设之外，还有其他关于人工智能系统是否能够表现出遵守一般道德原则的行为的担忧。人工智能的进步如何在伦理上提出新的机器相关问题，或者人工智能的哪些用途可能被认为是不道德的？伦理本质上是一个哲学问题，而人工智能技术依赖于工程，并受到工程的限制。因此，在技术可行的范围内，研究人员必须努力开发与现有法律、社会规范和伦理一致或符合的算法和架构——这显然是一项非常具有挑战性的任务。伦理原则的陈述通常存在不同程度的模糊，很难转换为精确的系统和算法设计。当人工智能系统，特别是新型自主决策算法，面临基于独立且可能冲突的价值体系的道德困境时，也会出现复杂性。伦理问题因文化、宗教和信仰而异。然而，我们可以开发可接受的伦理参考框架来指导人工智能系统推理和决策，以解释和证明其结论和行动。此时需要一种多学科的方法来生成反映适当价值体系的训练数据集，包括在遇到困难的道德问题或价值观冲突时表明首选行为的例子。

9.3.2　为人工智能道德设计架构

我们必须在基础研究方面取得更多进展，以确定如何为包含道德推理的人工智能系统设计最佳架构。相关研究者已经提出了多种方法，例如一种观点是将操作人工智能与负责对任何操作行为进行道德或法律评估的监控代理分开的两层监控架构；一种观点是安全工程是首选，其中使用人工智能代理架构的精确概念框架来确保人工智能行为安全且对人类无害；还有一种观点是使用集合理论原则制定道德架构，结合对人工智能系统行为的逻辑约束，限制行动以符合伦理学说。随着人工智能系统变得更加通用，它们的架构可能包括可以在多个判断层面处理伦理问题的子系统，研究人员需要专注于如何最好地解决符合道德、法律和社会目标的人工智能系统的整体设计。

9.3.3　确保人工智能系统的安全和保障

现在出现了新问题：人工智能系统如何做错误的事情？如何学习错误的事情？如何揭示错误的事情？不幸的是，针对这些人工智能安全问题的技术解决方案仍然难以确定。事实上，"设计中的安全"可能会使我们产生一个错误的概念，即这些只是系统设计者关心的问题；相反，它们必须在整个系统生命周期中进行考虑，而不仅是在设计阶段，因此必须使其成为人工智能研发组合的重要组成部分。当人工智能组件连接到其他必需安全的系统或信息时，人工智能漏洞和性能要求将被较大的系统继承。这些挑战不是静态的；随着人工智能系统能力的不断增长，它们的复杂性可能会增加，这使得正确的性能或信息隐私更难被验证。这种复杂性也可能使人们越来越难以用人类高度信任的方式来解释决策。让人工智能值得信赖是一个关键问题，值得信赖的人工智能系统可能会受益于其他领域安全工程的现有实践，这些实践已经学会了如何解释非人工智能自主或半自主系统的潜在错误行为。程序分析、测试、正式验证和合成的新技术对于确定基于人工智能的系统满足其规范至关重要——也就是说，系统完全做它应该做的事情，而不再做更多的事。这些问题在基于人工智能的系统中会加剧，这些系统很容易被愚弄、逃避和被误导，从而产生深远的安全影响。一个新兴的研究领域是对抗性 ML，它既进行了 ML 算法的漏洞分析，也探索了产生更健壮的算法技术。众所周知，对 ML 的攻击包括对抗性的分类器逃避攻击，即攻击者改变行为以避免被检测到，以及训练数据本身被损坏的中毒攻击。人们越来越需要进行研究，系统地探索 ML 攻击和其他基于人工智能系统的对手空间，并设计算法，对对手类别提供可证明的健壮性保障。我们必须开发一些方法来确保人工智能的创建、评估、部署和遏制的安全，这些方法必须进行扩展，以匹配人工智能的能力和复杂性。评估这些方法将需要新的度量标准、控制框架和基准测试来测试、评估日益强大的系统的安全性。这些方法和指标都必须包含人类因素，包括由人类设计师的目标定义的安全人工智能目标、由人类用户的习惯定义的安全人工智能操作，以及由人类评估者的理解定义的安全人工智能指标。为安全的人工智能系统提供人类驱动和人类可理解的方法与指标，将使决策者、私营部门和公众能够准确地判断不断发展的人工智能安全"景观"，并在其内部适当地进行工作。

在人工智能系统被广泛使用之前，需要保证该系统将以可控的方式安全、可靠地运行，需要进行研究来解决创建可靠和值得信赖的人工智能系统的问题。与其他复杂系统一样，人工智能系统面临着重要的安全挑战。

（1）复杂和不确定的环境：在许多情况下，人工智能系统在复杂的环境中运行，具有大量无法彻底检查或测试的潜在状态，系统可能会遇到在其设计过程中从未考虑过的条件。

（2）紧急行为：对于部署后进行了学习的人工智能系统，系统的行为可能很大程度上取决于在无监督条件下的学习时间。在这种情况下，可能很难预测系统的行为。

（3）目标错误指定：由于难以将人类目标转换为计算机指令，人工智能系统编程的结果可能与程序员的预期目标不符。

（4）人机交互：在许多情况下，人工智能系统的性能会受到人机交互的重大影响。在这些情况下，人类反应的变化可能会影响系统的安全性。

为了解决这些问题和其他问题，需要更多的人来提高人工智能的安全性，包括提高可解释性和透明度、建立信任、加强核查和验证、抵御攻击以及实现长期的人工智能安全和价值协调。

1. 提高可解释性和透明度

一个关键的研究挑战是提高人工智能的"可解释性"或"透明度"。许多算法，包括那些基于深度学习的算法，对用户来说是不透明的；几乎没有现有的机制来解释它们的结果。这对于医疗保健等领域是一个问题，因为在这些领域，医生需要解释来证明特定的诊断或治疗过程是合理的。决策树归纳等人工智能技术提供了内置的解释，但通常不太明确。因此，研究人员必须开发透明的系统，并能够从本质上向用户解释其原因。

2. 建立信任

为了获得信任，人工智能系统设计者需要创建具有信息丰富、用户界面友好、准确、可靠的系统，而操作员必须花时间接受充分的培训，以了解系统操作和性能限制。用户广泛信任的复杂系统，如车辆手动控制系统，往往是透明的（系统以用户可见的方式运行）、可信的（系统的输出被用户接受）、可审计的（系统可以评估）、可靠的（系统满足用户的预期），并且可恢复（用户可在需要时恢复控制）。当前和未来，人工智能系统面临的一个重大挑战仍然是软件生产技术的质量不一致。

3. 加强核查和验证

人工智能系统的核查和验证需要新的方法。"核查"用于确定一个系统是否符合正式规范，而"验证"用于确定一个系统是否符合用户的操作需求。安全的人工智能系统可能需要新的评估（确定系统是否出现故障，也许是在运行超出预期参数时）、诊断（确定故障原因）和修复（调整系统以解决故障）手段。对于长时间自主运行的系统，系统设计者可能没有考虑系统将遇到的所有条件。这种系统可能需要具备自我评估、自我诊断和自我修复的能力，以确保稳健、可靠。

4. 抵御攻击

嵌入关键系统中的人工智能必须具有健壮性，以便处理事故，也应能够安全地抵御各种蓄意的网络攻击。安全工程涉及了解系统的脆弱性以及可能对攻击系统感兴趣的参与者的行为。一些网络安全风险是人工智能系统特有的。例如，一个关键的研究领域是"对抗性机器学习"，该领域探索人工智能系统因训练数据被"污染"、算法被修改或阻止其对正确识别的对象进行细微更改（例如，欺骗人脸识别系统的假肢）而受损的程度。在需要高度自治的网络安全系统中实施人工智能也是一个需要进一步研究的领域。

5. 实现长期的人工智能安全和价值协调

人工智能系统最终可能能够"递归地自我改进"，其中大量的软件修改是由软件本身，而不是由人类程序员进行的。为了确保系统自我修改的安全性，相关人员需要开展更多的研究：自我监控体系结构，检查系统的行为是否与人类设计师的原始目标一致；防止评估系统发布的限制策略；价值学习，其中用户的价值、目标或意图可以通过系统推断；可证明抵抗自我修改的价值框架。

9.4　本章小结

本章介绍了人工智能相关的伦理，分别从人工智能伦理概念、人工智能伦理具体内容、构建友好人机交互关系等方面介绍人工智能伦理的相关知识，帮助读者了解人工智能伦理的起源、人工智能技术所带来的伦理问题，以及如何思考相关的伦理问题。

9.5　习题

（1）请你用自己的语言概括人工智能伦理是什么。

（2）请简述什么是算法歧视，并谈一谈如何解决算法歧视。

（3）基于人权优先、强调人机和谐共处，在人工智能设计中应该优先考虑哪些因素？

（4）请根据你的理解说明人工智能是否应该拥有权利。如果回答是，请问人工智能应该拥有哪些权利？如果回答否，请问为什么？

（5）请根据自己的理解说明如何构建友好的人机交互关系。

第 10 章
数据安全

数据安全

本章学习目标：
（1）了解数据安全的内容；
（2）了解数据安全的重要性；
（3）了解数据安全产业的需求与挑战；
（4）了解数据安全应对策略。

10.1　数据安全内涵与重要性

数据安全是指保护数据在存储、传输和处理等环节中不被非法、恶意或未授权访问、修改、破坏或泄露。数据安全包括多个方面的内容，如身份验证、访问控制、数据备份、加密、网络安全等。数据安全是任何个人和企业必须关注的重要问题。通过采取有效的保护措施，保护数据安全可以提高个人和企业的安全性、保障公民权利，同时保护国家安全。

>>> 10.1.1　数据安全内涵

众所周知，数据已成为各经济体实现创新发展、重塑人们生活乃至国家经济社会发展的重要支撑动力。2021 年 6 月发布的《中华人民共和国数据安全法》就是为了规范数据处理活动，保障数据安全，促进数据开发、利用，保护个人、组织的合法权益，维护国家主权、安全和发展利益。

根据《中华人民共和国数据安全法》相关描述，数据安全的内涵可以解释为：通过采取必要措施，确保数据处于有效保护和合法利用的状态，以及具备保障持续安全状态的能力。数据具有爆发式增长、海量集聚、取之不竭等特征，是数字经济的关键要素。数据安全包括数据存储安全、处理安全、所涉及技术和基础设施的安全、数据权属带来的安全。

数据安全与内容安全、网络安全、信息安全、系统安全、信息物理融合系统（CPS）安全密切相关，因此必须解决数据的获取、存储、使用的安全问题，实现多维度、立体化数据安全防护，维护国家安全。

1. 数据安全与内容安全

基于人工智能投递技术的发展、隐私数据泄露、数据对抗和伪造对内容安全产生深刻影响，如图 10-1 所示。数据安全对内容安全产生深刻影响的同时，人工智能也给保障内容安全带来了新的挑战。

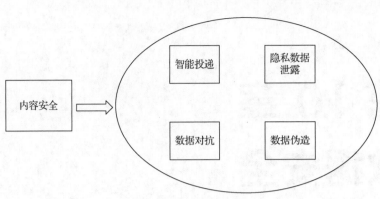

图 10-1 内容安全

2. 数据安全与网络安全

网络安全不仅包括网络传输和信息存储的安全，还涉及硬件、软件及其系统中数据的产生、传输和使用过程的安全，如图 10-2 所示。网络安全为保障网络中数据的保密性、完整性、可用性、真实性和可控性提供支持，同时，数据安全也是网络安全至关重要的组成部分。

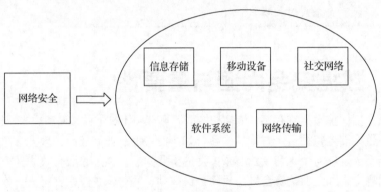

图 10-2 网络安全

3. 数据安全与信息安全

信息安全，一是指数据本身的安全，采用现代加密算法对数据进行主动保护；二是指数据防护的安全，采用现代信息存储手段对数据进行主动防护。信息安全保护包括保护数据在内的一切有价值的信息，同时系统安全涉及信息的全生命周期流程，如图 10-3 所示。

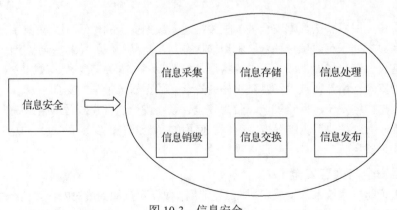

图 10-3 信息安全

4. 数据安全与系统安全

系统安全是指系统生命周期内应用系统安全工程和系统安全管理方法，其覆盖了数据安全的全生命周期。数据作为系统运行中必不可少的要素，使得数据安全也成为系统安全的重要组成部分，如图 10-4 所示。

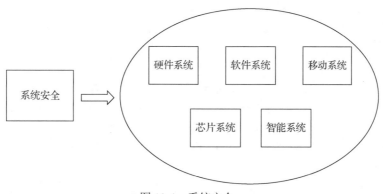

图 10-4　系统安全

5. 数据安全与信息物理融合系统安全

信息物理融合系统是计算单元和物理对象在网络环境中高度集成交互而成的智能系统，如图 10-5 所示，可实现物理空间与信息空间中人、机、物、环境、信息等要素相互映射、适时交互、高效协同，是孕育中的第四次工业革命的基础。信息物理融合系统的数据流、能量流、物质流是双向流动的，数据安全与物理基础设施的功能安全和本体安全结合，产生新的综合安全风险。信息物理融合系统安全包括各类物理基础设施的数据安全，数据侦查和篡改是实施信息物理融合系统攻击的前提。

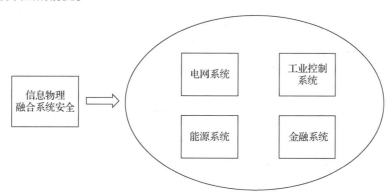

图 10-5　信息物理融合系统安全

▶▶▶ 10.1.2　数据安全重要性

2017 年 12 月 8 日，习近平总书记在中共中央政治局就实施国家大数据战略进行第二次集体学习时指出："要切实保障国家数据安全。要加强关键信息基础设施安全保护，强化国家关键数据资源保护能力，增强数据安全预警和溯源能力。要加强政策、监管、法律的统筹协调，加快法规制度建设。要制定数据资源确权、开放、流通、交易相关制度，完善数据产权保护制度。"

随着大数据、云计算、物联网、人工智能等技术和应用的高速发展，数据不断量变和质变，我们面临前所未有的数据安全问题，数据安全的重要性上升到了前所未有的高度。保障数据安全不仅涉及公民个人隐私，还涉及企业的长远发展和国家安全。在全球合作日益密切的背景下，数据安全对于保护隐私、提升用户信心、促进数字经济发展至关重要。大数据对国家的政治、经济、军事、科研等重大领域及人们的生活、工作、学习、社交方式具有重要影响，已经成为国家的重要战略资源。通过大数据分析可以预测国家经济发展形势，分析工农业生产状况，展现国内外贸易情况，促进科研创新，制造舆论影响、社会思潮甚至政治态势等。

当数据的量变和质变达到一定水平，其数据价值会随之增大，数据安全也将在护航数字产业发展生态方面发挥关键作用。产业数字化已成为全球数字经济发展的主脉络。我国数字产业发展的关键是促进数字化技术在各个行业、各个产业的渗透和应用，催生新产业、新模式、新业态，释放数据产业经济活力。产业数字化不仅对数据的安全感知、安全存储、安全传输、安全处理等提出更大挑战，还给数据治理、服务平台、应用平台等带来新的安全需求。为构建完善的数据产业生态，建设新型数据基础设施十分必要：提高数据获取效率，打通数据流动通道，提高数据分析能力，为行业用户提供一站式的服务，盘活数据资产，帮助各行业用户深度挖掘数据价值，实现转型和创新融合发展。

虽然大数据十分重要，但当今世界大多数国家对大数据的安全管理仍缺乏明确的相关法律法规。对大数据的采集、传输、存储、共享、应用、交易、安全管理等权责不明确，大数据的所有权、使用权、运营权、安全责任等模糊，会导致数据资源的开发者和使用者经常游走在法律的边缘。例如现在广泛使用的共享单车、网约车和个人电子产品等产生的个人信息，看起来是单一的数据，但如果通过大数据技术进行关联分析，就可以掌握涉及个人衣、食、住、行以及位置、交通、消费等的大量隐私信息。这些信息如果缺乏有效管理，一旦泄露，危害极大。当前个人信息被滥用、买卖、泄露的案例频频发生，这充分表明在大数据时代，每个人都可能变成"透明人"。

对国家而言，数据作为新型生产要素，其安全深刻影响着国家经济发展和社会稳定。互联网企业在为人们生活带来便利的同时，在数据采集、传输、存储等环节中，从技术安全到管理安全也存在着一定风险。这样就要求我们强化关键数据资源保护能力，加快法规制度建设，提高国民大数据安全意识。

10.2 数据安全需求与挑战

随着数据安全与相关要求的逐步完善，数据安全建设动力逐渐加强，虽然各行业的企业在建设方案以及分类分级等焦点问题的推进方面取得了相应进展，但在管理和技术方面仍面临一定的挑战。

10.2.1 数据产业新生态及发展趋势

在新一轮科技革命和产业变革浪潮中，基于数据发展的数字经济已成为不可逆转的时代潮流。可以预见，未来几年全球数字经济仍将以高速增长态势来驱动社会经济增长。数据产业创新演进升级，传统行业数字化转型大有可为，发达国家将通过强化技术创新、巩固数据产业先发优势，发展中国家则将通过深化行业数字化努力实现赶超，数字经济领域的竞争将愈发激烈。

我国正处于从工业经济迈向数字经济的攻坚阶段，实体经济数字化、智能化转型需求越发迫切。数据技术日新月异，数据产业融合发展，相关政策持续完善，数据与实体经济融合发展正迈入前所未有的重大机遇期。在我国政府的高度重视和大力推动下，各部委相继出台大数据相关文件并加快落地实施，融合发展机制实施、资金支持、人才培养等政策保障持续强化，数据与实体经济融合发展的进程正在加速。

我国政府通过了《中共中央关于制定国民经济和社会发展第十四个五年规划和二〇三五年远景目标的建议》，对"十四五"时期我国经济社会发展做出了贯彻新发展理念、构建新发展格局的重要部署，得出我国已进入新发展阶段的重要判断。新发展理念的核心是创新，创新是发展的第一动力。随着数字经济蓬勃发展，数据已经成为我国政府、企业的核心资产和关键生产要素，数据的保存量逐年倍增，因此建设创新、安全、绿色的数据基础设施将是数据产业长期可持续发展的重要支撑。

▶▶▶ 10.2.2　产业升级和技术发展下的数据安全新挑战

目前我国数字经济正处于快速发展阶段，各行各业加快了数字化转型的步伐。《中国数字经济发展白皮书（2020）》中的数据显示，2019年我国数字经济增加值规模占国内生产总值（Gross Domestic Product，GDP）比重达到36.2%，数字经济在国民经济中的地位进一步凸显。

推动新型基础设施建设（简称新基建）是我国数字经济快速发展的重要举措。从建设范畴看，新基建覆盖信息基础设施、融合基础设施和创新基础设施3类，分别对应产业、行业及科技。新基建的本质是建设信息数字化的基础设施，关键在于数据基础设施建设和传统基础设施的数字化转型，并以数据为中心，深度整合计算、存储、网络和软件资源，充分挖掘数据价值，加快数据共享和融合，使数据"存得下、流得动、算得快、用得好"。在新基建的推进过程中，产业的升级和技术的发展使数据安全面临新的挑战，例如，人工智能领域、数据中心领域、工业互联网领域与金融领域等都存在一定的数据安全风险。

1.　人工智能领域

人工智能快速发展的核心在于算法和数据，数据规模和质量对人工智能决策结果有着决定性的影响，数据安全风险已成为影响人工智能安全发展的关键因素。同时，随着人工智能化水平的提升，人工智能应用也给数据安全带来严峻挑战，在数据管理和数据挖掘方面将更容易引入数据安全风险。综合来看，人工智能领域涉及关键数据安全的挑战主要有以下几种。

（1）人工智能应用导致的数据安全风险

人工智能应用会导致个人数据被过度采集，如人工穿戴设备、视频采集设备等设备可以直接采集个人敏感信息（如人脸、指纹等），信息保护不当可能造成个人隐私数据泄露，因此人工智能应用可能会加剧隐私数据泄露风险。

（2）人工智能应用加剧的数据滥用风险

通过获取用户的地理位置、消费偏好、行为模式等碎片化数据，再利用人工智能技术进行深度挖掘、分析，预测用户喜好和习惯，极大地提升了人们日常生活的便利程度，改善了生活方式。但大数据"杀熟"、隐私跟踪等情况也频频发生，引发政府及公众对数据滥用的关注和担心。

（3）人工智能应用加剧的数据治理风险

人工智能提升了数据资源的价值，也使得数据权属问题更为突出。随着互联网企业的业务国际化，全球搜索、位置定位、即时通信等软件在全球范围推广和应用，加剧了数据违规跨境流动风险，数据违规跨境正对国家安全产生冲击。

2.　数据中心领域

根据IDC的调研报告，目前企业50%的数据保存在自己的数据中心或者租用的第三方数据中心，另有 22% 的数据保存在云服务商数据中心，19% 的数据保存在边缘数据中心，剩余 9% 的数据保存在其他地方。随着我国数据中心使用增加，数据中心能耗大、效率低的问题也日益突出。同时，由于数据交换更加频繁，核心业务数据、个人隐私数据保护等也面临更多安全风险。

（1）业务中断与数据丢失风险

数据中心具有设备种类多、集中、自动化程度高的特点。如长时间不间断运行，则容易出现因系统故障导致的业务中断风险，此时需要考虑数据的容灾保护（如两地三中心），以保障业务连续性。同时，恶意破坏或非恶意操作会导致数据丢失，此时需要提前进行数据的本地或异地备份，以保障数据完整、可用。

（2）数据破坏或泄露风险

数据中心作为企业关键资源，为其提供了大量的应用、服务和解决方案，但也成为网络犯罪分子的主要目标。数据中心一旦被恶意攻击成功，会有大量数据被破坏、窃取、泄露，这样将会对企业、个人及社会经济造成极大影响。

（3）数据存储导致的高能耗风险

数据中心总体耗电量较多，2018 年中国数据中心总用电量为 1608.89 亿千瓦时，约占我国全社会用电量的 2.35%。预计 2024 年中国数据中心总用电量将达 3000 亿千瓦时，年均增长率为 10.6%。能源是国家战略资源，是数据中心安全、持续运行的保障。2019 年我国企业数据存量约 148 EB，每年新增约 35 EB，预估数据存储耗能为 194 亿千瓦时，约占我国数据中心总能耗的 12%。全球都存在数据中心耗电高的风险，根据 2020 年年初 *Science* 刊登的文章《重新校准全球数据中心能耗估算》，2018 年全球数据中心总耗电达到 205 TWh，占当年年度全球总用电量的 1%。随着数据分析需求不断增加、物联网设备逐渐普及以及云迁移活动的驱动，2020 至 2022 年企业创建的数据量将每年增加 42.2%，数据存储所产生的能耗还将大幅增长。随着数据量加速井喷式增长，如何有效借助技术创新降低数据计算、存储耗能将会是数据中心节能增效必须关注的问题。

3. 工业互联网领域

工业互联网日益成为提升制造业生产力、竞争力、创新力的关键要素，发达国家纷纷以工业互联网作为发展先进制造业的战略重点。与此同时，工业互联网面临的数据安全风险隐患日益突出。根据《工业和信息化部关于工业大数据发展的指导意见》，工业数据已成为黑客攻击的重点目标。我国 34% 的联网工业设备存在高危漏洞，这些设备的厂商、型号、参数等信息长期遭恶意嗅探，仅在 2019 年上半年嗅探事件就高达 5151 万起。

在这种全球数据安全形势下，制造业等领域的工业互联网数据已成为重点攻击目标。目前工业数据安全责任体系建设正在推进，云计算、大数据、人工智能、5G 等新技术和新应用的快速发展，进一步加剧了工业数据安全隐患。工业互联网数据安全防护面临以下挑战。

（1）数据泄露风险

工业领域互联开放趋势下数据安全风险加大。随着越来越多的工业控制系统与互联网、大数据平台连接，相对传统的工业生产环境被开放，网络攻击面扩大，外部威胁更容易扩散到工业环境中，可能造成重要工业数据泄露、勒索等严重后果。

（2）数据全生命周期管理风险

因行业及企业间存在差异，数据接口规范、通信协议不统一，数据采集过程容易导致过度采集、隐私泄露等问题。数据传输过程中，工业数据实时性强，传统加密传输等安全技术难适用，同时工业互联网数据多路径、跨组织的复杂流动模式，导致数据传输过程难以追踪溯源。

在数据存储过程中，由于缺乏完善的数据安全分类分级隔离措施和授权访问机制，存储数据存在被非法访问、窃取、篡改等风险。数据使用过程中，工业互联网数据的源数据多维异构、碎片化，传统数据清洗与解析、数据包深度分析等措施的实施效果不佳。数据全生命周期各环节的安全防护都面临着挑战。

4. 金融领域

金融是现代经济的核心，是国家的重要竞争力。对于金融业务，业务实时性要求很高，业务呈现高度数字化、信息化。数据安全关乎金融企业"生死存亡"。

《2018—2019年度金融科技安全分析报告》表明，所有被调研企业均表示发生过不同类型的网络安全事件。针对客户资料及企业重要业务数据的事件成为发生频率最高的安全事件，占比达44%，其中，客户资料泄露和企业重要业务数据泄露各占一半。关键数据安全成为持续影响金融科技企业最主要的网络安全风险，主要挑战有以下几种。

（1）数据丢失风险

金融大数据反映人们金融交易行为互动的基本信息，属于个人隐私材料，因此金融系统需要可靠的存储、完备的灾备系统来保证金融大数据的安全。无论是发生自然灾害、系统错误还是人为损坏，金融核心数据要实时可恢复，以避免造成严重金融损失。

（2）数据泄露风险

随着金融业务全球化、移动互联网和金融科技的发展，线上服务更加丰富、便捷，不法分子对金融机构的攻击次数不断增加。如何保障数据的安全使用、保护用户个人隐私信息也成为金融领域的安全挑战之一。

（3）数据完整性风险

金融稳定性在全球金融系统中的重要性日益凸显，如何保护金融机构数据成为各国和国际组织关注的焦点。交易记录等数据通常需要提供有效性追溯和防抵赖证明，这种高安全要求也是金融行业在数据安全方面区别其他行业的一个明显特征。

随着新基建的持续推进，各行业对数据感知、存储、传输、处理等能力提出了更高要求。同时，数据特点也在不断演进，具体如下。

首先，海量、多元和非结构化成为数据新发展常态。数据环境呈现多样化、复杂化特征，大量文本、图片、视频等非结构化数据被生成、存储和使用。例如，在智慧城市场景中，各类传感设备采集的数据从单一、内部小数据形态向多元、动态大数据形态发展，产生的海量数据给数据安全存储、管理及使用带来压力。

其次，数据实时性处理变得更为迫切。随着新一代信息技术的快速发展，社会运行效率不断被优化和提升，企业新生业务对数据实时性要求日益增加。例如，在金融反欺诈、风险评估、无人驾驶、工业检测、流程化制造等众多场景中，都需要快速且实时的数据安全采集、安全存储和安全分析及处理。

最后，新型数字技术催生海量数据，呈现多元化处理特征。在云计算、物联网、大数据、人工智能、区块链、边缘计算、5G等一系列新型数字技术对社会各个行业的渗透和场景所产生的海量数据中，多元化处理显得尤为重要，这也对数据中心应用更安全、高效地支撑新型数字技术提出了挑战。例如，在无人驾驶场景下，原始图像数据处理就需要综合使用云计算、大数据、边缘计算、人工智能、5G等一系列新型数字技术。

▶▶▶ 10.2.3　数据安全产业人才需求

根据工业和信息化部网络安全产业发展中心（工业和信息化部信息中心）与部人才交流中

心联合牵头组织编制的《网络安全产业人才岗位能力要求》，网络安全产业通过在规划与设计、建设与实施、运行与维护、应急与防御等各个阶段采用安全技术、产品和服务，并进行全生命周期的安全合规和管理（简称"四阶段一整体"，如图 10-6 所示），保障信息、信息系统、信息基础设施和网络不因无意的、偶然的或恶意的原因而遭受到破坏、更改、泄露、泛用，以确保其保密性、完整性、可用性。数据安全管理是安全运行和维护阶段的重要组成部分。

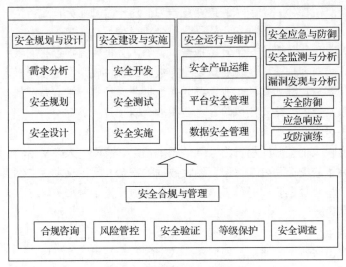

图 10-6　网络安全生命周期

数据安全管理工程师负责设计并优化数据模型，理解数据安全需求及控制措施、结合业务场景分析数据安全风险，并基于最佳实践和参考标准提供指导与建议。

在综合能力方面，需要满足以下要求。

① 具备较强的问题分析能力，能够设计出适合实际情况的解决方案。

② 具备优秀的法律法规、标准分析能力。

③ 具备良好的技术文档编写能力。

④ 具备较强的沟通表达能力、良好的团队合作能力和培训指导能力。

在专业知识方面，需要满足以下要求。

① 掌握数据安全的国际国内政策、标准和规范的要求。

② 熟悉全球数据安全与隐私保护最佳实践。

③ 熟悉不同业务场景中的数据安全与隐私保护需求。

④ 熟悉全球数据安全与隐私保护立法模式及框架。

⑤ 熟悉新兴数据安全与隐私保护技术，理解其原理。

在专业技能方面，需要满足以下要求。

① 熟悉数据安全相关的基础知识，如加解密技术、认证技术、数据库知识、数据泄露防护（DLP）技术、大数据知识。

② 掌握数据安全风险的检查评估方法，数据资产识别、脆弱性识别、威胁性识别等。

③ 掌握 DLP 的数据保护机制和原理。

④ 掌握常见 Oracle、MySQL、MSSQL 等数据库的常见操作。

⑤ 掌握 RSA、AES、DES、MD5、SHA1 等常见密码学知识。

⑥ 掌握数据安全审计的方法。

⑦ 熟悉敏感数据分类分级的方法。

⑧ 熟悉大数据基础架构和平台，Hadoop 生态系统（如 HDFS、HBase、MapReduce、Hive 等）。

⑨ 熟悉 Apache Storm、Apache Spark 的工作原理。

⑩ 熟悉数据安全治理能力成熟度模型（DSGMM）。

在工程实践方面，需要满足以下要求。

① 具备优秀的方案设计能力，能够将数据安全与隐私保护需求以最优的方式融入产品或应用。

② 具备较强的数据安全防护方案规划能力、数据安全风险评估能力、数据防泄露能力、数据安全加解密能力、数据安全审计能力等。

③ 具备较强的数据安全审计能力，有数据安全审计或者稽核项目经验。

10.3 数据安全应对策略

要保证数据安全，我们需要从管理、技术等多个层面入手，提升数据安全和隐私保护水平，确保数据在生命周期各个环节的安全和可控，切实保护数据的安全和隐私。

▶▶▶ 10.3.1 管理——法规、政策的建立与执行

1. 建立法律法规政策，使其作为社会治理体系重要组成部分

2014 年 4 月 15 日，在中央国家安全委员会第一次全体会议上首次提出"总体国家安全观"的重大战略思想，提出了"构建集政治安全、国土安全、军事安全、经济安全、文化安全、社会安全、科技安全、信息安全、生态安全、资源安全、核安全等于一体的国家安全体系"的要求。基于此，2015 年颁布的《中华人民共和国国家安全法》第二十五条明确提出了"实现网络和信息核心技术、关键基础设施和重要领域信息系统及数据的安全可控"，将数据安全纳入国家安全范畴。作为我国网络安全领域的首部综合性立法，《中华人民共和国网络安全法》于 2017 年正式施行，引入了网络数据的概念，将网络数据定义为"通过网络收集、存储、传输、处理和产生的各种电子数据"，提出了"维护网络数据完整性、保密性和可用性""鼓励开发网络数据安全保护和利用技术""防止网络数据泄露"等要求，并要求在我国境内收集和产生的个人信息和重要数据应当在境内存储。通过建立网络安全等级保护、关键信息基础设施保护以及数据本地化和跨境流动等制度，对数据及关键基础设施安全进行保护。国家互联网信息办公室于 2017 年 4 月发布了《个人信息和重要数据出境安全评估办法（征求意见稿）》，2018 年 6 月公安部发布了《网络安全等级保护条例（征求意见稿）》，2019 年 6 月国家互联网信息办公室发布了《个人信息出境安全评估办法（征求意见稿）》。

在专项数据安全管理方面，国务院及各部委颁布了相关行政法规及各类规范性文件。在行政法规方面，出台了《科学数据管理办法》《中华人民共和国档案法》《中华人民共和国保守国家秘密法》《国务院办公厅关于促进和规范健康医疗大数据应用发展的指导意见》《促进大数据发展行动纲要》《国务院办公厅关于运用大数据加强对市场主体服务和监管的若干意见》《中华人民共和国电信条例》等。在部门规章规章及规范性文件方面，科技部、工信部、自然资源部、财政部、教育部、农业农村部、交通运输部、国家税务总局、中国银保监会、中国人民银行、中国民航局、中国气象局、国家卫健委等部委均出台了对各自领域数据管理的相关规范性文件。

在个人信息保护方面，我国出台了《中华人民共和国民法典》《中华人民共和国刑法》《中

华人民共和国电子商务法》《中华人民共和国消费者权益保护法》《中华人民共和国居民身份证法》《中华人民共和国基本医疗卫生与健康促进法》等法律法规，加强对个人信息的保护。值得注意的是，《中华人民共和国民法典》在总则部分明确规定，自然人的个人信息受法律保护，并要求获取他人个人信息的组织和个人应确保信息的安全。同时，《中华人民共和国民法典》通过专章的形式，将隐私权与个人信息保护列为人格权编的重要内容，对个人信息的定义、处理个人信息的原则、自然人对本人个人信息的权利、信息处理者及国家机关和法定机构的安全保障义务进行了规定。其中，明确要求了信息处理者应当采取技术措施和其他必要措施，确保其收集、存储的个人信息安全，防止信息泄露、篡改、丢失，且在发生上述情形时告知自然人并向有关主管部门报告。

2020 年 7 月，第十三届全国人大常委会对《数据安全法（草案）》（后简称"草案"）进行了第一次审议，并公开征求意见。2021 年 4 月，第十三届全国人大常委会对该草案进行了二次审议。该草案将"数据"定义为"以电子或非电子形式对信息的记录"，同时对数据安全的内涵进行了诠释，即"数据安全是指通过采取必要措施，确保数据处于有效保护和合法利用状态，以及保障持续安全状态的能力"。另外，该草案明确了中央国家安全领导机构负责数据安全工作的决策和统筹协调。首先，通过相关定义，我们不难看出，该草案填补了《中华人民共和国网络安全法》对于非电子数据保护的空白。同时，也是呼应 2020 年 3 月《中共中央 国务院关于构建更加完善的要素市场化配置体制机制的意见》中对于"加快培育数据要素市场"的要求，在第 5 条中规定了"鼓励数据依法合理有效利用""促进以数据为关键要素的数字经济发展"，并在第二章以专章的形式对数据开发利用和数据安全产业发展进行了阐述。

2021 年 6 月 10 日，第十三届全国人民代表大会常务委员会第二十九次会议通过《中华人民共和国数据安全法》，该法自 2021 年 9 月 1 日起施行。《中华人民共和国数据安全法》对数据的运营方提出了从获取到存储，再到使用的全生命周期安全管理要求。

2021 年 8 月 20 日，第十三届全国人大常委会第三十次会议表决通过《中华人民共和国个人信息保护法》，该法自 2021 年 11 月 1 日起施行。

在立法定位上，《中华人民共和国数据安全法》是数据安全领域的基础法律，与现行的《中华人民共和国网络安全法》和《中华人民共和国个人信息保护法》并行成为网络空间治理和数据保护的三驾马车：《中华人民共和国网络安全法》负责网络空间安全整体的治理，《中华人民共和国数据安全法》负责数据处理活动的安全与开发利用，《中华人民共和国个人信息保护法》负责个人信息的保护。在立法趋势上，根据现有的草案文本，《中华人民共和国数据安全法》将"维护数据安全"与"促进数据开发利用"并重，建立"数据主权"的概念。一方面，通过数据分级分类保护、重要数据保护目录、数据安全风险预警机制、数据安全应急处置机制、数据活动国家安全审查机制，确立了数据安全保障的相关制度。另一方面，通过政务数据和公共事务管理部门数据开放，推进数据基础设施建设、数据安全标准体系建设、数据安全服务发展、数据交易管理制度健全等，促进数据开发利用。同时，通过要求相关主体在境外司法或执法机构要求调取境内数据时，向主管机关报告获批的"阻断"机制，在他国就数据和数据开发利用技术相关贸易和投资对我国采取歧视性措施时的反制措施，对与履行国际义务和维护国家安全的属于管制物项的数据采取出口管制措施，确立了我国的数据主权概念。根据以上定位和趋势，我们可以预见，未来《中华人民共和国数据安全法》一方面需要通过厘清相关定义，处理好与《中华人民共和国网络安全法》和《中华人民共和国个人信息保护法》之间的管理界限；另一方面需要通过制定具体的实施细则、产业政策、操作指南，将数据安全保障制度、促进数据开发利用的政策和落实数据主权的举措进行进一步落实。

2. 强化数据安全监管，构建数据安全标准规范体系

为发挥标准对电信和互联网行业数据安全的规范和保障作用，加快制造强国和网络强国建设步伐，工信部办公厅印发的《电信和互联网行业数据安全标准体系建设指南》，进一步促进完善数据安全标准体系。

2016年，全国信息安全标准化技术委员会（TC260）成立大数据安全标准特别工作组（SWG-BDS），主要负责数据安全、云计算安全等新技术和新应用标准的研制。截至2021年年底，TC260围绕数据安全和个人信息保护两个方向，已发布9项国家标准，在研7项国家标准，另有研究项目18项。

在个人信息保护方向，我国主要聚焦于个人信息保护要求、去标识技术、App收集个人信息、隐私工程、影响评估、云服务等内容，已发布GB/T 35273—2020《信息安全技术 个人信息安全规范》、GB/T 37964—2017《信息安全技术 个人信息去标识化指南》、GB/T 39335—2020《信息安全技术 个人信息安全影响评估指南》、GB/T 39725—2020《信息安全技术 健康医疗数据安全指南》4项标准，还有在研的3项标准，另有研究项目2项。

在数据安全方向，主要围绕数据安全能力、数据交易服务、出境评估、政务数据共享、健康医疗数据安全、电信数据安全等内容，已发布GB/T 39477—2020《信息安全技术 政务信息共享 数据安全技术要求》、GB/T 35274—2017《信息安全技术 大数据服务安全能力要求》、GB/T 37932—2019《信息安全技术 数据交易服务安全要求》、GB/T 37973—2019《信息安全技术 大数据安全管理指南》、GB/T 37988—2019《信息安全技术 数据安全能力成熟度模型》5项标准，还有在研的4项标准，另有研究项目16项。

▶▶▶ 10.3.2　技术——数据全生命周期安全

保证数据安全的计算、存储、使用新范式，通过技术手段来保障数据安全。

1. 受隐私保护与安全约束的新型计算范式

结合边缘数据存储与去中心化分布式数据存储，基于分布式数据安全管理方案，实现用户隐私保护及高性能安全服务，构建受隐私保护与安全约束的新型计算范式，结构如图10-7所示。该新范式具有分布式存储、高度去中心化、数据隐私保护、敏感信息匿名化、权限分明、传输速度快、服务响应迅速、数据溯源追踪等特点。

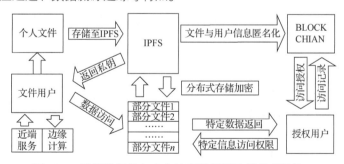

图10-7　受隐私保护与安全约束的新型计算范式结构

2. 基于数据托管与国家监管的计算范式

由国家安全机关统筹建立与管控分布式数据中心，结合数据加密、信息匿名化、分布式存储计算等技术，实现用户隐私保护及高性能安全服务，构建基于数据托管与国家监管的计算范式，结构如图10-8所示。该新范式具有受国家监管、有法律法规政策支撑、数据托管、分布式存储、能够对敏感数据进行筛查、数据隐私保护、敏感信息匿名化、权限分明等特点。

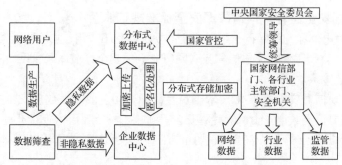

图 10-8　基于数据托管与国家监管的计算范式结构

3.　保障数据全生命周期安全

《中华人民共和国数据安全法》提出对数据全生命周期各环节的安全保护义务，加强风险监测与身份核验，结合业务需求，从数据分级分类到风险评估、身份鉴权到访问控制、行为预测到追踪溯源、应急响应到事件处置，全面建设有效防护机制，保障数字产业蓬勃健康发展。数据生命周期有数据生产、数据存储、数据传输、数据访问、数据使用、数据销毁 6 个阶段如图 10-9 所示，在每一个阶段都要保证数据的安全。其中数据生产的核心是分类隔离，数据存储的核心是加密备份，数据传输的核心是授权加密，

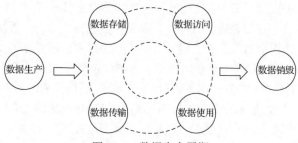

图 10-9　数据生命周期

数据访问的核心是授权认证，数据使用的核心是合法使用，数据销毁的核心是注销删除。

（1）数据生产防护

数据生产与采集环节中，数据体量大、种类多、来源复杂，其准确性、真实性、公平性、安全性难以得到保障。针对以上问题，我们可以采取以下措施。

① 数据分级：根据安全等级需求，建立数据分级分类管理制度，对各级别数据进行差异化保护和管控。

② 数据溯源：采用区块链、数字水印等技术对数据源进行身份鉴别和记录，防止采集到其他不被认可的或非法数据，以及防止数据库中数据被恶意篡改。

③ 恶意数据过滤：对数据中可能存在的含偏样本、伪造样本、对抗样本、异常样本等设计相应的检测算法，实现对恶意数据的过滤。

（2）数据存储防护

计算机或者其他设备通过记录介质保存数据，但是面临未经授权访问数据、修改或破坏数据等安全问题。针对以上问题，我们可以采取以下措施。

① 数据加密：通过高效的加密算法对数据进行加密，保障数据静态存储与动态传输的安全性。

② 存储备份：通过存储复制、数据冗余和硬盘保护等多种策略，提高因不可抗因素的数据破坏抵抗能力，保障数据安全。

（3）数据传输防护

数据通过信息传输管道实现一个点对点或点对多点的通信过程，基于信息安全的方法保证数据机密性、完整性与正确性。针对以上问题，我们可以采取以下措施。

① 数据基因：构建完整的数据基因体系，确保数据传输过程中可溯源、可追踪、可关联，保障传输数据的正确性。

② 加密传输、使用安全传输协议等。

（4）数据访问防护

数据访问环节中，恶意攻击与解密算法多种多样，容易造成数据的恶意非法访问，引发数据泄露、窃取、滥用等严重后果。针对以上问题，我们可以采取以下措施。

① 访问控制：采用基于区块链、信任关系、动态属性变化等的新型机制，对用户身份进行安全验证，并授予其合理的权限。

② 多因子认证：采用两种以上的认证机制对用户身份进行验证和授权，可显著提升认证的安全性。

③ 密钥对：通过加密算法生成密钥对，对用户访问控制进行安全防护，无法通过公钥推导出私钥，有效防止暴力密码破解而造成的数据恶意访问风险。

（5）数据使用防护

以数据流动与合作为基础进行生产活动时，保障数据在授权范围内被访问、处理，防止数据被窃取、隐私被泄露等安全问题发生，可以采取以下措施。

① 数据匿名化：通过匿名化技术，实现个人信息记录的隐匿，达到无法将数据关联到具体的自然人。

② 数据脱敏：通过将敏感隐私数据进行数据的变形，为使用方提供脱敏数据，实现数据的隐私保护。

③ 计算环境安全：构建完善的数据计算环境安全保护机制，防止由硬件故障、集群断电、程序缺陷、恶意攻击等造成数据损坏或者丢失，保证数据计算安全。

（6）数据销毁防护

常用的方法易造成数据销毁不彻底，数据内容容易被恶意恢复，导致数据泄露等严重安全风险。针对以上问题，我们可以采取以下措施。

① 用户数据关联销毁：对用户信息进行去除或匿名化，销毁用户与数据间的关联关系，使用户无法被查询、检索、访问等。

② 数据软销毁：通过数据覆盖等软件方法实现数据销毁或数据擦除。

③ 数据硬销毁：通过采用物理、化学方法直接销毁存储介质，达到彻底销毁或擦除数据的目的。

10.4 本章小结

本章主要介绍了数据安全的重要性和概念，描述了数据安全产业的人才需求和遇到的新挑战，最后从管理和技术方面给出了数据安全问题的应对策略，可帮助读者了解数据安全的重要性以及相关从业人员的要求。

10.5 习题

（1）请简述数据安全的内涵。

（2）数据生命周期有哪几个阶段？在每个阶段应采取什么措施保障数据的安全？

（3）请简述数据安全应对策略。

后　记

习近平总书记曾明确指出教材建设是国家事权。西安交通大学近年来全面加强教材建设，本书便是在此背景下由西安交通大学管晓宏院士作为编委会主任、徐宗本院士和程宏斌总经理作为编委会副主任、韩博研究员作为主编，多位学者和专家等共同撰写完成的，旨在加强新工科建设，服务于工业和信息化领域高水平人才培养，并已成功入选工业和信息化部"十四五"规划教材。

本书由西安交通大学网络空间安全学院韩博研究员负责统筹、策划和写作组织工作，管晓宏院士和徐宗本院士参与指导写作并进行了序言的撰写，西安交通大学新闻与新媒体学院马晓悦特聘研究员、刘婵君副教授以及美林数据技术股份有限公司牛清娜作为副主编，协助主编参与统筹、策划和写作组织工作。西安交通大学网络空间安全学院院长苏洲教授、西安交通大学新闻与新媒体学院张窈与王威力助理教授及美林数据技术股份有限公司肖西伟作为审定专家对本书的编写、审定、出版等过程进行检查和监督。

本书秉持突出基本原理、把握前沿趋势的撰写原则，是编委会全体成员群策群力、集思广益的结果，如有疏漏不妥之处，欢迎各位读者，特别是使用本书的教师和同学能够对本书提出修改建议，以便我们及时修订、补充和完善。

编委会

2024 年 4 月